普通高等教育规划教材

Engineering Contract Management

工程合同管理

（第2版）

魏道升　刘　蓉　王欲敏　王　涛　编　著

刘　燕　主　审

人民交通出版社股份有限公司
China Communications Press Co.,Ltd.

内 容 提 要

为适应工程施工领域现代化管理的需要,作者总结了多年的教学经验,结合工程管理实践和该领域的研究与应用,以及近三年来交通运输部最新颁布的相关规定编写本书。本书结合公路工程施工合同特点,以提高工程合同管理水平为目标,主要讲述工程合同管理法律基础、合同法基本理论和工程合同管理的主要内容。本书共分八章,内容包括工程合同法律关系基础,合同法的基本知识,工程招标投标,公路工程承包合同,工程保险,工程分包,工程变更,工程索赔,工程计量与支付,合同违约与争议处理,国际工程管理和FIDIC合同条款。

本书主要作为高等院校公路工程管理和造价管理专业学生的教材,可作为土木类工程管理和造价管理专业、道路桥梁与渡河工程专业、土木工程其他专业方向的教材,亦可作为从事工程咨询、工程监理、施工项目管理的工程技术人员和管理人员的参考书和培训教材。

图书在版编目(CIP)数据

工程合同管理 / 魏道升编著. — 2版. — 北京:
人民交通出版社股份有限公司, 2018.12
ISBN 978-7-114-15171-2

Ⅰ. ①工… Ⅱ. ①魏… Ⅲ. ①建筑工程—经济合同—管理 Ⅳ. ①TU723.1

中国版本图书馆 CIP 数据核字(2018)第 273792 号

普通高等教育规划教材

书　　名:工程合同管理(第2版)
著 作 者:魏道升　刘　蓉　王欲敏　王　涛
责任编辑:王　霞　张　晓
责任校对:刘　芹
责任印制:张　凯
出版发行:人民交通出版社股份有限公司
地　　址:(100011)北京市朝阳区安定门外外馆斜街3号
网　　址:http://www.ccpress.com.cn
销售电话:(010)59757973
总 经 销:人民交通出版社股份有限公司发行部
经　　销:各地新华书店
印　　刷:北京鑫正大印刷有限公司
开　　本:787×1092　1/16
印　　张:18.25
字　　数:446千
版　　次:2015年11月　第1版
　　　　　2018年12月　第2版
印　　次:2018年12月　第2版　第1次印刷　总第3次印刷
书　　号:ISBN 978-7-114-15171-2
定　　价:48.00元

(有印刷、装订质量问题的图书由本公司负责调换)

前　言

工程合同是工程建设的最主要依据,它的订立一般通过招标投标过程实现。为了减少合同的纠纷,工程合同一般采用合同范本形式。2016年2月1日交通运输部《公路工程建设项目招标投标管理办法》开始施行,2017年10月1日交通运输部《公路工程施工招标评标委员会评标工作细则》开始施行,2018年3月1日交通运输部《公路工程标准施工招标文件》(2018年版)开始施行。本教材主要以九部委编制的《标准施工招标文件》(2007年版)作为工程合同的通用条款,以交通运输部编制的《公路工程标准施工招标文件》(2018年版)作为公路工程合同的专用条款,结合住建部与工商总局编制的《建设工程施工合同(示范文本)》(GF-2013-0201)有关规定,在第一版的基础上结合新颁发的部门规章和规定,重点介绍公路工程合同管理,主要涉及工程分包、工程保险、工程变更、工程索赔、工程计量与支付、合同违约与争议解决。作为工程技术管理人员要提高工程合同管理水平,还必须掌握建设工程法律基本制度和合同法的基本知识,以便在工程实践中,应用合同法等法律法规的基本知识和原理处理工程合同管理中遇到的大量复杂的有关问题。本书结合公路工程施工合同特点,以提高工程合同管理水平为目标,通过工程实例,讲解相关合同条款以及法律法规规定的应用,维护合同当事人的合法利益。

随着国家建设的大发展和"一带一路"倡议的提出,工程建设的任务更加繁重,工程合同管理的重要性越来越显著。考虑到"一带一路"倡议,未来将开辟广大的国际工程建设市场,在第八章对国际工程管理和FIDIC合同条款作了概括性的介绍,以便学生掌握国际工程建设必需的知识。

书中的练习题参考答案读者可以通过书中二维码登录查询,获得图书配套资源,参与教学交流讨论。

全书共八章。第三章由重庆交通大学魏道升教授编写,第四章和第五章由重庆交通大学刘蓉编写,第六章由重庆交通大学王欲敏编写,第七章由重庆交通大学晏永刚博士编写;第八章由重庆交通大学刘蓉博士编写;第一章第一节由重庆交通大学焦柳丹博士编写;第一章第二节由中交第四公路工程局有限公司王涛高工编写;第二章由重庆建筑工程职业学院杨茂华讲师编写。全书由魏道升统稿。在本书的编写过程中得到重庆交通大学刘燕教授的精心指导和认真审阅,在此表示衷心的感谢!

在编写本书时,曾参阅了有关文献和资料,在此谨向原作者表示感谢!本书的编写得到重庆交通大学和重庆交通大学经济与管理学院的资助,在此表示衷心的感谢!

由于作者水平有限,书中难免有不足与错误之处,敬请同行专家与读者提出宝贵意见。联系方式为 wds_5823@163.com;地址:重庆交通大学经济与管理学院;邮编400074。

教学交流QQ群

作　者

2018年10月

目　录

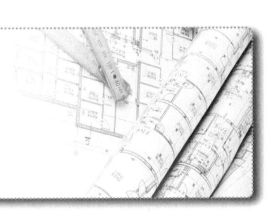

第一章
工程合同管理概论

第一节 ＞ 工程合同管理概述

🌐 一、工程项目的生命周期和工程建设的各涉及方

(一)工程项目的生命周期

工程项目生命周期可划分为三个阶段:决策阶段(开发管理 DM),实施阶段(项目管理 PM),使用阶段(设施管理 FM),如图 1-1 所示。设计招标投标和施工招标投标分别包含在其对应的阶段内。

决策阶段		设计准备阶段	设计阶段			施工阶段	动用前准备阶段		保修阶段	
编制项目建议书	编制可行性研究报告	编制设计任务书	初步设计	技术设计	施工图设计	施工	竣工验收(交工)	动用开始	设施管理	
项目决策阶段		项目实施阶段							使用阶段	

图 1-1　工程项目生命周期图

《公路建设监督管理办法》(2006 年版)第 9 条政府投资公路建设项目的实施和第 10 条企业投资公路建设项目的实施规定了公路建设具体实施程序,见图 1-2。

(二)工程建设的各涉及方

1. 工程建设的各参与方

工程建设的各参与方有建设单位(发包人、业主、雇主或项目法人)、施工单位(承包人或承包商)、监理单位(监理人或 FIDIC 合同条款中称为工程师)、设计单位。

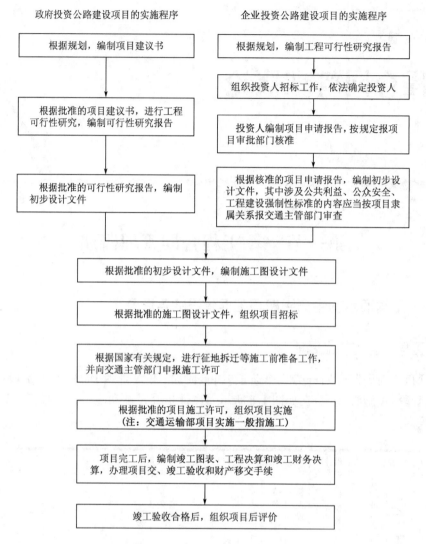

政府投资公路建设项目的实施程序　　　　**企业投资公路建设项目的实施程序**

| 根据规划，编制项目建议书 | 根据规划，编制工程可行性研究报告 |

↓ ↓

组织投资人招标工作，依法确定投资人

根据批准的项目建议书，进行工程可行性研究，编制可行性研究报告

投资人编制项目申请报告，按规定报项目审批部门核准

根据批准的可行性研究报告，编制初步设计文件

根据核准的项目申请报告，编制初步设计文件，其中涉及公共利益、公众安全、工程建设强制性标准的内容应当按项目隶属关系报交通主管部门审查

根据批准的初步设计文件，编制施工图设计文件

根据批准的施工图设计文件，组织项目招标

根据国家有关规定，进行征地拆迁等施工前准备工作，并向交通主管部门申报施工许可

根据批准的项目施工许可，组织项目实施
(注：交通运输部项目实施一般指施工)

项目完工后，编制竣工图表、工程决算和竣工财务决算，办理项目交、竣工验收和财产移交手续

竣工验收合格后，组织项目后评价

图1-2　公路建设项目实施程序(政府投资/企业投资)

2.工程建设施工阶段的监督方

工程建设的监督是代表政府在质量、安全和费用等方面的监督行为,主要有政府的各级质量监督局(站)、安全监督部门和建设主管部门与审计部门。

(1)工程质量监督部门的职能

①工程实体施工质量的监督包括工程合同的图纸、技术规范和质量相关的合同条款。

②监督各参与方主体(包括建设单位、施工单位、材料设备供应单位、设计勘察单位和监理单位)的质量行为是否符合国家法律法规及各项制度的规定。目前质量监督部门还承担了工程施工中行业方面的安全监督职能。如交通运输部的安全与质量监督管理司。

(2)审计部门

工程决算审计是审计部门代表政府对建设单位在工程费用使用方面的监督,涉及工程的技术、经济和合同管理方面的知识,尤其在工程变更方面监督参与方有无浪费或能否按照规定使用国家资金。

二、工程合同管理的内容和工程合同范本

工程合同管理按照管理范围可以分为宏观管理和微观管理。宏观管理主要是政府层面的管理,微观管理是企业的合同管理。企业合同管理中工程项目的施工合同管理按照内容分为广义合同管理和狭义合同管理。广义合同管理除了包括工程项目狭义合同管理的全部内容,还指在工程施工中依据工程合同进行全面管理,如质量控制、费用控制、进度控制、安全控制等。狭义合同管理主要包括工程分包管理、工程风险(保险)管理、工程变更管理、工程索赔(延长工期和费用索赔)、违约与争议(或争端)处理、工程计量与支付管理等内容。本书主要论述工程狭义合同管理内容。

改革开放以来,我国工程建设管理从云南鲁布革电站建设开始引进国际通行的土木工程建设管理模式至今,已取得了长足发展。通过学习和使用国际咨询工程师联合会(FIDIC)颁发的《土木工程施工合同条件(即条款)》合同范本,并结合中国国情,原建设部在1999年颁发了《建设工程施工合同(示范文本)》(GF-1999-0201),原交通部在1999年颁发了《公路工程国内招标文件范本》和《公路工程国际招标文件范本》。2003年原交通部对1999年版的《公路工程国内招标文件范本》进行修订,颁发了《公路工程国内招标文件范本》(2003年版)。在学习FIDIC《施工合同条件》(1999年版)的基础上,结合中国的实际情况,2007年国家发展和改革委员会(简称"发改委")和财政部牵头共九个部委颁发了《标准施工招标文件》(2007年版)作为各行业的通用合同条件(条款);2009年和2017年底交通运输部分别颁发了《公路工程标准施工招标文件》(2009年版/2018年版)(简称《公路工程招标文件》2009年版和2018年版,注:2018年3月1日以前完成的招标项目仍然按照原合同执行,即2009年版。)作为公路工程专用合同条件(条款);2009年水利部颁发了《水利水电工程标准施工招标文件》(2009年版)作为水利水电工程专用合同条件(条款);2010年住房和城乡建设部(简称"住建部")颁发了《房屋建筑和市政工程标准施工招标文件》(2010年版)作为房屋建筑和市政工程专用合同条件(条款)。2011年12月九部委颁发了《简明标准施工招标文件》(2012年版)和《标准设计施工总承包招标文件》(2012年版)。2013年住建部工商总局颁发了《建设工程施工合同(示范文本)》(GF-2013-0201)。

三、合同管理的重要性和学习方法

加强工程合同管理的主要意义在于:加强合同管理是工程建设市场走向法治的需要;是基本建设管理的需要;是有利于引进外资对外开放的需要;是有利于提高企业素质增强企业竞争能力的需要。

作者根据自己的教学经验和工程实践,对学习工程合同管理提出一些建议供读者参考。首先应认真掌握每个与工程合同管理相关的概念,因为合同是通过文字表达,明白每个概念的含义以及相关概念之间的区别。其次,通过各种实践和工程案例加深对概念的理解和相关规定掌握,做到举一反三。第三,通过前两方面的学习与理解,用所学的知识对工程实际情况进行逐点分析和应用处理。作为工程合同的管理者应该先掌握工程施工中各种常规的相关规定,例如,招投标程序、工程量清单组成、合同的通用条款专用条款、技术规范一般规定等,进而掌握一些特殊规定,例如第三章第五节中"计量应以净值为准,除非合同另有规定"的另有规定,以及第三章第四节估量单价合同变更数量超25%的合同条款等,作为高级的合同管理者就应当掌握和发现合同中的特殊规定。

第二节 ▶ 合同法律关系基础

🌐 一、建设工程法律体系及其基本框架

党的十一届三中全会提出"有法可依、有法必依、执法必严、违法必究",是我国社会主义法制建设的基本原则。党的十八大进一步提出了"科学立法、严格执法、公正司法、全民守法"的新方针。作为一名从事工程建设的管理者,必须增强法律意识和法治观念,做到学法、懂法、守法和用法,这是新时期对从事工程施工活动的基本要求。

法律体系也称法的体系,通常指由一个国家现行的各个部门法构成的有机联系的统一整体。在我国法律体系中,根据所调整的社会关系性质不同,可以划分为不同的部门法。部门法又称法律部门,是根据一定标准、原则所制定的同类法律规范的总称。

建设工程法律具有综合性的特点,虽然主要是经济法的组成部分,但还包括了行政法、民法、商法等的内容。建设工程法律同时又具有一定的独立性和完整性,具有自己的完整体系。建设工程法律体系,是指把已经制定的和需要制定的建设工程方面的法律、行政法规、部门规章和地方法规、地方规章有机结合起来,形成的一个相互联系、相互补充、相互协调的完整统一的体系。

2011 年 3 月 10 日,全国人民代表大会常务委员会委员长在第十一届全国人民代表大会第四次会议上正式宣布:一个立足中国国情和实际、适应改革开放和社会主义现代化建设需要、集中体现党和人民意志的,以宪法为统帅,以宪法相关法、民法商法等多个法律部门的法律为主干,由法律、行政法规、地方性法规等多个层次的法律规范构成的中国特色社会主义法律体系已经形成,国家经济建设、政治建设、文化建设、社会建设以及生态文明建设的各个方面实现有法可依。建设工程法律体系的基本框架如下。

(一)宪法及宪法相关法

宪法是国家的根本大法,是特定社会政治经济和思想文化条件综合作用的产物,集中反映各种政治力量的实际对比关系,确认革命胜利成果和现实的民主政治,规定国家的根本任务和根本制度,即社会制度、国家制度的原则和国家政权的组织以及公民的基本权利义务等内容。

宪法相关法是指《全国人民代表大会组织法》、《地方各级人民代表大会和地方各级人民政府组织法》、《全国人民代表大会和地方各级人民代表大会选举法》、《中华人民共和国国籍法》、《中华人民共和国国务院组织法》、《中华人民共和国民族区域自治法》等法律。

(二)民法、商法

民法是规定并调整平等主体的公民间、法人间及公民与法人间的财产关系和人身关系的法律规范的总称。商法是调整市场经济关系中商人及其商事活动的法律规范的总称。

我国采用的是民商合一的立法模式。商法被认为是民法的特别法和组成部分。《中华人民共和国民法通则》(简称《民法通则》)、《中华人民共和国合同法》(简称《合同法》)、《中华人民共和国物权法》(简称《物权法》)、《中华人民共和国侵权责任法》(简称《侵权责任法》)、

《中华人民共和国公司法》(简称《公司法》)、《中华人民共和国招标投标法》(简称《招标投标法》)等属于民法商法。

(三)行政法

行政法是调整行政主体在行使行政职权和接受行政法制监督过程中而与行政相对人、行政法制监督主体之间发生的各种关系,以及行政主体内部发生的各种关系的法律规范的总称。

作为行政法调整对象的行政关系,主要包括行政管理关系、行政法制监督关系、行政救济关系、内部行政关系。《中华人民共和国行政处罚法》、《中华人民共和国行政复议法》、《中华人民共和国行政许可法》、《中华人民共和国环境影响评价法》、《中华人民共和国城市房地产管理法》、《中华人民共和国城乡规划法》、《中华人民共和国建筑法》等属于行政法。

(四)经济法

经济法是调整在国家协调、干预经济运行的过程中发生的经济关系的法律规范的总称。《中华人民共和国统计法》、《中华人民共和国土地管理法》、《中华人民共和国标准化法》、《中华人民共和国税收征收管理法》、《中华人民共和国预算法》、《中华人民共和国审计法》、《中华人民共和国节约能源法》、《中华人民共和国政府采购法》、《中华人民共和国反垄断法》等属于经济法。

(五)社会法

社会法是调整劳动关系、社会保障和社会福利关系的法律规范的总称。社会法是在国家干预社会生活过程中逐渐发展起来的一个法律门类,所调整的是政府与社会之间、社会不同部分之间的法律关系。《中华人民共和国残疾人保障法》、《中华人民共和国矿山安全法》、《中华人民共和国劳动法》、《中华人民共和国职业病防治法》、《中华人民共和国安全生产法》、《中华人民共和国劳动合同法》等属于社会法。

(六)刑法

刑法是关于犯罪和刑罚的法律规范的总称。《中华人民共和国刑法》是这一法律部门的主要内容。

(七)诉讼与非诉讼程序法

诉讼法指的是规范诉讼程序的法律的总称。我国有三大诉讼法,即《中华人民共和国民事诉讼法》、《中华人民共和国刑事诉讼法》、《中华人民共和国行政诉讼法》。非诉讼的程序法主要是《中华人民共和国仲裁法》。

二、法的形式和效力层级

(一)法的形式

法的形式是指法律创制方式和外部表现形式。它包括四层含义:①法律规范创制机关的性质及级别;②法律规范的外部表现形式;③法律规范的效力等级;④法律规范的地域效力。

法的形式决定法的本质。在世界历史上存在过的法律形式主要有：习惯法、宗教法、判例、规范性法律文件、国际惯例、国际条约等。在我国，习惯法、宗教法、判例不是法的形式。

我国法的形式是制定法形式，具体可分为以下七类：

1. 宪法

宪法是由全国人民代表大会依照特别程序制定的具有最高效力的根本法，集中反映统治阶级的意志和利益，规定国家制度、社会制度的基本原则。

宪法也是建设法规的最高形式，是国家进行建设管理、监督的权力基础。如《宪法》第89条规定，"国务院行使下列职权：……（六）领导和管理经济工作和城乡建设"；第107条规定，"县级以上地方各级人民政府依照法律规定的权限，管理本行政区域内的……城乡建设事业……等行政工作，发布决定和命令，任免、培训、考核和奖惩行政工作人员。"

2. 法律

法律是指由全国人民代表大会和全国人民代表大会常务委员会制定颁布的规范性法律文件，即狭义的法律。法律分为基本法律和一般法律（又称非基本法律、专门法）两类。基本法律是由全国人民代表大会制定的调整国家和社会生活中带有普遍性的社会关系的规范性法律文件的统称，如刑法、民法、诉讼法以及有关国家机构的组织法等法律。一般法律是由全国人民代表大会常务委员会制定的调整国家和社会生活中某种具体社会关系或其中某一方面内容的规范性文件的统称。

建设法律既包括专门的建设领域的法律，也包括与建设活动相关的其他法律。例如，前者有《城乡规划法》、《建筑法》、《城市房地产管理法》等，后者有《民法通则》、《合同法》、《行政许可法》等。

3. 行政法规

行政法规是国家最高行政机关国务院根据宪法和法律就有关执行法律和履行行政管理职权的问题，以及依据全国人民代表大会及其常务委员会特别授权所制定的规范性文件的总称。

现行的建设行政法规主要有《建设工程质量管理条例》、《建设工程安全生产管理条例》、《建设工程勘察设计管理条例》、《城市房地产开发经营管理条例》等。

4. 地方性法规、自治条例和单行条例

根据《立法法》（2015年修改）的第七十二条规定，省、自治区、直辖市的人民代表大会及其常务委员会根据本行政区域的具体情况和实际需要，在不同宪法、法律、行政法规相抵触的前提下，可以制定地方性法规。

目前，各地方都制定了大量的规范建设活动的地方性法规、自治条例和单行条例，如《北京市建筑市场管理条例》《新疆维吾尔自治区建筑市场管理条例》等。

5. 部门规章

国务院各部、委员会、中国人民银行、审计署和具有行政管理职能的直属机构所制定的规范性文件，统称规章。

部门规章规定的事项应当属于执行法律或者国务院的行政法规、决定、命令的事项，其名称可以是"规定"、"办法"和"实施细则"等。目前，大量的建设法规是以部门规章的方式发布。如住建部发布的《房屋建筑和市政基础设施工程质量监督管理规定》，《房屋建筑工程和市政基础设施工程竣工验收备案管理暂行办法》、《市政公用设施抗灾设防管理规定》,国家发展和改革委员会(简称"发改委")发布的《招标公告发布暂行办法》、《工程建设项目招标范围和规模标准规定》等。

涉及两个以上国务院部门职权范围的事项,应当提请国务院制定行政法规或者由国务院有关部门联合制定规章。目前,国务院有关部门已联合制定了一些规章,如 2001 年 7 月,国家计委、国家经贸委、建设部、铁道部、交通部、信息产业部、水利部联合发布《评标委员会和评标方法暂行规定》等。

6.地方规章

省、自治区、直辖市和设区的市的人民政府,可以根据法律、行政法规和本省、自治区、直辖市的地方性法规,制定地方规章。

地方政府规章可以就下列事项作出规定:①为执行法律、行政法规、地方性法规的规定需要制定规章的事项;②属于本行政区域的具体行政管理事项。目前,省、自治区、直辖市和设区的市的人民政府都制定了大量地方规章,如《重庆市建设工程造价管理规定》、《安徽省建设工程造价管理办法》、《宁夏回族自治区建设工程造价管理规定》、《宁波市建设工程造价管理办法》等。

7.国际条约

国际条约是指我国与外国缔结、参加、签订、加入、承认的双边、多边的条约,协定,以及其他具有条约性质的文件。国际条约的名称,除条约外,还有公约、协议、协定、议定书、宪章、盟约、换文和联合宣言等。除我国在缔结时宣布持保留意见不受其约束的以外,这些条约的内容都与国内法具有一样的约束力,所以也是我国法的形式。例如,我国加入 WTO 后,WTO 中与工程建设有关的协定也对我国的建设活动产生约束力。

(二)法的效力层级

法的效力层级,是指法律体系中的各种法的形式,由于制定的主体、程序、时间、适用范围等的不同,具有不同的效力,形成法的效力等级体系。

1.宪法至上

宪法是具有最高法律效力的根本大法,具有最高的法律效力。宪法作为根本法和母法,还是其他立法活动的最高法律依据。任何法律、法规都必须遵循宪法而产生,无论是维护社会稳定、保障社会秩序,还是规范经济秩序,都不能违背宪法的基本准则。

2.上位法优于下位法

在我国法律体系中,法律的效力是仅次于宪法而高于其他法的形式。行政法规的法律地位和法律效力仅次于宪法和法律,高于地方性法规和部门规章。地方性法规的效力,高于本级和下级地方政府规章。省、自治区人民政府制定的规章的效力,高于本行政区域内的特别大的市人民政府制定的规章。

自治条例和单行条例依法对法律、行政法规、地方性法规作变通规定的,在本自治地方适用自治条例和单行条例的规定。经济特区法规根据授权对法律、行政法规、地方性法规作变通规定的,在本经济特区适用经济特区法规的规定。

部门规章之间、部门规章与地方政府规章之间具有同等效力,在各自的权限范围内施行。

3. 特别法优于一般法

特别法优于一般法,是指公法权力主体在实施公权力行为中,当一般规定与特别规定不一致时,优先适用特别规定。《立法法》规定,同一机关制定的法律、行政法规、地方性法规、自治条例和单行条例、规章,特别规定与一般规定不一致的,适用特别规定。

4. 新法优于旧法

新法、旧法对同一事项有不同规定时,新法优于旧法。《立法法》规定,同一机关制定的法律、行政法规、地方性法规、自治条例和单行条例、规章,新的规定与旧的规定不一致的,适用新的规定。

5. 需要由有关机关裁决适用的特殊情况

根据《立法法》(2015 年修改)的第 94 条和第 95 条的相关规定:

法律之间对同一事项的新的一般规定与旧的特别规定不一致,不能确定如何适用时,由全国人民代表大会常务委员会裁决。

行政法规之间,对同一事项的新的一般规定与旧的特别规定不一致,不能确定如何适用时,由国务院裁决。

地方性法规、规章之间不一致时,由有关机关依照下列规定的权限作出裁决:

(1)同一机关制定的新的一般规定与旧的特别规定不一致时,由制定机关裁决。

(2)地方性法规与部门规章之间对同一事项的规定不一致,不能确定如何适用时,由国务院提出意见,国务院认为应当适用地方性法规的,应当决定在该地方适用地方性法规的规定;国务院认为应当适用部门规章的,应当提请全国人民代表大会常务委员会裁决。

(3)部门规章之间、部门规章与地方政府规章之间对同一事项的规定不一致时,由国务院裁决。

根据授权制定的法规与法律规定不一致,不能确定如何适用时,由全国人民代表大会常务委员会裁决。

6. 备案和审查

行政法规、地方性法规、自治条例和单行条例、规章,应当在公布后的 30 日内,依照《立法法》的规定报有关机关备案。

三、建设法律、行政法规和相关法律的关系

(一)建设法的定义

建设法是调整国家行政管理机关、法人、法人以外的其他组织、公民在建设活动中产生的社会关系的法律规范的总称。建设法律和建设行政法规构成了建设法的主体。建设法是以市场经济中建设活动产生的社会关系为基础,规范国家行政管理机关对建设活动的监管、市场主体之间经济活动的法律法规。

建设法律、行政法规与所有的法律部门都有一定的关系,比较重要的是与行政法、民法商法、社会法的关系。

(二)建设法律、行政法规与行政法的关系

建设法律、行政法规在调整建设活动中产生的社会关系时,会形成行政监督管理关系。行政监督管理关系是指国家行政机关或者其正式授权的有关机构对建设活动的组织、监督、协调等形成的关系。建设活动事关国计民生,与国家、社会的发展,与公民的工作、生活以及生命财产的安全等,都有直接的关系。因此,国家必然要对建设活动进行监督和管理。古今中外,概莫能外。

我国政府一直高度重视对建设活动的监督管理。在国务院和地方各级人民政府都设有专门的建设行政管理部门,对建设活动的各个阶段依法进行监督管理,包括立项、资金筹集、勘察、设计、施工、验收等。国务院和地方各级人民政府的其他有关行政管理部门,也承担了相应的建设活动监督管理的任务。行政机关在这些监督管理中形成的社会关系就是建设行政监督管理关系。

建设行政监督管理关系是行政法律关系的重要组成部分。

(三)建设法律、行政法规与民法商法的关系

建设法律、行政法规在调整建设活动中产生的社会关系,会形成民事商事法律关系。建设民事商事法律关系,是建设活动中由民事商事法律规范所调整的社会关系。建设民事商事法律关系有以下特点:

第一,建设民事商事法律关系是主体之间的民事商事权利和民事商事义务关系。民法商法调整一定的财产关系和人身关系,是赋予当事人以民事商事权利和民事商事义务。在民事商事法律关系产生以后,民事商事法律规范所确定的抽象的民事商事权利和民事商事义务便落实为约束当事人行为的具体的民事商事权利和民事商事义务。

第二,建设民事商事关系是平等主体之间的关系。民法商法调整平等主体之间的财产关系和人身关系,这就决定了参加民事商事关系的主体地位平等,相互独立、互不隶属。同时,由于主体地位平等,决定了其权利义务一般也是对等的。任何一方在享受权利的同时,也要承担相应的义务。

第三,建设民事商事关系主要是财产关系。民法商法以财产关系为其主要调整对象。因此,民事商事关系也主要表现为财产关系。民事商事关系虽然也有人身关系,但在数量上较少。

第四,建设民事商事关系的保障措施具有补偿性和财产性。民法商法调整对象的平等性和财产性,也表现在民事商事关系的保障手段上,即民事商事责任以财产补偿为主要内容,惩罚性和非财产性责任不是主要的民事商事责任形式。在建设活动中,各类民事商事主体,如建设单位、施工单位、勘察设计单位、监理单位等,都是通过合同建立起相互的关系。合同关系就是一种民事商事关系。

建设民事商事关系是民事商事关系的重要组成部分。

(四)建设法律、行政法规与社会法的关系

建设法律、行政法规在调整建设活动中产生的社会关系时,会形成社会法律关系。例如,施工单位应当做好员工的劳动保护工作,建设单位也要提供相应的保障;建设单位、施工单位、监理单位、勘察设计单位都会与自己的员工建立劳动关系。

建设社会关系是社会关系的重要组成部分。下列[例题 1-1]取自 2014 年第四版一级建造师考试用书《建设工程法规及相关知识》中的案例,有助于读者理解合同与审计的关系。

【例题 1-1】

1. 背景资料:

1995 年某县公路指挥部正式成立,代表县人民政府负责对某公路其中一个路段进行改造。该县公路指挥部在施工过程中与 49 个单位签订了工程承包合同。该工程历经两年,于 1997 年 6 月 25 日全面竣工。县公路指挥部与各施工单位依照合同确定了竣工结算价款,该路段的工程总造价为 10852.39 万元。县人民政府已向各施工单位支付工程款 10299.72 万元,尚欠工程款 552.67 万元。

1999 年 12 月,该县审计局依法出具《审计决定书》,并告知各施工单位若不服审计决定,可在法定期限内提起行政复议或者依法向人民法院提起行政诉讼。《审计决定书》核准该路段的工程总造价为 9450 万元,在竣工结算的基础上核减了 1402.39 万元。

2000 年底,承建单位之一的某市公路管理局直属分局(即承包人)向该市中级人民法院提起民事诉讼。市中级人民法院受理本案以后,指定由该市某区人民法院审理。原告诉称:"1998 年 8 月 5 日,我方与县公路指挥部依照合同对工程进行了结算,经双方严格核算,工程总造价为 730 万元。除工程中已支付的价款外,县人民政府尚欠我方 18 万元,请求法院判令县人民政府支付所欠工程款 18 万元。"之后,县人民政府依据《审计决定书》提起了反诉,诉称:"在工程承建中,原告即某市公路管理局直属分局先后在公路指挥部领取工程款 712 万元。县审计局依法对其承建路段工程造价结算进行审计后,核减了工程造价,原告并未依法对《审计决定书》提起行政复议和行政诉讼。为此,按照核减的工程款,原告在公路指挥部超领工程款 51 万余元,请求法院依法判令原告返还超领的工程款 51 万余元。"原告辩称:"我方与被告方的承包合同有效。工程结算应以合同约定的单价和实际工程量进行。被告依审计决定来否定合法的合同,是明显的行政干预。被告反诉的理由是原告没有履行审计决定。审计决定生效后,兑现审计决定的唯一途径是审计局向法院申请强制执行,但审计局没有向法院申请强制执行,也无权委托县公路指挥部和被告申请执行。被告某县人民政府不是审计决定申请执行的主体,更不是本案反诉的适格主体,因此请求法院驳回被告的反诉。"

区人民法院经审理认为:"按照《审计法》的有关规定,审计机关依法定职权对国家建设项目预算的执行情况和决算进行审计监督。《审计决定书》送达原告后,原告没有在法定期限内提起行政诉讼,因此审计行政行为已经发生法律效力,在原告和被告之间形成了新的债权、债务关系,即原告应当依据《审计决定书》的决定,返还给被告其超领的工程款及相应利息。"据此,2001 年 8 月 8 日区人民法院做出一审判决:驳回原告的诉讼请求,支持被告的反诉请求,判令原告返还被告工程款 51 万余元及利息。

原告不服区人民法院的一审判决,向市中级人民法院提起上诉。市中级人民法院经审理认为:"某县公路指挥部与原告签订的公路路面施工合同、补充协议和结算是双方在平等基础上协商一致的民事行为,应当受到法律的保护。本案中所涉及工程造价审计只是审计机关对国家投资项目的建设单位的行政监督,不能以此否定双方已经确认的工程价款;县人民政府以审计决定对上诉人的工程价款主张进行抗辩,其抗辩理由不能成立,其反诉请求不应支持。"《最高人民法院关于建设工程承包合同案件中双方当事人已确定的工程价款与审计部门审计的工程决算价款不一致时如何运用法律问题的电话答复意见》(2001 民—他字第 2 号)指出:"审计是国家对建设单位的一种行政监督,不影响建设单位与承建单位的合同效力。建设工程承包合同案件应以当事人的约定作为法院判决的依据。只有在合同明确约定以审计结论作为结算依据或者合同约定不明确、合同约定无效的情况下,才能将审计结论作为判决的依据。"本案中,县公路指挥部与原告签订的公路路面施工合同、补充协议和结算是双方在平等基础上协商一致的民事行为,应当受到法律的保护。本案所涉及的工程造价审计是审计机关对国家投资项目的建设单位的行政监督,双方当事人在合同中并未约定以审计结论作为结算依据,也无证据证明结算本身存在违法性。双方的工程价款结算具体明确,应予采信,审计结论不能作为本案的判决依据,不能以此否定双方已经确认的工程价款。2002 年 4 月 28 日,市中级人民法院作出终审判决:驳回被上诉人的反诉请求;判令其向上诉人支付所欠工程款 18 万元及利息。

2.问题：

本案中,应当如何区分不同类型的法律关系,该审计结论对合同效力有无影响?

3.分析与回答:

(1)行政法律关系。审计机关是代表国家对各级政府及其工作部门的财政收支、国有金融机构和企业事业组织的财务收支的真实、合法和效益依法进行审计监督,主要是对国有资产是否损失,国家机关和国有企事业单位是否违反了财经纪律等问题进行监督。审计机关将审计意见书和审计决定送达被审计单位和有关单位,审计决定自送达之日起生效,但其仅对被审计单位产生法律效力。在本案中,县公路指挥部是被审计的单位,与审计局建立了行政法律关系。县公路指挥部受县人民政府委托,代表其负责对该路段进行改造的工作,是适格的被审计单位。县公路指挥部虽然不是建设项目法人,也不具备行政主体资格,但作为行政相对人,可以依法申请行政复议乃至提起行政诉讼。需要强调的是,在审计活动中,行政复议是行政诉讼的前置程序,县公路指挥部应先向市审计局或县人民政府申请审计复议,非经复议,不得提起行政诉讼。

(2)民事法律关系。这是由县公路指挥部与某市公路管理局直属分局(当时的某市公路管理局直属分局应属政企不分,如果放到现在,承担施工任务的应当是具备相应施工资质等级的企业)建立起来的。由于县公路指挥部无法人资格,某市公路管理局直属分局便以县人民政府为被告提起了民事诉讼。依据《最高人民法院关于建设工程承包合同案件中双方当事人已确认的工程决算价款与审计部门审计的工程决算价款不一致时如何适用法律问题的电话答复意见》,审计结论不能影响合同关系,不能作为处理合同纠纷、合同结算的依据。

因此,在一个建设工程项目的建设过程中,往往会涉及多种法律关系,需要严格区分在不同的法律关系中的主体、客体和适用法律。

针对上述例题中的实际案例,目前社会上有一个误解,认为人大法工委的复函表明:"建设单位不能在招标文件和合同中约定以审计结论作为结算依据。"实际情况是人大法工委要纠正各地方法规中强制性要求的第一种和第二种情况,即"一是直接规定审计结果**应当**作为竣工结算的依据;二是规定建设单位**应当**在招标文件中载明或者在合同中约定以审计结果作为竣工结算的依据";而第三种情况,即"三是规定建设单位**可以**在招标文件中载明或者在合同中约定以审计结果作为竣工结算的依据",人大法工委认为:"不存在与法律不一致、超越地方立法权限的问题。"所以合同当事人在合同中可以约定,也可以不约定审计结论作为结算依据。具体详细内容可以参见:"人大法工委《关于对地方性法规中以审计结果作为政府投资建设项目竣工结算依据有关规定提出的审查建议的复函》法工备函[2017]22号"和"人大法工委《对地方性法规中以审计结果作为政府投资建设项目竣工结算依据有关规定的研究意见》"。

四、建设工程法人

法人是建设工程活动中最主要的主体,应该了解法人的定义、条件以及法人在建设工程中的地位和作用,特别要熟悉企业法人与项目经理部的法律关系。

2009年8月修改后的《民法通则》规定,法人是具有民事权利能力和民事行为能力,依法独立享有民事权利和承担民事义务的组织。

法人是与自然人相对应的概念,是法律赋予社会组织具有法律人格的一项制度。这一制度为确立社会组织的权利、义务,便于社会组织独立承担责任提供了基础。

（一）法人应具备的条件

（1）依法成立。法人不能自然产生，它的产生必须经过法定的程序。法人的设立目的和方式必须符合法律的规定，设立法人必须经过政府主管机关的批准或者核准登记。

（2）有必要的财产或者经费。有必要的财产或者经费是法人进行民事活动的物质基础。它要求法人的财产或者经费必须与法人的经营范围或者设立目的相适应，否则将不能被批准设立或者核准登记。

（3）有自己的名称、组织机构和场所。法人的名称是法人相互区别的标志和法人进行活动时使用的代号。法人的组织机构是指对内管理法人事务、对外代表法人进行民事活动的机构。法人的场所则是法人进行业务活动的所在地，也是确定法律管辖的依据。

（4）能够独立承担民事责任。法人必须能够以自己的财产或者经费承担在民事活动中的债务，在民事活动中给其他主体造成损失时能够承担赔偿责任。

法人的法定代表人是自然人，其依照法律或者法人组织章程的规定，代表法人行使职权。法人以它的主要办事机构所在地为住所。

（二）法人的分类

法人可以分为企业法人和非企业法人两大类。非企业法人包括行政法人、事业法人、社团法人。

企业法人依法经工商行政管理机关核准登记后取得法人资格。企业法人分立、合并或者有其他重要事项变更，应当向登记机关办理登记并公告。企业法人分立、合并，其权利和义务由变更后的法人享有和承担。

有独立经费的机关从成立之日起，具有法人资格。具有法人条件的事业单位、社会团体，依法不需要办理法人登记的，从成立之日起，具有法人资格；依法需要办理法人登记的，经核准登记，取得法人资格。

（三）法人在建设工程中的地位

在建设工程中，大多数建设活动主体都是法人。施工单位、勘察设计单位、监理单位都是具有法人资格的组织。建设单位一般也应当具有法人资格。但有时候，建设单位也可能是没有法人资格的其他组织。

法人在建设工程中的地位，表现在其具有民事权利能力和民事行为能力。依法独立享有民事权利和承担民事义务，方能承担民事责任。在法人制度产生以前，只有自然人才具有民事权利能力和民事行为能力。随着社会生产活动的扩大和专业化水平的提高，许多社会活动必须由自然人合作完成。因此，法人是出于需要，是社会组织在法律上的人格化，是法律意义上的"人"，而不是实实在在的生命体。建设工程规模浩大，需要众多的自然人合作完成。法人制度的产生，使这种合作成为常态，这是建设工程发展到当今的规模和专业程度的基础。

（四）法人在建设工程中的作用

1. 法人是建设工程中的基本主体

在计划经济时期，从事建设活动的各企事业单位实际上是行政机关的附属，是不独立的。

但在市场经济中,每个法人都是独立的,可以独立开展建设活动。

法人制度有利于企业或者事业单位根据市场经济的客观要求,打破地区、部门和所有制的界限,发展各种形式的横向经济联合,在平等、自愿、互利的基础上建立起新的经济实体。实行法人制度,一方面可以保证企业在民事活动中以独立的"人格"享有平等的法律地位,不再受来自行政主管部门的不适当干涉;另一方面使作为法人的企业也不得以自己的某种优势去干涉其他法人的经济活动,或者进行不等价的交换。这样,可以使企业发挥各自优势,进行正当竞争,按照社会化大生产的要求,加快市场经济的发展。

2. 确立了建设领域国有企业的所有权和经营权的分离

建设领域曾经是以国有企业为主体的。确认企业的法人地位,明确法人的独立财产责任并建立起相应的法人破产制度,这就真正在法律上使企业由国家行政部门的"附属物"变成了自主经营、自负盈亏的商品生产者和经营者,从而进一步促进企业加强经济核算和科学管理,增强企业在市场竞争中的活力与动力,为我国市场经济的发展和工程建设的顺利实施创造更好的条件。

(五)企业法人与项目经理部的法律关系

从项目管理的理论上说,各类企业都可以设立项目经理部,但施工企业设立的项目经理部具有典型意义,是施工管理人员需要掌握的知识。

1. 项目经理部的概念和设立

项目经理部是施工企业为了完成某项建设工程施工任务而设立的组织。项目经理部是由一个项目经理与技术、生产、材料、成本等管理人员组成的项目管理班子,是一次性的具有弹性的现场生产组织机构。对于大中型施工项目,施工企业应当在施工现场设立项目经理部;对于小型施工项目,施工企业可以根据实际情况选择适当的管理方式。施工企业应当明确项目经理部的职责、任务和组织形式。

项目经理部不具备法人资格,而是施工企业根据建设工程施工项目而组建的非常设的下属机构。项目经理根据企业法人的授权,组织和领导本项目经理部的全面工作。

2. 项目经理是企业法人授权在建设工程施工项目上的管理者

企业法人的法定代表人,其职务行为可以代表企业法人。由于施工企业同时会有数个、数十个甚至更多的建设工程施工项目在组织实施,导致企业法定代表人不可能成为所有施工项目的直接负责人。因此,每个施工项目必须有一个经企业法人授权的项目经理。施工企业的项目经理,是受企业法人的委派,对建设工程施工项目全面负责的项目管理者,是一种施工企业内部的岗位职务。

建设工程项目上的生产经营活动,必须在企业制度的制约下运行;其质量、安全、技术等活动,须接受企业相关职能部门的指导和监督。推行项目经理责任制,绝不意味着可以搞"以包代管"。过分强调建设工程项目承包的自主权,过度下放管理权限,将会削弱施工企业的整体管理能力,给施工企业带来诸多经营风险。

3. 项目经理部行为的法律后果由企业法人承担

由于项目经理部不具备独立的法人资格,无法独立承担民事责任。所以,项目经理部行为的法律后果将由企业法人承担。例如:项目经理部没有按照合同约定完成施工任务,则应由施

工企业承担违约责任;项目经理签字的材料款,如果不按时支付,材料供应商应当以施工企业为被告提起诉讼。

【例题1-2】

1. 背景资料:

地处A市的某设计院承担了坐落在B市的某项"设计—采购—施工"承包任务。该设计院将工程的施工任务分包给B市的某施工单位。设计院在施工现场派驻了包括甲在内的项目管理班子,施工单位则由乙为项目经理组成了项目经理部。施工任务完成后,施工单位以设计院尚欠工程款为由向仲裁委员会申请仲裁,主要依据是有甲签字确认的所增加的工程量。设计院认为甲并不是该项目的设计院方的项目经理,不承认甲签字的效力。经查实,甲既不是合同中约定的设计院的授权负责人,也没有设计院的授权委托书。但合同中约定的授权负责人基本没有去过该项目现场。事实上,该项目一直由甲实际负责,且有设计院曾经认可甲签字付款的情形。

2. 问题:

设计院是否应当承担付款责任,为什么?

3. 分析与回答:

设计院应当承担付款责任。因为,由于设计院方面的管理原因,让施工单位认为甲具有签字付款的权力,致使本案付款纠纷的出现。《民法通则》第43条规定:"企业法人对它的法定代表人和其他工作人员的经营活动,承担民事责任。"由于种种原因,我国目前经常存在着名义上的项目负责人经常不在现场的情况。本案的真实背景是设计院认为甲被施工单位买通而拒绝付款。本案对施工单位的教训是:施工单位需要让发包或总包单位签字时,一定要找其授权人;如果发包或总包单位变更授权人的,应当要求发包单位完成变更的手续。

五、建设工程代理

在建设工程活动中,通过委托代理实施民事法律行为的情形较为常见。因此,熟悉有关代理的基本法律知识是十分必要的。

(一)代理的法律特征和主要种类

《民法通则》规定,公民、法人可以通过代理人实施民事法律行为。代理人在代理权限内,以被代理人的名义实施民事法律行为。被代理人对代理人的代理行为,承担民事责任。

所谓代理,是指代理人在被授予的代理权限范围内,以被代理人的名义与第三人实施法律行为,而行为后果由该被代理人承担的法律制度。代理涉及三方当事人,即被代理人、代理人和代理关系所涉及的第三人。

1. 代理的法律特征

代理具有如下的法律特征:

(1)代理人必须在代理权限范围内实施代理行为

代理人实施代理活动的直接依据是代理权。因此,代理人必须在代理权限范围内与第三人或相对人实施代理行为。代理人实施代理行为时,有独立进行意思表示的权利。

(2)代理人应该以被代理人的名义实施代理行为

《民法通则》规定,代理人应以被代理人的名义对外实施代理行为。代理人如果以自己的名义实施代理行为,则该代理行为产生的法律后果只能由代理人自行承担。这种行为是自己的行为而非代理行为。

（3）代理行为必须是具有法律意义的行为

代理人为被代理人实施的是能够产生法律上的权利义务关系，产生法律后果的行为。如果是代理人请朋友吃饭、聚会等，不能产生权利义务关系，就不是代理行为。

（4）代理行为的法律后果归属于被代理人

代理人在代理权限内，以被代理人的名义同第三人进行的具有法律意义的行为，在法律上产生与被代理人自己的行为同样的后果。因而，被代理人对代理人的代理行为承担民事责任。

2. 代理的主要种类

代理，包括委托代理、法定代理和指定代理。

（1）委托代理

委托代理按照被代理人的委托行使代理权。因委托代理中，被代理人是以意思表示的方法将代理权授予代理人的，故又称"意定代理"或"任意代理"。

（2）法定代理

法定代理是指根据法律的规定而发生的代理。例如，《民法通则》规定，无民事行为能力人、限制民事行为能力人的监护人是他的法定代理人。法定代理人依照法律的规定行使代理权。

（3）指定代理

指定代理是根据人民法院或有关单位的指定而发生的代理，常发生在诉讼中。例如，《最高人民法院关于适用〈中华人民共和国民事诉讼法〉若干问题的意见》第67条规定，在诉讼中，无民事行为能力人、限制民事行为能力人的监护人是他的法定代理人。事先没有确定监护人的，可以由有监护资格的人协商确定；协商不成的，由人民法院在他们之间指定诉讼中的法定代理人。指定代理人按照人民法院或者指定单位的指定行使代理权。

（二）建设工程代理行为的设立和终止

建设工程活动中，涉及的代理行为比较多，例如：招标代理、材料设备采购代理以及诉讼代理等。

1. 建设工程代理行为的设立

建设工程活动不同于一般的经济活动，其代理行为不仅要依法实施，有些还要受到法律的限制。

（1）不得委托代理的建设工程活动

《民法通则》规定，依照法律规定或者按照双方当事人约定，应当由本人实施的民事法律行为，不得代理。

建设工程的承包活动不得委托代理。《建筑法》规定，禁止承包单位将其承包的全部建筑工程转包给他人，禁止承包单位将其承包的全部建筑工程肢解以后以分包的名义分别转包给他人。施工总承包的，建筑工程主体结构的施工必须由总承包单位自行完成。

（2）须取得法定资格方可从事的建设工程代理行为

一般的代理行为可以由自然人、法人担任代理人，对其资格并无法定的严格要求。即使是诉讼代理人，也不要求必须由具有律师资格的人担任。如《民事诉讼法》第58条规定："律师、当事人的近亲属，有关的社会团体或者所在单位推荐的人，经人民法院许可的其他公民，都可以被委托为诉讼代理人。"

但是,某些建设工程代理行为必须由具有法定资格的组织方可实施。如《招标投标法》规定,招标代理机构是依法设立、从事招标代理业务并提供相关服务的社会中介组织。招标代理机构应当具备下列条件:①有从事招标代理业务的营业场所和相应资金;②有能够编制招标文件和组织评标的相应专业力量;③有符合本法规定条件、可以作为评标委员会成员人选的技术、经济等方面的专家库。《招标投标法》还规定,从事工程建设项目招标代理业务的招标代理机构,其资格由国务院或者省、自治区、直辖市人民政府的建设行政主管部门认定。

(3)民事法律行为的委托代理

建设工程代理行为多为民事法律行为的委托代理。民事法律行为的委托代理,可以用书面形式,也可以用口头形式。但是,法律规定用书面形式的,委托代理应当用书面形式。

书面委托代理的授权委托书,应当载明代理人的姓名或者名称、代理事项、权限和期间,并由委托人签名或者盖章。委托书授权不明的,被代理人应当向第三人承担民事责任,代理人负连带责任。

2. 建设工程代理行为的终止

《民法通则》规定,有下列情形之一的,委托代理终止:①代理期间届满或者代理事务完成;②被代理人取消委托或者代理人辞去委托;③代理人死亡;④代理人丧失民事行为能力;⑤作为被代理人或者代理人的法人终止。

建设工程代理行为的终止,主要是①、②、⑤三种情况。

(1)代理期间届满或代理事项完成

被代理人通常是授予代理人某一特定期间内的代理权,或者是某一项也可能是某几项特定事务的代理权,那么在这一期间届满或者被指定的代理事项全部完成,代理关系即告终止,代理行为也随之终止。

(2)被代理人取消委托或者代理人辞去委托

委托代理是被代理人基于对代理人的信任而授权其进行代理事务的。如果被代理人由于某种原因失去对代理人的信任,法律就不应当强制被代理人仍须以其为代理人。反之,如果代理人由于某种原因不愿意再行代理,法律也不能强制要求代理人继续从事代理。因此,法律规定被代理人有权根据自己的意愿单方取消委托,也允许代理人单方辞去委托。均不必以对方同意为前提,并以通知到对方时,代理权即行消灭。

但是,单方取消或辞去委托可能会承担相应的民事责任。《合同法》规定,委托人或者受托人可以随时解除委托合同。因解除合同给对方造成损失的,除不可归责于该当事人的事由以外,应当赔偿损失。

(3)作为被代理人或者代理人的法人终止

在建设工程活动中,不管是被代理人还是代理人,任何一方的法人终止,代理关系均随之终止。因为,对方的主体资格已消灭,代理行为将无法继续,其法律后果亦将无从承担。

此外,有下列情形之一的,法定代理或者指定代理终止:①被代理人取得或者恢复民事行为能力;②被代理人或者代理人死亡;③代理人丧失民事行为能力;④指定代理的人民法院或者指定单位取消指定;⑤由其他原因引起的被代理人和代理人之间的监护关系消灭。

(三)代理人和被代理人的权利、义务及法律责任

1. 代理人在代理权限内以被代理人的名义实施代理行为

《民法通则》规定,代理人在代理权限内,以被代理人的名义实施民事法律行为。被代理人对代理人的代理行为,承担民事责任。这是代理人与被代理人基本权利和义务的规定。代理人必须取得代理权,并依据代理权限,以被代理人的名义实施民事法律行为。被代理人要对代理人的代理行为承担民事责任。

2. 转托他人代理应当事先取得被代理人的同意

《民法通则》规定,委托代理人为被代理人的利益需要转托他人代理的,应当事先取得被代理人的同意。事先没有取得被代理人同意的,应当在事后及时告诉被代理人;如果被代理人不同意,由代理人对自己所转托的人的行为负民事责任,但在紧急情况下,为了保护被代理人的利益而转托他人代理的除外。

代理人为处理代理事务,为被代理人选任其他人进行代理被称为复代理。复代理所基于的代理称为本代理,由本代理中的代理人转托的代理人称为复代理人。

3. 无权代理与表见代理

《民法通则》规定,没有代理权、超越代理权或者代理权终止后的行为,只有经过被代理人的追认,被代理人才承担民事责任。未经追认的行为,由行为人承担民事责任。本人知道他人以本人名义实施民事行为而不作否认表示的,视为同意。

(1)无权代理

无权代理是指行为人不具有代理权,但以他人的名义与第三人进行法律行为。无权代理一般存在三种表现形式:①自始未经授权。如果行为人自始至终没有被授予代理权,就以他人的名义进行民事行为,属于无权代理。②超越代理权。代理权限是有范围的,超越了代理权限,依然属于无权代理。③代理权已终止。行为人虽曾得到被代理人的授权,但该代理权已经终止的,行为人如果仍以被代理人的名义进行民事行为,则属无权代理。

被代理人对无权代理人实施的行为如果予以追认,则无权代理可转化为有权代理,产生与有权代理同等的法律效力,并不会发生代理人的赔偿责任。如果被代理人不予追认的,对被代理人不发生效力,则无权代理人需承担因无权代理行为给被代理人和善意第三人造成的损失。

(2)表见代理

表见代理是指行为人虽无权代理,但由于行为人的某些行为,造成了足以使善意第三人相信其有代理权的表象,而与善意第三人进行的、由本人(即被代理人)承担法律后果的代理行为。《合同法》规定,行为人没有代理权、超越代理权或者代理权终止后以被代理人名义订立合同,相对人有理由相信行为人有代理权的,该代理行为有效。

表见代理除需符合代理的一般条件外,还需具备以下特别构成要件:①须存在足以使相对人相信行为人具有代理权的事实或理由。这是构成表见代理的客观要件。它要求行为人与本人(即被代理人)之间应存在某些事实上或法律上的联系,如行为人持由本人发出的委任状、已加盖公章的空白合同书或者有显示本人向行为人授予代理权的通知函告等证明类文件。②须本人存在过失。其过失表现为本人表达了足以使第三人相信有授权意思的表示,或者实施了足以使第三人相信有授权意义的行为,发生了外表授权的事实。③须相对人为善意。这

是构成表见代理的主观要件。如果相对人明知行为人无代理权而仍与之实施民事行为,则相对人为主观恶意,不构成表见代理。

表见代理对本人产生有权代理的效力,即在相对人与本人之间产生民事法律关系。本人受表见代理人与相对人之间实施的法律行为的约束,享有该行为设定的权利和履行该行为约定的义务。本人不能以无权代理为抗辩。本人在承担表见代理行为所产生的责任后,可以向无权代理人追偿因代理行为而遭受的损失。

(3)知道他人以本人名义实施民事行为而不作否认表示的视为同意

本人知道他人以本人名义实施民事行为而不作否认表示的,视为同意。这是一种被称为默示方式的特殊授权。就是说,即使本人没有授予他人代理权,但事后并未作否认的意思表示,应视为授予了代理权。由此,他人以其名义实施法律行为的后果应由本人承担。

4.不当或违法行为应承担的法律责任

(1)委托书授权不明应承担的法律责任

委托书授权不明的,被代理人应当向第三人承担民事责任,代理人负连带责任。

(2)损害被代理人利益应承担的法律责任

代理人不履行职责而给被代理人造成损害的,应当承担民事责任。代理人和第三人串通,损害被代理人利益的,由代理人和第三人负连带责任。

(3)第三人故意行为应承担的法律责任

第三人知道行为人没有代理权、超越代理权或者代理权已终止还与行为人实施民事行为给他人造成损害的,由第三人和行为人负连带责任。

(4)违法代理行为应承担的法律责任

代理人知道被委托代理的事项违法仍然进行代理活动的,或者被代理人知道代理人的代理行为违法不表示反对的,由被代理人和代理人负连带责任。

【例题1-3】

1.背景资料:

2011年7月,甲建筑公司(以下简称甲公司)中标某大厦工程,负责施工总承包。2012年5月,甲公司将该大厦装饰工程施工分包给乙装饰公司(以下简称乙公司)。甲公司驻该项目的项目经理为李某;乙公司驻该项目的项目经理为王某。李某与王某是大学校友,一向私交不错。2013年6月,甲公司在该项目上需租赁部分架管、扣件,但资金紧张。李某听说王某与丙材料租赁公司(以下简称丙租赁公司)关系密切,便找到王某帮忙赊租架管、扣件。王某答应了李某的请求。随后,李某将盖有甲公司合同专用章的空白合同书及该单位的空白介绍信交给王某。同年7月10日,王某找到丙租赁公司,出具了甲公司的介绍信(没有注明租赁的财产)和空白合同书,要求租赁脚手架。丙租赁公司经过审查,认为王某出具的介绍信与空白合同书均盖有公章,真实无误,确信其有授权,于是签订了租赁合同。丙租赁公司依约将脚手架交给王某,但王某将脚手架用到了由他负责的其他装修工程上。后丙租赁公司多次向甲公司催要价款无果后,将甲公司诉至人民法院。

2.问题:

(1)王某的行为属无权代理还是表见代理,为什么?

(2)表见代理的法律后果是什么?

3.分析与回答:

(1)王某的行为构成表见代理。因为,王某虽然是乙公司的项目经理,向丙租赁公司租赁脚手架也超出了甲公司对其的授权范围,但他向丙租赁公司出具了甲公司的介绍信及空白合同书,使丙租赁公司相信其有权代表甲公司租赁脚手架。

(2)根据《合同法》第49条规定:"行为人没有代理权、超越代理权或代理权终止后以被代理人名义订立合同,相对人有理由相信行为人有代理权的,该代理行为有效。"表见代理的后果是由被代理人来承担的。因此,甲公司对丙租赁公司请求的租赁费用应承担给付义务。当然,对于自己的损失,甲公司可以追究王某的侵权责任。

六、建设工程物权

《物权法》是规范财产关系的民事基本法律。其立法目的是为了维护国家基本经济制度,维护社会主义市场经济秩序,明确物的归属,发挥物的效用,保护权利人的物权。

物权是一项基本民事权利,也是大多数经济活动的基础和目的。在建设工程活动中涉及的许多权利都是源于物权。建设单位对建设工程项目的权利来自于物权中最基本的权利——所有权,施工单位的施工活动是为了形成《物权法》意义上的物——建设工程。

(一)物权的法律特征和主要种类

1. 物权的法律特征

2007年3月颁发的《物权法》规定,本法所称物权,是指权利人依法对特定的物享有直接支配和排他的权利,包括所有权、用益物权和担保物权。

所有民事主体都能够成为物权的权利人,包括法人、法人以外的其他组织、自然人。物权的客体一般是物,包括不动产和动产。不动产,是指土地以及房屋、森林等地上定着物。动产是指不动产以外的物。

物权具有以下特征:

(1)物权是支配权。物权是权利人直接支配的权利,即物权人可以依自己的意志就标的物直接行使权利,无须他人的意思或义务人的行为介入。

(2)物权是绝对权。物权的权利人可以对抗一切不特定的人。物权的权利人是特定的,义务人是不特定的,且义务内容是不作为,即只要不侵犯物权人行使权利就履行义务。

(3)物权是财产权。物权是一种具有物质内容的、直接体现为财产利益的权利。财产利益包括对物的利用、物的归属和就物的价值设立的担保。

(4)物权具有排他性。物权人有权排除他人对于他行使物权的干涉。而且同一物上不许有内容不相容的物权并存,即"一物一权"。

2. 物权的种类

物权包括所有权、用益物权和担保物权。

(1)所有权

所有权是所有人依法对自己财产(包括不动产和动产)所享有的占有、使用、收益和处分的权利。它是一种财产权,又称财产所有权。所有权是物权中最重要也最完全的一种权利。当然,所有权在法律上也受到一定的限制。最主要的限制是,为了公共利益的需要,依照法律规定的权限和程序可以征收集体所有的土地和单位、个人的房屋及其他不动产。

财产所有权的权能,是指所有人对其所有的财产依法享有的权利,包括占有权、使用权、收益权、处分权。

①占有权。

占有权是指对财产实际掌握、控制的权能。占有权是行使物的使用权的前提条件,是所有人行使财产所有权的一种方式。占有权可以根据所有人的意志和利益分离出去,由非所有人享有。例如,根据货物运输合同,承运人对托运人的财产享有占有权。

②使用权。

使用权是指对财产的实际利用和运用的权能,通过对财产实际利用和运用满足所有人的需要,是实现财产使用价值的基本渠道。使用权是所有人所享有的一项独立权能。所有人可以在法律规定的范围内,以自己的意志使用其所有物。

③收益权。

收益权是指收取由原物产生出来的新增经济价值的权能。原物新增的经济价值,包括由原物直接派生出来的果实、由原物所产生出来的租金和利息、对原物直接利用而产生的利润等。收益往往是因为使用而产生的,因而收益权也往往与使用权联系在一起。但是,收益权本身是一项独立的权能,而使用权并不能包括收益权。有时,所有人并不行使对物的使用权,仍可以享有对物的收益权。

④处分权。

处分权是指依法对财产进行处置,决定财产在事实上或法律上命运的权能。处分权的行使决定着物的归属。处分权是所有人的最基本的权利,是所有权内容的核心。

(2)用益物权

用益物权是权利人对他人所有的不动产或者动产,依法享有占有、使用和收益的权利。用益物权包括土地承包经营权、建设用地使用权、宅基地使用权和地役权。(编者注:通俗理解为由他人物所带来的使用受益获利权)

国家所有或者国家所有由集体使用以及法律规定属于集体所有的自然资源,单位、个人依法可以占有、使用和收益。此时,单位或者个人就成为用益物权人。因不动产或者动产被征收、征用,致使用益物权消灭或者影响用益物权行使的,用益物权人有权获得相应补偿。

(3)担保物权

担保物权是权利人在债务人不履行到期债务或者发生当事人约定的实现担保物权的情形,依法享有就担保财产优先受偿的权利。债权人在借贷、买卖等民事活动中,为保障实现其债权,需要担保的,可以依照《物权法》和其他法律的规定设立担保物权。

(二)土地所有权、建设用地使用权和地役权

建设工程与土地关系密切。有必要对与土地有关的物权作些了解。

1. 土地所有权

土地所有权是国家或农民集体依法对归其所有的土地所享有的具有支配性和绝对性的权利。我国实行土地的社会主义公有制,即全民所有制和劳动群众集体所有制。

全民所有即国家所有土地的所有权,由国务院代表国家行使。农民集体所有的土地由本集体经济组织的成员承包经营,从事种植业、林业、畜牧业、渔业生产。耕地承包经营期限为30年。发包方和承包方应当订立承包合同,约定双方的权利和义务。承包经营土地的农民有保护和按照承包合同约定的用途合理利用土地的义务。农民的土地承包经营权受法律保护。

在土地承包经营期限内,对个别承包经营者之间承包的土地进行适当调整的,必须经村民会议三分之二以上成员或者三分之二以上村民代表的同意,并报乡(镇)人民政府和县级人民政府农业行政主管部门批准。

国家实行土地用途管制制度。国家编制土地利用总体规划,规定土地用途,将土地分为农用地、建设用地和未利用地。严格限制农用地转为建设用地,控制建设用地总量,对耕地实行特殊保护。

城市市区的土地属于国家所有。农村和城市郊区的土地,除由法律规定属于国家所有的以外,属于农民集体所有;宅基地和自留地、自留山,属于农民集体所有。

2.建设用地使用权

(1)建设用地使用权的概念

建设用地使用权是因建造建筑物、构筑物及其附属设施而使用国家所有的土地的权利。建设用地使用权只能存在于国家所有的土地上,不包括集体所有的农村土地。取得建设用地使用权后,建设用地使用权人依法对国家所有的土地享有占有、使用和收益的权利,有权利用该土地建造建筑物、构筑物及其附属设施。

(2)建设用地使用权的设立

建设用地使用权可以在土地的地表、地上或者地下分别设立。新设立的建设用地使用权,不得损害已设立的用益物权。

设立建设用地使用权,可以采取出让或者划拨等方式。工业、商业、旅游、娱乐和商品住宅等经营性用地以及同一土地有两个以上意向用地者的,应当采取招标、拍卖等公开竞价的方式出让。国家严格限制以划拨方式设立建设用地使用权。采取划拨方式的,应当遵守法律、行政法规关于土地用途的规定。

设立建设用地使用权的,应当向登记机构申请建设用地使用权登记。建设用地使用权自登记时设立。登记机构应当向建设用地使用权人发放建设用地使用权证书。建设用地使用权人应当合理利用土地,不得改变土地用途,需要改变土地用途的,应当依法经有关行政主管部门批准。

(3)建设用地使用权的流转、续期和消灭

建设用地使用权人有权将建设用地使用权转让、互换、出资、赠与或者抵押,但法律另有规定的除外。建设用地使用权人将建设用地使用权转让、互换、出资、赠与或者抵押,应当符合以下规定:①当事人应当采取书面形式订立相应的合同。使用期限由当事人约定,但不得超过建设用地使用权的剩余期限。②应当向登记机构申请变更登记。③附着于该土地上的建筑物、构筑物及其附属设施一并处分。

住宅建设用地使用权期间届满的,自动续期。非住宅建设用地使用权期间届满后的续期,依照法律规定办理。该土地上的房屋及其他不动产的归属,有约定的,按照约定;没有约定或者约定不明确的,依照法律、行政法规的规定办理。

建设用地使用权消灭的,出让人应当及时办理注销登记。登记机构应当收回建设用地使用权证书。

3.地役权

(1)地役权的概念

地役权是指为使用自己不动产的便利或提高其效益而按照合同约定利用他人不动产的权

利。他人的不动产为供役地,自己的不动产为需役地。从性质上说,地役权是按照当事人的约定设立的用益物权。

（2）地役权的设立

设立地役权,当事人应当采取书面形式订立地役权合同。地役权合同一般包括下列条款:①当事人的姓名或者名称和住所;②供役地和需役地的位置;③利用目的和方法;④利用期限;⑤费用及其支付方式;⑥解决争议的方法。地役权自地役权合同生效时设立。当事人要求登记的,可以向登记机构申请地役权登记;未经登记,不得对抗善意第三人。

土地上已设立土地承包经营权、建设用地使用权、宅基地使用权等权利的,未经用益物权人同意,土地所有权人不得设立地役权。

（3）地役权的变动

需役地以及需役地上的土地承包经营权、建设用地使用权、宅基地使用权部分转让时,转让部分涉及地役权的,受让人同时享有地役权。供役地以及供役地上的土地承包经营权、建设用地使用权、宅基地使用权部分转让时,转让部分涉及地役权的,地役权对受让人具有约束力。

（三）物权的设立、变更、转让、消灭和保护

1. 不动产物权的设立、变更、转让、消灭

不动产物权的设立、变更、转让和消灭,应当依照法律规定登记,自记载于不动产登记簿时发生效力。经依法登记,发生效力;未经登记,不发生效力,但法律另有规定的除外。依法属于国家所有的自然资源,所有权可以不登记。不动产登记,由不动产所在地的登记机构办理。

物权变动的基础往往是合同关系,如买卖合同导致物权的转让。需要注意的是,当事人之间订立有关设立、变更、转让和消灭不动产物权的合同,除法律另有规定或者合同另有约定外,自合同成立时生效;未办理物权登记的,不影响合同效力。

2. 动产物权的设立和转让

动产物权以占有和交付为公示手段。动产物权设立和转让,应当依照法律规定交付。动产物权的设立和转让,自交付时发生效力,但法律另有规定的除外。船舶、航空器和机动车等物权的设立、变更、转让和消灭,未经登记,不得对抗善意第三人。

3. 物权的保护

物权的保护,是指通过法律规定的方法和程序保障物权人在法律许可的范围内对其财产行使占有、使用、收益、处分权利的制度。物权受到侵害的,权利人可以通过和解、调解、仲裁、诉讼等途径解决。

因物权的归属、内容发生争议的,利害关系人可以请求确认权利。无权占有不动产或者动产的,权利人可以请求返还原物。妨害物权或者可能妨害物权的,权利人可以请求排除妨害或者消除危险。造成不动产或者动产毁损的,权利人可以请求修理、重作、更换或者恢复原状。侵害物权,造成权利人损害的,权利人可以请求损害赔偿,也可以请求承担其他民事责任。对于物权保护方式,可以单独适用,也可以根据权利被侵害的情形合并适用。

侵害物权,除承担民事责任外,违反行政管理规定的,依法承担行政责任;构成犯罪的,依

法追究刑事责任。

【例题1-4】

1. 背景资料：

某实业有限公司与某县土地管理局于2008年3月18日订立《工业开发及用地出让合同》，约定该实业有限公司在取得土地使用证后1个月内将进行工业项目开工建设等相关事项。之后，县土地管理局根据合同约定将土地交付给该实业有限公司使用。该实业有限公司对土地进行平整等工作，支付相关费用78万。2008年6月16日，县土地管理局以改变土地规划为由，要求该实业有限公司退回土地使用权。此时，尚未完成土地使用权登记。县土地管理局认为由于尚未进行土地使用权登记，合同还没有生效。该实业有限公司则向法院提起诉讼，要求继续履行合同，办理建设用地使用权登记手续。

2. 问题：

(1)双方订立的合同是否生效？

(2)原告的建设用地使用权是否已经设立？

(3)纠纷应当如何解决？

3. 分析与回答：

(1)双方订立的《工业开发及用地出让合同》应当已经生效。因为，办理建设用地使用权登记，并不是合同生效的前提。一般情况下，书面合同自当事人签字或者盖章时生效，除非当事人另行约定了生效条件。

(2)该实业有限公司(以下简称原告)的建设用地使用权尚未设立。因为，按照《物权法》的规定，建设用地使用权自登记时设立。由于双方尚未完成土地使用权登记，因此原告的建设用地使用权尚未设立。

(3)如果土地规划确实改变，县土地管理局(以下简称被告)可以要求原告按照新的规划要求使用土地。如果原告不能按照新规划要求使用土地，原告有权要求解除合同，被告应当赔偿原告的损失。如果原告可以按照新规划要求使用土地，原告有权要求继续履行合同，被告应当为其办理建设用地使用权登记手续。

🌐 七、建设工程债权

在建设工程活动中，经常会遇到一些债权债务的问题。学习有关债权的基本法律知识，有助于在实践中防范债务风险。

(一)债的基本法律关系

1. 债的概念

《民法通则》规定，债是按照合同的约定或者按照法律规定，在当事人之间产生的特定的权利和义务关系，享有权利的人是债权人，负有义务的人是债务人。债权人有权要求债务人按照合同的约定或者依照法律的规定履行义务。

债是特定当事人之间的法律关系。债权人只能向特定的人主张自己的权利，债务人也只需向享有该项权利的特定人履行义务，即债的相对性。

2. 债的内容

债的内容，是指债的主体双方间的权利与义务，即债权人享有的权利和债务人负担的义务，即债权与债务。债权是请求特定人为了特定行为作为或不作为的权利。

债权与物权不同，物权是绝对权，而债权是相对权。债权相对性理论的内涵，可以归纳为以下三个方面：①债权主体的相对性；②债权内容的相对性；③债权责任的相对性。债务是根据当事人的约定或者法律规定，债务人所负担的应为特定行为的义务。

(二)建设工程债的发生根据

建设工程债的产生,是指特定当事人之间债权债务关系的产生。引起债产生的一定的法律事实,就是债产生的根据。建设工程债产生的根据有合同、侵权、无因管理和不当得利。

1. 合同

在当事人之间产生了合同法律关系,也就是产生了权利义务关系,便设立了债的关系。任何合同关系的设立,都会在当事人之间发生债权债务的关系。合同引起债的关系,是债发生的最主要、最普遍的依据。合同产生的债被称为合同之债。

建设工程债的产生,最主要的也是合同。施工合同的订立,会在施工单位与建设单位之间产生债的关系;材料设备买卖合同的订立,会在施工单位与材料设备供应商之间产生债的关系。

2. 侵权

侵权,是指公民或法人没有法律依据而侵害他人的财产权利或人身权利的行为。侵权行为一经发生,即在侵权行为人和被侵权人之间形成债的关系。侵权行为产生的债被称为侵权之债。在建设工程活动中,也常会产生侵权之债。如施工现场的施工噪声,有可能产生侵权之债。

《侵权责任法》规定,建筑物、构筑物或者其他设施及其搁置物、悬挂物发生脱落、坠落造成他人损害,所有人、管理人或者使用人不能证明自己没有过错的,应当承担侵权责任。所有人、管理人或者使用人赔偿后,有其他责任人的,有权向其他责任人追偿。

建筑物、构筑物或者其他设施倒塌造成他人损害的,由建设单位与施工单位承担连带责任。建设单位、施工单位赔偿后,有其他责任人的,有权向其他责任人追偿。因其他责任人的原因,建筑物、构筑物或者其他设施倒塌造成他人损害的,由其他责任人承担侵权责任。

从建筑物中抛掷物品或者从建筑物上坠落的物品造成他人损害,难以确定具体侵权人除能够证明自己不是侵权人的外,由可能加害的建筑物使用人给予补偿。

3. 无因管理

无因管理,是指管理人员和服务人员没有法律上的特定义务,也没有受到他人委托,自觉为他人管理事务或提供服务。无因管理在管理人员或服务人员与受益人之间形成了债的关系。无因管理产生的债被称为无因管理之债。

4. 不当得利

不当得利,是指没有法律上或者合同上的依据,有损于他人利益而自身取得利益的行为。由于不当得利造成他人利益的损害,因此在得利者与受害者之间形成债的关系。得利者应当将所得的不当利益返还给受损失的人。不当得利产生的债被称为不当得利之债。

(三)建设工程债的常见种类

1. 施工合同债

施工合同债是发生在建设单位和施工单位之间的债。施工合同的义务主要是完成施工任务和支付工程款。对于完成施工任务,建设单位是债权人,施工单位是债务人;对于支付工程款,则相反。

2. 买卖合同债

在建设工程活动中,会产生大量的买卖合同,主要是材料设备买卖合同。材料设备的买方可能是建设单位,也可能是施工单位。他们会与材料设备供应商产生债。

3.侵权之债

在侵权之债中,最常见的是施工单位的施工活动产生的侵权。如施工噪声或者废水废弃物排放等扰民,可能对工地附近的居民构成侵权。此时,居民是债权人,施工单位或者建设单位是债务人。

【例题1-5】

1.背景资料:

某施工项目在施工过程中,施工单位与A材料供应商订立了材料买卖合同,但施工单位误将应支付给A材料供应商的货款支付给了B材料供应商。

2.问题:

(1)B材料供应商是否应当返还材料款,应当返还给谁,为什么?

(2)如果B材料供应商拒绝返还材料款,A材料供应商应当如何保护自己的权利,为什么?

3.分析与回答:

(1)B材料供应商应当返还材料款,其材料款应当返还给施工单位。因为B材料供应商获得的这一材料款,没有法律上或者合同上的依据,且有损于他人利益而自身取得利益,属于债的一种,即不当得利之债,应当返还。这一债是建立在施工单位与B材料供应商之间的,故应当返还给施工单位。

(2)A材料供应商应当向施工单位要求支付材料款来保护自己的权利。因为,由于施工单位误将本应支付给A材料供应商的货款支付给了B材料供应商,意味着施工单位没有完成应当向A材料供应商付款的义务。但是,B材料供应商与A材料供应商之间并无债权债务关系。因此,A材料供应商无权向B材料供应商主张权利。

八、建设工程担保

(一)担保与担保合同的规定

担保是指当事人根据法律规定或者双方约定,为促使债务人履行债务实现债权人的权利的法律制度,也是一种法律行为。

1995年6月《中华人民共和国担保法》(以下简称《担保法》)规定,在借贷、买卖、货物运输、加工承揽等经济活动中,债权人需要以担保方式保障其债权实现的,可以依照本法规定设定担保。

第三人为债务人向债权人提供担保时,可以要求债务人提供反担保。反担保适用《担保法》担保的规定。

担保合同是主合同的从合同,主合同无效,担保合同无效。担保合同另有约定的,按照约定。担保合同被确认无效后,债务人、担保人、债权人有过错的,应当根据其过错各自承担相应的民事责任。

(二)建设工程保证担保的方式

《担保法》规定,担保方式为保证、抵押、质押、留置和定金。

(三)保证

在建设工程活动中,保证是最为常用的一种担保方式。所谓保证,是指保证人和债权人约定,当债务人不履行债务时,保证人按照约定履行债务或者承担责任的行为。具有代为清偿债务能力的法人、其他组织或者公民,可以作保证人,并且是主合同之外的第三人。但在建设工程活动中,由于担保的标的额较大,保证人往往是银行,也有信用较高的其他担保人,如担保公司。银行出具的保证通常称为保函,其他保证人出具的书面保证一般称为保证书。

1. 保证的基本法律规定

(1)保证合同

保证人与债权人应当以书面形式订立保证合同。保证人与债权人可以就单个主合同(例如施工合同)分别订立保证合同,也可以协议在最高债权额限度内就一定期间连续发生的借款合同或者某项商品交易合同订立一个保证合同。

保证合同应当包括以下内容:①被保证的主债权种类、数额;②债务人履行债务的期限;③保证的方式;④保证担保的范围;⑤保证的期间;⑥双方认为需要约定的其他事项。保证合同不完全具备以上规定内容的,可以补正。

(2)保证方式

保证的方式有两种:一般保证和连带责任保证。

当事人在保证合同中约定,债务人不能履行债务时,由保证人承担保证责任的,为一般保证;一般保证的保证人在主合同纠纷未经审判或者仲裁,并就债务人财产依法强制执行仍不能履行债务前,对债权人可以拒绝承担保证责任。

当事人在保证合同中约定保证人与债务人对债务承担连带责任的,为连带责任保证。连带责任保证的债务人在主合同规定的债务履行期届满没有履行债务的,债权人可以要求债务人履行债务,也可以要求保证人在其保证范围内承担保证责任。

当事人对保证方式没有约定或者约定不明确的,按照连带责任保证承担保证责任。

(3)保证人资格

具有代为清偿债务能力的法人、其他组织或者公民,可以作为保证人。但是,以下组织不能作为保证人:

①国家机关不得为保证人,但经国务院批准为使用外国政府或者国际经济组织贷款进行转贷的除外。

②学校、幼儿园、医院等以公益为目的的事业单位、社会团体不得为保证人。

③企业法人的分支机构、职能部门不得为保证人。企业法人的分支机构有法人书面授权的,可以在授权范围内提供保证。

任何单位和个人不得强令银行等金融机构或者企业为他人提供保证;银行等金融机构或者企业对强令其为他人提供保证的保证行为,有权拒绝。

(4)保证责任

保证合同生效后,保证人就应当在合同约定的保证范围和保证期间承担保证责任。

保证担保的范围包括主债权及利息、违约金、损害赔偿金和实现债权的费用。保证合同另有约定的,按照约定。当事人对保证担保的范围没有约定或者约定不明确的,保证人应当对全部债务承担责任。

保证期间,债权人依法将主债权转让给第三人的,保证人在原保证担保的范围内继续承担保证责任。保证合同另有约定的,按照约定。保证期间,债权人许可债务人转让债务的,应当取得保证人书面同意,保证人对未经其同意转让的债务,不再承担保证责任。债权人与债务人协议变更主合同的,应当取得保证人书面同意,未经保证人书面同意的,保证人不再承担保证责任。保证合同另有约定的,按照约定。

一般保证的保证人未约定保证期间的,保证期间为主债务履行期届满之日起6个月。连带责任保证的保证人与债权人未约定保证期间的,债权人有权自主债务履行期届满之日起6个月内要求保证人承担保证责任。

2.建设工程施工常用的保证种类

(1)施工投标保证金

投标保证金是指投标人按照招标文件的要求向招标人出具的,以一定金额表示的投标责任担保。其实质是为了避免因投标人在投标有效期内随意撤回、撤销投标或中标后不能提交履约保证金、不签署合同等行为而给招标人造成损失。

投标保证金除现金外,可以是银行出具的银行保函、保兑支票、银行汇票或现金支票。

(2)施工合同履约保证金

《招标投标法》规定,招标文件要求中标人提交履约保证金的,中标人应当提供。施工合同履约保证金,是为了保证施工合同的顺利履行而要求承包人提供的担保。施工合同履约保证金多为提供第三人的信用担保(保证),一般是由银行或者担保公司向招标人出具履约保函或者保证书。《中华人民共和国招标投标法实施条例》(简称《招投标法实施条例》)的第58条规定,履约保证金不得超过中标合同金额的10%。

(3)工程款支付担保

2013年3月修改后的《工程建设项目施工招标投标办法》规定,招标人要求中标人提供履约保证金或其他形式履约担保的,招标人应当同时向中标人提供工程款支付担保。

工程款支付担保,是发包人向承包人提交的、保证按照合同约定支付工程款的担保,通常采用由银行出具保函的方式。

(4)预付款担保

预付款有两种形式,材料预付款和开工(动员)预付款。不同专业的工程合同对担保金额、提交时间、形式和预付款扣回有不同的规定。参见第三章具体内容。

(四)抵押

1.抵押的法律概念

按照《担保法》、《物权法》的规定,抵押是指债务人或者第三人不转移对财产的占有,将该财产作为债权的担保。债务人不履行债务时,债权人有权依照法律规定以该财产折价或者以拍卖、变卖该财产的价款优先受偿。其中,债务人或者第三人称为抵押人,债权人称为抵押权人。

2.抵押物

债务人或者第三人提供担保的财产为抵押物。由于抵押物是不转移其占有的,因此能够成为抵押物的财产必须具备一定的条件。这类财产轻易不会灭失,其所有权的转移应当经过一定的程序。

下列财产可以作为抵押物:①抵押人所有的房屋和其他地上定着物;②抵押人所有的机器、交通运输工具和其他财产;③抵押人依法有权处置的国有土地使用权、房屋和其他地上定着物;④抵押人依法有权处置的国有机器、交通运输工具和其他财产;⑤抵押人依法承包并经发包方同意抵押的荒山、荒沟、荒丘、荒滩等荒地的土地使用权;⑥依法可以抵押的其他财产。

下列财产不得抵押:①土地所有权;②耕地、宅基地、自留地、自留山等集体所有的土地使用权;③学校、幼儿园、医院等以公益为目的的事业单位、社会团体的教育设施、医疗卫生设施和其他社会公益设施;④所有权、使用权不明或者有争议的财产;⑤依法被查封、扣押、监管的财产;⑥依法不得抵押的其他财产。

当事人以土地使用权、城市房地产、林木、航空器、船舶、车辆等财产抵押的,应当办理抵押物登记,抵押合同自登记之日起生效;当事人以其他财产抵押的,可以自愿办理抵押物登记,抵押合同自签订之日起生效。当事人未办理抵押物登记的,不得对抗第三人。

办理抵押物登记,应当向登记部门提供主合同、抵押合同、抵押物的所有权或者使用权证书。

3.抵押的效力

抵押担保的范围包括主债权及利息、违约金损害赔偿金和实现抵押权的费用。当事人也可以在抵押合同中约定抵押担保的范围。

抵押人有义务妥善保管抵押物并保证其价值。抵押期间,抵押人转让已办理登记的抵押物,应当通知抵押权人并告知受让人转让物已经抵押的情况;否则,该转让行为无效。抵押人转让抵押物的价款,应当向抵押权人提前清偿所担保的债权或者向与抵押权人约定的第三人提存。超过债权的部分归抵押人所有,不足部分由债务人清偿。转让抵押物的价款不得明显低于其价值。抵押人的行为足以使抵押物价值减少的,抵押权人有权要求抵押人停止其行为。

抵押权与其担保的债权同时存在。抵押权不得与债权分离而单独转让或者作为其他债权的担保。

4.抵押权的实现

债务履行期届满抵押权人未受清偿的,可以与抵押人协议以抵押物折价或者以拍卖、变卖该抵押物所得的价款受偿;协议不成的,抵押权人可以向人民法院提起诉讼。抵押物折价或者拍卖、变卖后,其价款超过债权数额的部分归抵押人所有,不足部分由债务人清偿。

同一财产向两个以上债权人抵押的,拍卖、变卖抵押物所得的价款按照以下规定清偿:①抵押合同以登记作为生效的,按抵押物登记的先后顺序清偿;顺序相同的,按照债权比例清偿;②抵押合同自签订之日起生效的,如果抵押物未登记的,按照合同生效的先后顺序清偿,顺序相同的,按照债权比例清偿。抵押物已登记的先于未登记的受偿。

(五)质押

1.质押的法律概念

按照《担保法》、《物权法》的规定,质押是指债务人或者第三人将其动产或权利移交债权人占有,将该动产或权利作为债权的担保。债务人不履行债务时,债权人有权依照法律规定以该动产或权利折价或者以拍卖、变卖该动产或权利的价款优先受偿。

质(押)权是一种约定的担保物权,以转移占有为特征。债务人或者第三人为出质人,债权人为质权人,移交的动产或权利为质(押)物。

2.质押的分类

质押分为动产质押和权利质押。

动产质押是指债务人或者第三人将其动产移交债权人占有,将该动产作为债权的担保。能够用作质押的动产没有限制。

权利质押一般是将权利凭证交付质押人的担保。可以质押的权利包括:①汇票、支票、本票、债券、存款单、仓单、提单;②依法可以转让的股份、股票;③依法可以转让的商标专用权、专利权、著作权中的财产权;④依法可以质押的其他权利。

(六)留置

按照《担保法》《物权法》的规定,留置是指债权人按照合同约定占有债务人的动产,债务人不按照合同约定的期限履行债务的,债权人有权依照法律规定留置该财产,以该财产折价或者以拍卖、变卖该财产的价款优先受偿。

由于留置是一种比较强烈的担保方式,必须依法行使,不能通过合同约定产生留置权。留置权具有法定性,依法律规定设立,这与抵押、质押等依合同约定不同。《担保法》规定,因保管合同、运输合同、加工承揽合同发生的债权,债务人不履行债务的,债权人有留置权。法律规定可以留置的其他合同,适用以上规定。当事人可以在合同中约定不得留置的物。

留置权人负有妥善保管留置物的义务。因保管不善致使留置物灭失或者毁损的,留置权人应当承担民事责任。

(七)定金

《担保法》规定,当事人可以约定一方向对方给付定金作为债权的担保。债务人履行债务后,定金应当抵作价款或者收回。给付定金的一方不履行约定的债务的,无权要求返还定金;收受定金的一方不履行约定的债务的,应当双倍返还定金。

定金应当以书面形式约定。当事人在定金合同中应当约定交付定金的期限。定金合同从实际交付定金之日起生效。定金的数额由当事人约定,但不得超过主合同标的额的20%。

《合同法》第116条规定,当事人既约定违约金,又约定定金的,一方违约时,对方可以选择适用违约金或定金条款。

【例题1-6】

1.背景资料:

A房地产开发公司与B公司共同出资设立了注册资本为80万元人民币的C有限责任公司。A的协议出资额为70万元,但未到位;B的出资额为10万元,已经到位。C公司成立后与D银行订立了一个借款合同,借款额为50万元人民币,期限为1年,利息5万元。该借款合同由E公司作为担保人,E公司将其一处评估价为80万元的土地使用权抵押给了D银行。C公司在经营中亏损,借款到期后无力还款。

2.问题:

(1)D银行能否要求A公司承担还款责任,为什么?

(2)D银行能否要求B公司承担还款责任,为什么?

(3)D银行能否要求C公司承担还款责任,为什么?

(4)D银行能否要求E公司承担还款责任,为什么?

3.分析与回答:

(1)可以要求A公司承担还款责任。因为,A公司的注册资金没有到位,应当在认缴出资额的范围内对

C 公司的债务承担连带责任。按照《公司法》第 3 条规定,"有限责任公司的股东以其认缴的出资额为限对公司承担责任。"A 公司是 C 公司的股东,认缴的出资额为 70 万元,但没有到位,D 银行有权要求 A 公司在 70 万元限额内承担还款责任。

(2)不能要求 B 公司承担还款责任。因为,按照《公司法》第 3 条规定,"有限责任公司的股东以其认缴的出资额为限对公司承担责任。"B 公司认缴的出资额已经到位,B 公司以其认缴的出资额为限对 C 公司的债务承担责任。

(3)可以要求 C 公司承担还款责任。因为,D 银行与 C 公司存在合同关系,C 公司是债务人。《民法通则》第 84 条规定,"债权人有权要求债务人按照合同的约定或者依照法律的规定履行义务。"

(4)不能要求 E 公司承担还款责任。E 公司作为抵押人而不是债务人,D 银行只能要求处分抵押物,无权要求 E 公司承担连带责任。《担保法》第 33 条规定,"债务人不履行债务时,债权人有权依照本法规定以该财产折价或者以拍卖、变卖该财产的价款优先受偿。"第 53 条规定,"抵押物折价或者拍卖、变卖后,其价款超过债权数额的部分归抵押人所有,不足部分由债务人清偿。"因此,当抵押物价款低于担保的数额时,债权人只能向债务人主张债权。

九、建设工程法律责任

法律责任是指行为人由于违法行为、违约行为或者由于法律规定而应承受的某种不利的法律后果。法律责任不同于其他社会责任,法律责任的范围、性质、大小、期限等均在法律上有明确规定。

(一)法律责任的基本种类和特征

按照违法行为的性质和危害程度,可以将法律责任分为:违宪法律责任、刑事法律责任、民事法律责任、行政法律责任和国家赔偿责任。法律责任的特征为:①法律责任是因违反法律上的义务(包括违约等)而形成的法律后果,以法律义务的存在为前提;②法律责任即承担不利的后果;③法律责任的认定和追究,由国家专门机关依照法定程序进行;④法律责任的实现由国家强制力作保障。

(二)建设工程民事责任的种类及承担方式

民事责任是指民事主体在民事活动中,因实施了民事违法行为,根据民法所应承担的对其不利的民事法律后果或者基于法律特别规定而应承担的民事法律责任。民事责任的功能主要是一种民事救济手段,使受害人被侵犯的权益得以恢复。

民事责任主要是财产责任,如《合同法》规定的损害赔偿、支付违约金等;但也不限于财产责任,还有恢复名誉、赔礼道歉等。

1. 民事责任的种类

民事责任可以分为违约责任和侵权责任两类。

违约责任是指合同当事人违反法律规定或合同约定的义务而应承担的责任。侵权责任是指行为人因过错侵害他人财产、人身而依法应当承担的责任,以及虽没有过错,但在造成损害以后,依法应当承担的责任。

2. 民事责任的承担方式

《民法通则》规定,承担民事责任的方式主要有:①停止侵害;②排除妨碍;③消除危险;

④返还财产;⑤恢复原状;⑥修理、重作、更换;⑦赔偿损失;⑧支付违约金;⑨消除影响、恢复名誉;⑩赔礼道歉。

以上承担民事责任的方式,可以单独适用,也可以合并适用。

3.建设工程民事责任的主要承担方式

（1）返还财产

当建设工程施工合同无效、被撤销后,应当返还财产。执行返还财产的方式是折价返还,即承包人已经施工完成的工程,发包人按照"折价返还"的规则支付工程价款。主要是两种方式:一是参照无效合同中的约定价款;二是按当地市场价、定额量据实结算。

（2）修理（补救）

施工合同的承包人对施工中出现质量问题的建设工程或者竣工（或交工）验收不合格的建设工程,应当负责修理、返工或重作。

（3）赔偿损失

赔偿损失,是指合同当事人由于不履行合同义务或者履行合同义务不符合约定,给对方造成财产上的损失时,由违约方依法或依照合同约定应承担的损害赔偿责任。详见本书第二章第二节相关内容。

（4）支付违约金

违约金是指按照当事人的约定或者法律规定,一方当事人违约的,应向另一方支付的费用。详见本书第二章第二节相关内容。

（三）建设工程行政责任的种类及承担方式

行政责任是指违反有关行政管理法律法规规定,但尚未构成犯罪的行为,依法应承担的行政法律后果,包括行政处罚和行政处分。

1.行政处罚

1996年3月颁发的《行政处罚法》规定,行政处罚的种类包括:①警告;②罚款;③没收违法所得,没收非法财物;④责令停产停业;⑤暂扣或者吊销许可证,暂扣或者吊销执照;⑥行政拘留;⑦法律、行政法规规定的其他行政处罚。

在建设工程领域,法律、行政法规所设定的行政处罚主要有:警告、罚款、没收违法所得、责令限期改正、责令停业整顿、取消一定期限内参加依法必须进行招标的项目的投标资格、责令停止施工、降低资质等级、吊销资质证书（同时吊销营业执照）、责令停止执业、吊销执业资格证书或其他许可证等。

2.行政处分

行政处分是指国家机关、企事业单位对所属的国家工作人员违法失职行为尚不构成犯罪,依据法律、法规所规定的权限而给予的一种惩戒。行政处分种类有:警告、记过、记大过、降级、撤职、开除。如《建设工程质量管理条例》规定,国家机关工作人员在建设工程质量监督管理工作中玩忽职守、滥用职权、徇私舞弊,构成犯罪的,依法追究刑事责任;尚不构成犯罪的,依法给予行政处分。

（四）建设工程刑事责任的种类及承担方式

刑事责任,是指犯罪主体因违反刑法,实施了犯罪行为所应承担的法律责任。刑事责任是法律责任中最强烈的一种,其承担方式主要是刑罚,也包括一些非刑罚的处罚方法。

《刑法》规定,刑罚分为主刑和附加刑。主刑包括:①管制;②拘役;③有期徒刑;④无期徒刑;⑤死刑。附加刑包括:①罚金;②剥夺政治权利;③没收财产;④驱逐出境。

在建设工程领域,常见的刑事法律责任如下:

1. 工程重大安全事故罪

《刑法》第137条规定,建设单位、设计单位、施工单位、工程监理单位违反国家规定,降低工程质量标准,造成重大安全事故的,对直接责任人员处5年以下有期徒刑或者拘役,并处罚金;后果特别严重的,处5年以上10年以下有期徒刑,并处罚金。

2008年6月颁发的《最高人民检察院、公安部关于公安机关管辖的刑事案件立案追诉标准的规定(一)》的第十三条,涉嫌下列情形之一的,应予立案追诉:

(1)造成死亡1人以上,或者重伤3人以上的。

(2)造成直接经济损失50万元以上的。

(3)造成其他严重后果的情形。

2. 重大责任事故罪

《刑法》(《刑法修正案(六)》)第134条、第135条规定,在生产、作业中违反有关安全管理的规定,因而发生重大伤亡事故或者造成其他严重后果的,处3年以下有期徒刑或者拘役;情节特别恶劣的,处3年以上7年以下有期徒刑。强令他人违章冒险作业,因而发生重大伤亡事故或者造成其他严重后果的,处5年以下有期徒刑或者拘役;情节特别恶劣的,处5年以上有期徒刑。

安全生产设施或者安全生产条件不符合国家规定,因而发生重大伤亡事故或者造成其他严重后果的,对直接负责的主管人员和其他直接责任人员,处3年以下有期徒刑或者拘役;情节特别恶劣的,处3年以上7年以下有期徒刑。

根据2007年2月颁发的《最高人民法院、最高人民检察院关于办理危害矿山生产安全刑事案件具体应用法律若干问题的解释》,具有下列情形之一的,属于重大伤亡事故或者其他严重后果:

(1)造成死亡1人以上,或者重伤3人以上的。

(2)造成直接经济损失100万元以上的。

(3)造成其他严重后果的情形。

3. 串通投标罪

《刑法》第223条规定,投标人相互串通投标报价,损害招标人或者其他投标人利益,情节严重的,处3年以下有期徒刑或者拘役,并处或者单处罚金。投标人与招标人串通投标,损害国家、集体、公民的合法利益的,依照以上规定处罚。

练习题

一、单项选择题(每题1分,只有1个选项最符合题意)

1. 法人必须要能够承担民事责任,其前提是( )。

A. 依法成立
B. 有必要的财产和经费
C. 有自己的名称和组织机构
D. 有固定的生产经营场所

2. 在没有法律和合同根据的情况下,损害他人利益而获得自身利益的行为称为(　　)。

　　A. 不当得利　　　　　B. 无因管理　　　　C. 侵权　　　　　　D. 债

3. 罚款属于(　　)。

　　A. 经济责任　　　　　B. 行政处分　　　　C. 行政处罚　　　　　D. 刑事责任的附加刑

4. 当事人对保证方式没有约定或约定不明确的,按照(　　)承担保证责任。

　　A. 一般保证　　　　　B. 特殊保证　　　　C. 常规保证　　　　　D. 连带保证

5. 《担保法》规定,因(　　)发生的债权,债务人不履行债务的,债权人有权留置。

　　A. 加工承揽合同　　　B. 买卖合同　　　　C. 仓储合同　　　　　D. 建设工程合同

6. 定金合同自(　　)之日起生效。

　　A. 当事人签字盖章　　B. 实际交付定金　　C. 登记　　　　　　　D. 公证

7. 狭义的合同是指(　　)。

　　A. 物权合同　　　　　B. 劳动合同　　　　C. 行政合同　　　　　D. 债权合同

8. 根据法的效力等级,《建设工程质量管理条例》属于(　　)。

　　A. 法律　　　　　　　B. 部门规章　　　　C. 行政法规　　　　　D. 单行条例

9. 某施工单位法定代表人授权市场合约部经理赵某参加某工程招标活动,这个行为属于(　　)。

　　A. 法定代理　　　　　B. 委托代理　　　　C. 指定代理　　　　　D. 表见代理

10. 按照《担保法》的规定,债权人依法将主债权转让给第三人,在通知债务人和保证人后,保证人(　　)。

　　A. 同意后,才继续承担保证责任

　　B. 必须在原担保范围内继续承担保证责任

　　C. 可以拒绝再承担保证责任

　　D. 可以在减少保证范围的前提下再承担保证责任

11. 在下列担保方式中,不转移对担保财产占有的是(　　)。

　　A. 定金　　　　　　　B. 质押　　　　　　C. 抵押　　　　　　　D. 留置

12. 甲、乙双方签订买卖合同,丙为乙的债务提供保证,但保证合同中未约定保证方式及保证期间,下列说法正确的是(　　)。

　　A. 丙的保证方式为一般保证

　　B. 保证期间与买卖合同的诉讼时效相同

　　C. 如果甲在保证期间内未要求丙承担保证责任,则丙免除保证责任

　　D. 如果甲在保证期间内未经丙书面同意将主债权转让给丁,则丙不再承担保证责任

13. 被代理人因为向代理人授权不明确而给第三人造成的损失,应(　　)。

　　A. 由第三人自己承担损失

　　B. 由被代理人向第三人承担责任,代理人承担连带责任

　　C. 由代理人独自向第三人承担责任

　　D. 由被代理人独自向第三人承担责任

14. 不同行政法规对同一事项的规定,新的一般规定与旧的特别规定不一致,不能确定如何适用时,由(　　)裁决。

　　A. 国务院主管部门　　B. 最高人民法院　　C. 国务院　　　　　　D. 全国人大常委会

15. 建设单位需要使用相邻企业的场地开辟道路就近运输建筑材料。经双方订立合同,约定建设单位向该企业支付用地费用,该企业向建设单位提供场地。在此合同中,建设单位拥有的权利是( )。

  A. 相邻权   B. 地役权   C. 土地出租权   D. 建设用地使用权

16. 施工企业购买材料设备后交付承运人运输,未按约定给付承运费用时,承运人有权扣留足以清偿其所欠运费的货物,承运人行使的是( )。

  A. 抵押权   B. 质权   C. 留置权   D. 所有权

17. 甲乙双方签订总价为100万的合同,并设定定金条款,则定金的最高限额应为( )万元。

  A. 10   B. 30   C. 50   D. 20

18. 《安全生产许可证条例》的直接上位法立法依据是( )。

  A. 安全生产法   B. 宪法
  C. 建筑法   D. 建设工程安全生产管理条例

19. 在建工程的建筑物、构筑物或者其他设施倒塌造成他人损害的,由建设单位与施工企业承担连带责任。该责任在债的产生根据中属于( )之债。

  A. 侵权   B. 合同   C. 无因管理   D. 不当得利

20. 甲仓库为乙单位保管500吨水泥,双方约定保管费用为1000元,由于乙未能按约定支付保管费用,则甲可以( )。

  A. 行使质押权变卖全部水泥   B. 行使质押权变卖部分水泥
  C. 行使留置权变卖全部水泥   D. 行使留置权变卖部分水泥

21. 甲发包人与乙承包人订立建设工程合同,并由丙公司为甲出具工程款支付担保,担保方式为一般保证。现甲到期未能支付工程款,则下列关于该工程款清偿的说法,正确的是( )。

  A. 丙公司应代甲清偿   B. 乙可要求甲或丙清偿
  C. 只能由甲先行清偿   D. 不可能由甲或丙共同清偿

22. 关于表见代理的说法错误的是( )。

  A. 表见代理的行为人没有代理权   B. 表见代理是无效代理
  C. 表见代理在本质上属于无权代理   D. 善意相对人有理由相信行为人有代理权

二、多项选择题(每题2分,每题的备选项中,有2个或2个以上符合题意,至少有1个错项。错选,本小题不得分;少选,所选的每个选项得0.5分)

1. 承担民事责任的方式包括( )。

  A. 停止侵害   B. 罚款   C. 返还财产
  D. 没收违法所得   E. 赔礼道歉

2. 甲建筑设备生产企业将乙施工单位订购的价值10万元的某设备错发给了丙施工单位,几天后,甲索回该设备并交付给乙,乙因丙曾使用过该设备造成部分磨损而要求甲减少价款1万元。下列关于本案中债的性质的说法,正确的有( )。

  A. 甲错发设备给丙属于无因管理之债

  B. 丙向甲返还设备属于不当得利之债

  C. 乙向甲支付设备款属于合同之债

D. 甲向乙少收 1 万元货款属于侵权之债

E. 丙擅自使用该设备对乙应承担侵权之债

3. 按照法律规定,下列各选项中属于民事法律行为成立要件的有(　　)。

A. 行为人意思表示真实　　　　　　B. 行为人必须具有完全民事行为能力

C. 行为内容合法　　　　　　　　　D. 行为形式合法

E. 行为不违反社会公共利益

4. 根据有关担保的法律规定,属于不得抵押的财产有(　　)。

A. 土地所有权　　　　　　　　　　B. 学校食堂产权

C. 农村集体宅基地土地使用权　　　D. 被扣押的房屋

E. 荒地承包经营权

5. 当事人之间订立有关设立不动产物权的合同,除法律另有规定或者合同另有约定外,该合同效力情形表现为(　　)。

A. 未办理物权登记合同无效　　　　B. 合同自办理物权登记时生效

C. 合同自成立时生效　　　　　　　D. 合同生效当然发生物权效力

E. 未办理物权登记不影响合同效力

6. 法人应当具备的条件有(　　)。

A. 依法成立　　　　　　　　　　　B. 有自己的名称、组织机构

C. 有必要的财产或者经费　　　　　D. 有自己的场所

E. 能够独立承担无限民事责任

7. 下列行为中,构成无因管理的有(　　)。

A. 甲接受委托帮助他人保养施工机具

B. 乙见他人仓库失火遂召集人员参加救火

C. 材料供应商丙将施工现场因中暑昏倒的农民工送往医院救治

D. 张三见门前马路污水井盖被盗,恐致路人跌伤,遂插树枝以警示

E. 总承包单位结算时超付分包单位丁,丁明知该情况但未告知总承包单位

三、思考题

1. 例题 1-5 中(1)的债权人和债务人分别是谁?

2. 简述代理的概念和主要特征、无权代理的概念及其责任。

3. 简述担保的方式及各自的特点。

第二章
合同法的基本知识

第一节 ▷ 《合同法》的基本原则和合同的订立

一、合同的概念和合同法的基本原则

（一）合同的概念

合同，又称为契约或协议。《合同法》第 2 条规定：本法所称合同是平等主体的自然人、法人、其他组织之间设立、变更、终止民事权利义务关系的协议。婚姻、收养、监护等有关身份关系的协议，适用其他法律的规定。

《合同法》中合同所涉及的当事人权利、义务关系是债权债务关系。民法意义上的债与生活中的债的概念不完全相同，不能简单理解和局限于是欠债还钱的概念，而是通过合同、侵权行为等法律事实所产生的人与人之间的权利、义务关系；详细内容在本书第一章第二节的七中已作论述。在债权债务的合同关系中，享有权利的人称为债权人，承担义务的人称为债务人；因此，双务合同中某个当事人，他既是债权人也是债务人。

（二）《合同法》的基本原则

《合同法》的基本原则是平等、自愿、公平、诚信、合法（含公序良俗）、约束力。下列《合同法》的第 3 条至第 7 条体现了这些原则，其中诚信原则是最为重要的。本章的条款号不做说明时均系 1999 年最新《合同法》的条款号。

第 3 条　合同当事人的法律地位平等，一方不得将自己的意志强加给另一方。

第 4 条　当事人依法享有自愿订立合同的权利，任何单位和个人不得非法干预。

第 5 条　当事人应当遵循公平原则确定各方的权利和义务。

第 6 条　当事人行使权利、履行义务应当遵循诚实信用原则。

第 7 条　当事人订立、履行合同，应当遵守法律、行政法规，尊重社会公德，不得扰乱社会经济秩序，损害社会公共利益。

第 8 条　依法成立的合同，对当事人具有法律约束力。当事人应当按照约定履行自己的义务，不得擅自变更或者解除合同。依法成立的合同，受法律保护。

诚实信用原则也称为帝王条款原则。

(三)合同法律关系的三要素

法律关系是指由法律规范调整的一定社会关系而形成的权利与义务关系。其构成要素有主体、客体和内容。法律关系的三要素在合同中体现为：①主体,即合同的当事人;②客体,即合同的标的;③内容,即合同主体间的权利和义务。

(四)合同的种类

1.有名合同和无名合同

根据法律、行政法规是否规定了合同的名称和相应的调整规范,可以将合同分为有名合同和无名合同。有名合同即典型合同,是指法律、行政法规规定了具体名称和调整规范的合同。《合同法》分则规定的有名合同有 15 种,如买卖合同;供用电、水、气、热力合同;赠与合同;借款合同;租赁合同;融资租赁合同;承揽合同;建设工程合同;运输合同;技术合同;保管合同;仓储合同;委托合同;行纪合同;居间合同。无名合同即非典型合同,是指法律、行政法规尚未规定其名称的合同。有名合同和无名合同适用于不同的法律规范。有名合同应直接适用于关于该类合同的法律规定(例如《合同法》分则),无名合同则适用于《合同法》总则的规定,并可以参照《合同法》分则或者其他法律最相类似的规定。

2.双务合同和单务合同

这是根据当事人对权利义务的分担方式来划分的。双务合同是当事人双方都享有权利并承担义务的合同,如买卖合同、租赁合同、承揽合同、建设工程合同等。单务合同是指一方只享有权利而不承担义务,另一方只承担义务而不享有权利的合同,如赠与合同等。

3.有偿合同和无偿合同

这是根据当事人取得权利有无代价来划分的。有偿合同是必须偿付代价才能享有权利的合同。如买卖合同、租赁合同、承揽合同、建设工程合同等。无偿合同是不必偿付代价而享有权利的合同。如赠与合同、借用合同等。有些合同如委托合同、保管合同、借款合同等是否为有偿合同,需取决于当事人是否约定需要付款。有偿合同和无偿合同在法律上有不同的意义:

(1)有偿合同的当事人一般应具有相应的民事行为能力,而限制民事行为能力人不经法定代理人同意,原则上不能订立合同。但单纯获得利益的无偿合同或与其年龄相适应的合同,限制民事能力人也可以订立。

(2)通过有偿合同转让无权处分的财物,受让人又为善意,原财物所有人一般不能请求受让人返还原物,而若为无偿合同转让的,原财物所有人可以请求受让人返还原物。

(3)有偿合同的债务人责任较重,而无偿合同的债务人的责任较轻。如有偿保管合同,对于保管期间保管物的毁损、灭失等,保管人应承担赔偿责任;而无偿保管合同,只要保管人没有重大过失的,不承担赔偿责任。

4.诺成合同和实践合同

这是根据合同的成立是否以交付标的物为要件来划分的。诺成合同也叫不要物合同,是指当事人意思表示一致即告成立的合同,如买卖合同、承揽合同、租赁合同、建设工程合同等。而实践合同又叫要物合同,是以交付标的物为成立要件的合同,如保管合同等。

5.要式合同和不要式合同

这是根据合同是否需要经过特定的形式才能成立来划分的。要式合同是必须采取特定形式才能成立的合同,又分法定要式合同和约定要式合同。前者是法律规定采用特定形式才能成立的合同,例如建设工程合同,后者是当事人约定采用特定形式的合同。

6.主合同和从合同

这是以合同是否独立存在为标准进行分类的。凡是该种合同的成立和存续必须以它种合同的存在为前提并为之服务,而其自身不能独立存在的合同为从合同。不以其他种类合同的存在为前提可以单独成立和存在的合同为主合同。例如普通债权债务合同是主合同,如施工合同,为担保该合同的履行所订立的保证合同、抵押合同等则是从合同。

(五)建设工程合同和工程施工合同的概念

建设工程合同包括工程勘察合同、工程设计合同和工程施工合同。公路工程勘察设计合同可以参考《公路工程勘察设计招标文件范本》。工程施工合同参见第三章中2007年九部委的《标准施工招标文件》和交通运输部《公路工程标准施工招标文件》(2009年版)有关合同的内容。本教材重点讨论公路工程施工合同管理。

(六)技术合同以及有关成果的规定

1.技术合同的概念

《合同法》第322条规定,技术合同是当事人就技术开发、转让、咨询或者服务订立的确立相互之间权利和义务的合同。

2.技术开发合同的成果规定

(1)技术开发合同包括委托开发合同和合作开发合同。(《合同法》第330条)

(2)委托开发完成的发明创造,除当事人另有约定的以外,申请专利的权利属于研究开发人。研究开发人取得专利权的,委托人可以免费实施该专利。研究开发人转让专利申请权的,委托人享有以同等条件优先受让的权利。(《合同法》第339条)

(3)合作开发完成的发明创造,除当事人另有约定的以外,申请专利的权利属于合作开发的当事人共有。当事人一方转让其共有的专利申请权的,其他各方享有以同等条件优先受让的权利。合作开发的当事人一方声明放弃其共有的专利申请权的,可以由另一方单独申请或者由其他各方共同申请。申请人取得专利权的,放弃专利申请权的一方可以免费实施该专利。合作开发的当事人一方不同意申请专利的,另一方或者其他各方不得申请专利。(《合同法》第340条)

🌐 二、合同的形式和内容以及订立

(一)合同的形式

第10条 当事人订立合同,有书面形式、口头形式和其他形式。

法律、行政法规规定采用书面形式的,应当采用书面形式。当事人约定采用书面形式的,应当采用书面形式。

第11条　书面形式是指合同书、信件和数据电文(包括电报、电传、传真、电子数据交换和电子邮件)等可以有形地表现所载内容的形式。

(二)合同的内容

第12条　合同的内容由当事人约定,一般包括以下条款:①当事人的名称或者姓名和住所;②标的(以后的注是指编者注,该自然段的括号内容为编者注。实物、行为即工程或劳务活动、智力成果);③数量(要明确计量的规范单位和方法);④质量(技术规范、图纸等);⑤价款或者报酬(币种或实物等);⑥履行期限、地点和方式(付款方式和批次等);⑦违约责任(如何赔偿等);⑧解决争议的方法(仲裁或诉讼)。

当事人可以参照各类合同的示范文本订立合同。

作为建设工程合同,《合同法》分则对其合同内容有如下具体规定:

第274条　勘察、设计合同的内容包括提交有关基础资料和文件(包括概预算)的期限、质量要求、费用以及其他协作条件等条款。

第275条　施工合同的内容包括工程范围、建设工期、中间交工工程的开工和竣工时间、工程质量、工程造价、技术资料交付时间、材料和设备供应责任、拨款和结算、竣工验收、质量保修范围和质量保证期、双方相互协作等条款。

(三)合同订立的原则

合同订立除了必须遵循《合同法》的基本原则外,《合同法》对合同的订立还体现了鼓励交易原则。鼓励交易原则的具体反映,在效力待定合同的相关规定中是不轻易认定合同无效,而在只转让债权的合同转让中是采用通知主义而不采用同意主义。在可变更可撤销合同的处理方面,《合同法》第54条规定,当事人请求变更的,人民法院或者仲裁机构不得撤销合同。这也体现了鼓励交易原则。鼓励交易原则是市场经济和计划经济的根本区别。

(四)合同的订立以及与工程招标投标的对应关系

第9条　当事人订立合同,应当具有相应的民事权利能力和民事行为能力。当事人依法可以委托代理人订立合同。

第13条　当事人订立合同,采取要约、承诺方式。

1.要约以及与要约有关的概念

(1)要约和要约的方式

第14条　要约是希望和他人订立合同的意思表示,该意思表示应当符合下列规定:①内容具体确定;②表明经受要约人承诺,要约人即受该意思表示约束。

要约的方式,一般采用通知方式。通知可以口头通知也可以书面通知。口头可以当面也可以电话提出,书面可以寄送、电子邮件、传真等。

要约概念的简单而且生活化理解,是在农贸市场购物时的讨价还价,讨价还价就是要约和新要约。要约应当内容具体确定的规定是非常重要,是判断要约还是要约邀请的依据之一。要约的工程化理解就是投标竞争报价。

（2）要约生效和失效

第16条　要约到达受要约人时生效。

采用数据电文形式订立合同,收件人指定特定系统接收数据电文的,该数据电文进入该特定系统的时间,视为到达时间;未指定特定系统的,该数据电文进入收件人的任何系统的首次时间,视为到达时间。(注:该款也适合第二十六条第二款承诺的要求)

第20条　有下列情形之一的,要约失效:①拒绝要约的通知到达要约人;②要约人依法撤销要约;③承诺期限届满,受要约人未作出承诺;④受要约人对要约的内容作出实质性变更。

（3）要约邀请

第15条　要约邀请是希望他人向自己发出要约的意思表示。寄送的价目表、拍卖公告、招标公告、招股说明书、商业广告等为要约邀请。商业广告的内容符合要约规定的,视为要约。

在生活中询价就是要约邀请。例如,在农贸市场中问"青菜多少钱一斤"就是要约邀请,而卖菜人说出价格就是要约。

工程招标投标中涉及要约邀请(招标公告)、要约(投标)和承诺(中标)的概念。

（4）要约与要约邀请的区别

商业广告的内容符合要约规定的,视为要约。生活中财物丢失后的悬赏公告,如果约定了具体酬谢内容就属于要约,而只说"本人必有重谢"则就是要约邀请。

要约与要约邀请都包含当事人订立合同的愿望,但两者又有很大区别。

第一,效力不同。要约对要约人具有约束力(即送到要约就生效);如果需撤销要约,要符合法定条件。而要约邀请对另一方的要约人没有撤回的限制,可以任意撤回并且不存在撤销问题。但是要约邀请可能会产生缔约过失责任。

第二,目的不同。要约以订立合同为直接目的。而要约邀请只是希望对方或自己发出要约。

第三,内容不同。要约必须包含使合同成立的必要条款。而要约邀请一般只是笼统地宣传自己的业务能力、产品质量、服务态度等。

第四,对象不同。要约一般针对特定的对象进行。而要约邀请的对象则一般是不特定的大众对象。当然这是就一般情况而言,不宜以对象作为区别的基本标准。

第五,表达方式不同。由于对象不同往往造成表达方式不同。要约一般针对特定的相对人,故多采用口头和书面方式。而要约邀请一般是针对不特定的多数人,故往往借助电视、广播、报刊等媒体。

总之,要约与要约邀请最根本的区别是效力上的区别:受要约人有承诺权;受要约邀请人没有承诺权。这一区别点在确定投标是要约时起到关键作用。

（5）要约撤回

要约撤回是指在要约还未生效前取消要约。

第17条　要约可以撤回。撤回要约的通知应当在要约到达受要约人之前或者与要约同时到达受要约人。

（6）要约撤销

要约撤销是指在要约已经生效后取消要约。

第 18 条　要约可以撤销。撤销要约的通知应当在受要约人发出承诺通知之前到达受要约人。

但是，要注意要约不能撤销的情况，可参见【例题 2-1】。

第 19 条　有下列情形之一的，要约不得撤销：①要约人确定了承诺期限或者以其他形式明示要约不可撤销；②受要约人有理由认为要约是不可撤销的，并已经为履行合同作了准备工作。

第 19 条要约不得撤销的情况有三种。其一，实践中对于承诺期限的表达方式多种多样。例如"6 月 10 日后价格和其他条件将失效"，要约中的 6 月 10 日就是承诺期限的最后一天。这种要约不能撤销。"请按照要求在 3 天内将水泥运送到工地"、"请在 15 天内答复"等均属规定了承诺期限。其二，以其他形式明示要约不可撤销的情况，例如"我方将保持要约中列举的条件不变，直到你方答复为止"等。如果要约中称"这是一个确定的要约"，仅仅这样表述不能认为该要约不可撤销。因为要约本身就是确定的。其三，有理由认为要约是不可撤销的，并已经为履行合同作了准备的具体情况。一般来说，要约中要求受要约人以行动作为承诺的，受要约人就有理由认为要约是不可撤销的；像"款到即发货"、"如果同意请尽快发货"等。应注意除"有理由认为要约是不可撤销的"之外，还有一个"并已经为履行合同作了准备工作"的并列条件。例如，已经购买了原材料；办理了借贷手续准备贷款；购买了车船票准备到要约人指定的地点等。当然，没有规定承诺期限的要约有撤销的可能，不过也不是永远有效力，只要过了合理期限要约会自动失效。具体应用参见【例题 2-1】。

要约撤回和要约撤销的工程应用可参见第三章第一节中投标文件的撤回和撤销。

2. 承诺的概念和承诺的规定

（1）承诺概念

第 21 条　承诺是受要约人同意要约的意思表示。

承诺必须具备两个要件：①承诺须由受要约人向要约人作出；②承诺的内容与要约内容一致（即无实质性变更）。如果有其中一点不满足则视为新要约，又称为反要约。

第 23 条　承诺应当在要约确定的期限内到达要约人。要约没有确定承诺期限的，承诺应当依照下列规定到达：①要约以对话方式作出的，应当即时作出承诺，但当事人另有约定的除外；②要约以非对话方式作出的，承诺应当在合理期限内到达。

第 30 条　承诺的内容应当与要约的内容一致。受要约人对要约的内容作出实质性变更的，为新要约。有关合同标的、数量、质量、价款或者报酬、履行期限、履行地点和方式、违约责任和解决争议方法等的变更，是对要约内容的实质性变更。

请读者注意，第 30 条很重要。简而言之，承诺就是受要约人未对要约的内容作出实质性变更。实质性变更就是指合同一般包括的 8 个条款中除当事人外 7 个条款的改变。

（2）承诺的方式

第 22 条　承诺应当以通知的方式作出，但根据交易习惯或者要约表明可以通过行为作出承诺的除外。

行为可能会构成承诺。例如，某施工单位的工程项目急需 300t 水泥，为不影响工程项目整体施工进度，稳妥起见，施工单位向 A 和 B 两家水泥厂同时发出按照其出厂价购买 300t 限定到货时间的要约，并说明付款方式是到货签收后 2 日内付款。A 厂家以邮件形式作出承诺。

而B厂家为解决施工单位燃眉之急在限定时间内将300吨水泥运到施工单位的项目工地。施工单位以已经与A厂家签订了水泥合同为由拒收这批水泥。此案中,B水泥厂家行为构成了有效承诺,施工单位无权拒收。以行为作承诺称为意思实现。这个事例告诫我们,应该熟悉有关规定并遵守一般的规定,不能图省事而造成不必要的纠纷。

(3)承诺的撤回

第27条 承诺可以撤回。撤回承诺的通知应当在承诺通知到达要约人之前或者与承诺通知同时到达要约人。

(4)承诺生效

第26条 承诺通知到达要约人时生效。承诺不需要通知的,根据交易习惯或者要约的要求作出承诺的行为时生效。

采用数据电文形式订立合同的,承诺到达的时间适用本法第16条第2款的规定。

第25条 承诺生效时合同成立。

第32条 当事人采用合同书形式订立合同的,自双方当事人签字或者盖章时合同成立。

第34条 承诺生效的地点为合同成立的地点。(注:成立地是法院管辖所在地)

【例题2-1】

1. 背景资料:

2015年6月15日,甲公司向乙公司发出一份订单,并要求乙公司在2015年7月10日之前答复。2015年7月初,该种货物的国际市场价格大幅度下跌,甲公司通知乙公司:"前次订单中所列货物价格作废,如果你公司愿意降价20%,则要约有效期延长至7月20日。"乙公司收到通知后,立即于7月3日回信表示不同意降价,同时对前一订单表示接受,正常情况下,此信可以在7月8日到达,但由于水灾,甲公司于7月15日才收到回信,立即答复:"第一次的订单已经撤销,接受无效"。乙公司坚持第一次的订单不能撤销,甲公司又于7月20日回复认为乙公司的承诺已经逾期,合同不能成立。

2. 问题:

(1)甲公司6月15日的订单在订立合同过程中属于什么?

(2)甲公司7月初通知的撤销效力是否有效?为什么?该通知是新要约吗?是否有效?

(3)乙公司7月3日的回信属于什么?为什么?

(4)如果乙公司7月3日的回信没有对原订单表示接受,则在什么条件下承诺能生效?

(提示:可以从鼓励交易原则多思考)

(5)如果乙公司7月3日的回信表示同意降价10%,那么此信属于什么?

3. 分析与回答:

(1)甲公司6月15日的订单在订立合同过程中属于要约。订单内容数量价格具体确定。

(2)甲公司7月初通知的撤销效力无效。因为该要约有"在2015年7月10日之前答复"的约定,是有承诺期限的不可撤销的要约。该通知是新要约,但是不能生效,因为要约撤销无效而受到影响。

(3)乙公司7月3日的回信属有效承诺,因为正常情况下,该信本来可以在要约确定的期限内(要约有效期限内)到达要约人,且甲公司没有及时以承诺逾期为由表示反对。

(4)如果乙公司7月3日的回信没有对原订单表示接受,下列条件可使承诺生效:

①只要乙公司表示接受的通知7月10日前到达甲公司,仍然有权接受原订单。

②即使乙公司未在7月10日前表示接受原订单,仍然可以在7月20日前以降价20%接受新订单。

(5)如果乙公司7月3日的回信表示同意降价10%,那么此信属于:①反要约;②视为同意甲公司撤销原要约;③视为对甲公司原要约未作出承诺的新要约。

该事例还能帮助理解"鼓励交易原则"。

3. 合同的要约邀请、要约和承诺与招标投标的关系

工程招标投标是市场经济条件下承揽工程项目的主要方式。招标人是买方(有钱),投标人是卖方(无钱且多人)。招标人发布招标公告和招标文件希望通过投标人的竞争以最低的费用获得(采购得)由一个中标人完成符合招标文件规定的合格标的(施工是工程产品、设计是图纸、监理是服务)。招标公告发布是要约邀请,投标是要约,中标是承诺,参见图2-1。投标截止日就是要约生效日。如何正确理解投标是要约,是因为投标的重要内容是满足招标文件条件下的报价,所有投标人都希望按照自己的报价承接工程,一旦招标成为要约,投标就成为承诺,岂不成所有投标人都愿意承诺的荒唐结果,所以投标是要约,中标是承诺。同理拍卖也是如此,拍卖公告是要约邀请,举牌竞拍过程是要约,拍定是承诺。

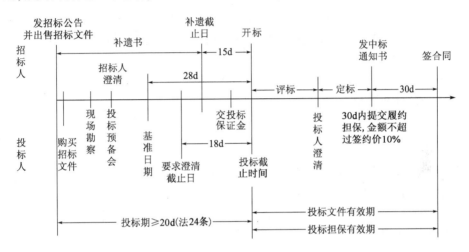

图 2-1　招标投标过程图

(五)格式条款和标准合同

1. 格式条款

第39条　采用格式条款订立合同的,提供格式条款的一方应当遵循公平原则确定当事人之间的权利和义务,并采取合理的方式提请对方注意免除或者限制其责任的条款,按照对方的要求,对该条款予以说明。

格式条款是当事人为了重复使用而预先拟定,并在订立合同时未与对方协商的条款。

第40条　格式条款具有本法第52条和第53条规定情形的,或者提供格式条款一方免除其责任、加重对方责任、排除对方主要权利的,该条款无效。

第41条　对格式条款的理解发生争议的,应当按通常理解予以解释。对格式条款有两种以上解释的,应当作出不利于提供格式条款一方的解释。格式条款和非格式条款不一致的,应当采用非格式条款。

2. 格式合同

全部由格式条款(又称标准条款)组成的合同称为格式合同,也称定式合同、标准合同。

《合同法》第12条第2款规定“当事人可以参照各类合同的示范文本订立合同”。虽然合同示范文本不被认定为格式合同,但是在工程招投标实践中,招标人提供的招标文件以合同示

范文本为基础,在此基础上招标人为了重复使用(即各合同段通用),而事先单方面修改了合同示范文本的内容(条款)或增加了合同的相关内容,并且在招标投标的订立合同时未与对方(投标人)协商这些修改条款和增加的合同相关内容。从《合同法》设定第39条第1款应当遵守公平原则和第39条第2款格式条款的理解,招标文件中对示范文本修改和增加的内容完全符合格式条款的要件,而作为合同另一方的投标中标人一般只能在相关合同文件上签字认可,不能有异议,否则视为废标或无效异议。因此,为体现公平原则,对于在招标文件中对示范文本进行修改或增加的内容,应该理解为合同的格式条款。作为合同的当事人(发包人或承包人)应注意,《合同法》对格式方的限制和有两种以上解释时应作出不利于提供格式条款一方的解释的相关规定。采用示范文本的根本目的是合理分摊风险并规范工程招标。

第二节 » 合同的生效和履行以及合同终止

🌐 一、合同的效力

(一)合同的生效

《合同法》第44条至第46条规定了合同生效的要件,归纳为:

(1)依法成立的合同,自成立生效。

(2)法律、行政法规规定应当登记或批准的合同,自办理登记或批准后生效。

(3)约定附生效条件的合同,自条件成就时生效。

(4)约定附生效期限的合同,自期限至时生效。

应注意合同成立与合同生效的区别。生效一定成立。成立不一定生效。合同生效(合同有效)表示合同受到法律的保护。无效合同或无效的合同内容不受法律保护。

(二)无效合同和可撤销(变更)合同以及效力待定合同

1.无效合同的条件

第52条 有下列情形之一的,合同无效:

(1)一方以欺诈、胁迫的手段订立合同,损害国家利益;

(2)恶意串通,损害国家、集体或者第三人利益;

(3)以合法形式掩盖非法目的;

(4)损害社会公共利益;

(5)违反法律、行政法规的强制性规定。

合同成立不同于合同生效。合同成立但合同不生效的典型事例是"今日说法"栏目播出的重庆市綦江县一位饭馆老板因向包工头喊声"爹"而未获得包工头原先答应喊声爹赠与"桑塔纳"轿车的纠纷。该赠与合同成立,但该合同的内容不是"意思表示真实",违背了民法通则第55条"应当"的强制性规定,所以该合同无效,不受法律保护。因此在判断违法合同是否无效时,一定要注意是否"强制性"规定。

一方以欺诈、胁迫的手段订立合同,损害国家利益的是无效合同,其关键点在于"损害国家利益";如果没有损害国家利益就不是无效合同,而是第54条的可撤销合同。

第53条　合同中的下列免责条款无效:

(1)造成对方人身伤害的;

(2)因故意或者重大过失造成对方财产损失的。

2.可撤销(变更)合同

第54条　下列合同,当事人一方有权请求人民法院或者仲裁机构变更或者撤销:

(1)因重大误解订立的;

(2)在订立合同时显失公平的。

一方以欺诈、胁迫的手段或者乘人之危,使对方在违背真实意思的情况下订立的合同,受损害方有权请求人民法院或者仲裁机构变更或者撤销。

当事人请求变更的,人民法院或者仲裁机构不得撤销。(注:体现鼓励交易原则)

3.可撤销权的消灭

第55条　有下列情形之一的,撤销权消灭:

(1)具有撤销权的当事人自知道或者应当知道撤销事由之日起一年内没有行使撤销权的;

(2)具有撤销权的当事人知道撤销事由后明确表示或者以自己的行为放弃撤销权。

4.效力待定合同和表见代理

(1)效力待定合同

第47条　限制民事行为能力人订立的合同,经法定代理人追认后,该合同有效,但纯获利益的合同或者与其年龄、智力、精神健康状况相适应而订立的合同,不必经法定代理人追认。

相对人可以催告法定代理人在一个月内予以追认。法定代理人未作表示的,视为拒绝追认。合同被追认之前,善意相对人有撤销的权利。撤销应当以通知的方式作出。

第48条　行为人没有代理权、超越代理权或者代理权终止后以被代理人名义订立的合同,未经被代理人追认,对被代理人不发生效力,由行为人承担责任。

相对人可以催告被代理人在一个月内予以追认。被代理人未作表示的,视为拒绝追认。合同被追认之前,善意相对人有撤销的权利。撤销应当以通知的方式作出。

第51条　无处分权的人处分他人财产,经权利人追认或者无处分权的人订立合同后取得处分权的,该合同有效。(注:在未追认前效力待定)

(2)表见代理

表见代理可参见第一章第二节的第五部分。表见代理行为有效而不是效力待定。

(三)合同无效和合同被撤销后的法律效果

1.无效合同的认定机构和承担形式

无效合同的认定部门是人民法院或仲裁机构。可撤销合同的撤销也应该通过法院或仲裁机构。

第58条　合同无效或者被撤销后,因该合同取得的财产,应当予以返还;不能返还或者没有必要返还的,应当折价补偿。有过错的一方应当赔偿对方因此所受到的损失,双方都有过错的,应当各自承担相应的责任。(注:返还财产、折价补偿、赔偿损失三种形式)

第59条　当事人恶意串通,损害国家、集体或者第三人利益的,因此取得的财产收归国家

所有或者返还集体、第三人。（注：损害国家利益的没收非法财产）

无效合同与可撤销合同的区别是可撤销合同在撤销以前是有效的，被撤销后才是自始无效；而无效合同自始无效。由于自始无效所以才有第58条的已经履行的部分需恢复原样、返还、折价、赔偿等处理方式。

2.无效合同不影响其有效内容的履行

第56条　无效的合同或者被撤销的合同自始没有法律约束力。合同部分无效，不影响其他部分效力的，其他部分仍然有效。

【例题2-2】合同有效性

1.背景资料：

2008年4月5日，A建设单位与B路桥工程总公司签订公路施工总承包合同，合同金额1000万元，桥梁工程660万元，路基和路面工程340万元。B路桥工程总公司将任务下达给该公司第二分公司承担，事后，B的第二分公司又与C建筑公司签订了分包合同，由C建筑公司分包该合同的桥梁部分施工任务，合同金额660万元，4月20日正式施工。2008年5月10日交通主管部门在检查该项工程施工中，发现C建筑公司承包工程手续不符合有关规定，责令其停工。C分包建筑公司不予理睬。5月24日B路桥工程总公司下达停工文件，C分包建筑公司不服，以合同经双方自愿签订，并有营业执照为由，于5月29日诉至人民法院，要求B的第二分公司继续履行合同，否则应承担毁约责任并赔偿经济损失。

2.问题：

（1）依法确认总承包合同及分包合同的法律效力及理由是什么。

（2）合同的法律效力应由什么机构确认？

（3）交通主管部门是否有权责令C分包建筑公司停工？

（4）分包合同纠纷的法律责任如何解决？

3.分析与回答：

（1）该事例中的总包合同有效，但该事例中的分包合同无效。原因是：

①B的第二分公司不具法人资格，即不具备成为合同主体的资格。

②B的第二分公司将总合同金额66%的工程施工任务发包给建筑公司，违反了交通运输部有关分包工程量不能超过30%的规定。（注：2011年交通运输部取消了30%限制）

③该分包合同的签订未经建设单位同意。

④该建筑公司可能尚未取得相应的资质等级证书，不具备承揽该项工程的从业资质。

（2）该合同的法律效力应由人民法院或仲裁机构确认无效。

（3）交通主管部门有权责令C分包建筑公司停工。

（4）合同纠纷双方均有过错，应分别承担相应的法律责任，依法宣布分包合同无效。对C分包建筑公司已完成的合格工程，由B路桥工程总公司按规定支付实际费用，但不承担违约责任，因为合同无效。

二、合同鉴证与公证的区别和联系

（一）合同鉴证与公证的要求和实行原则

1.鉴证

鉴证是合同管理机关（工商管理部门）根据当事人的申请，依法证明合同的真实性、合法性的行为。

（1）鉴证审查的内容

①合同主体合格性。签订合同的当事人是否合格,是否具备权利能力和行为能力。

②当事人意思的真实性。合同当事人的意思表示是否真实。

③合同内容的合法性。合同的内容是否符合法律和法规的强制性要求。

④合同条款的完备性。合同的有关条款是否完备,文字表达是否正确有无歧义,合同订立是否符合程序。

(2)鉴证应提交的资料

鉴证应提交的资料:合同正副本,营业执照或副本,法人资格,其他材料。

2.公证

公证是国家公证机关根据当事人的申请,依法证明合同的真实性、合法性的行为。

合同有无鉴证或公证不是合同有效的前提条件,没有经过鉴证或公证的有效合同与鉴证或公证的合同具有同等法律约束力。合同鉴证与公证实行自愿原则,即使招标文件要求工程合同要公证,也是属于合同约定而不是强制的,仍然没有违背自愿原则。

(二)鉴证与公证的区别

(1)性质不同。鉴证是工商行政行为;公证是司法行为。

(2)做出的机关不同。鉴证是工商行政管理部门;公证是国家公证处。

(3)法律的效力不同。鉴证不具有强制执行效力,只能在国内起作用。而公证后的合同具有法定证据效力,公证的文书具有法定证据效力而予以强制执行,在国内和国外都起作用。

三、合同履行的原则和规定

(一)合同履行的概念

合同履行是指合同各方当事人按照合同的规定,全面履行各自的义务,实现各自的权利,使合同当事人各方的目的得以实现的行为。签订合同的目的在于履行,从而获取某种权益。合同履行以合同有效为前提和依据,因为无效合同从订立之时起就没有法律效力,所以不应该履行。合同履行是合同具有法律约束力的首要体现。

(二)合同履行的原则

合同履行的原则是指当事人在履行合同债务时应遵循的基本准则。这些基本准则中有合同法的基本原则,如诚实信用原则、公平原则、平等原则等;有的是专属于合同履行的原则,如全面履行原则(含适当)、经济合理原则、协助履行原则(通知、协助、保密的随附义务)、情势变更原则等。《合同法》的合同履行原则主要有诚实信用原则、全面履行原则以及协助履行原则。

第60条　当事人应当按照约定全面履行自己的义务。

当事人应当遵循诚实信用原则,根据合同的性质、目的和交易习惯履行通知、协助、保密等义务。

(三)合同履行的相关规定

1.合同约定不明确的履行规定

第61条　合同生效后,当事人就质量、价款或者报酬、履行地点等内容没有约定或者约定不明确的,可以协议补充;不能达成补充协议的,按照合同有关条款或者交易习惯确定。

第62条 当事人就有关合同内容约定不明确,依照本法第61条的规定仍不能确定的,适用下列规定:

(1)质量要求不明确的,按照国家标准、行业标准履行;没有国家标准、行业标准的,按照通常标准或者符合合同目的的特定标准履行。

(2)价款或者报酬不明确的,按照订立合同时履行地的市场价格履行;依法应当执行政府定价或者政府指导价的,按照规定履行。

(3)履行地点不明确,给付货币的,在接受货币一方所在地履行;交付不动产的,在不动产所在地履行;其他标的,在履行义务一方所在地履行。

(4)履行期限不明确的,债务人可以随时履行,债权人也可以随时要求履行,但应当给对方必要的准备时间。

(5)履行方式不明确的,按照有利于实现合同目的的方式履行。

(6)履行费用的负担不明确的,由履行义务一方负担。

2.政府定价或指导价时惩罚过失方的规定

第63条 执行政府定价或者政府指导价的,在合同约定的交付期限内政府价格调整时,按照交付时的价格计价。逾期交付标的物的,遇价格上涨时,按照原价格执行;价格下降时,按照新价格执行。逾期提取标的物或者逾期付款的,遇价格上涨时,按照新价格执行;价格下降时,按照原价格执行。

3.第三人代为履行(履行债务或接受履行)情况下责任不变的规定

第64条 当事人约定由债务人向第三人履行债务的,债务人未向第三人履行债务或者履行债务不符合约定,应当向债权人承担违约责任。(注:第三人代为行使债权)

第65条 当事人约定由第三人向债权人履行债务的,第三人不履行债务或者履行债务不符合约定,债务人应当向债权人承担违约责任。(注:第三人代为履行债务)

工程施工中监理人就是第三人代为行使业主权利(质量的检查验收等)和履行业主的义务(提交图纸发布指示等),监理人的任何过失对承包人来说都是业主的责任。生活中的信用卡消费,银行作为第三人代为履行债务支付费用。

(四)合同履行中的抗辩以及中止

1.同时履行抗辩权

第66条 当事人互负债务,没有先后履行顺序的,应当同时履行。一方在对方履行之前有权拒绝其履行要求。一方在对方履行债务不符合约定时,有权拒绝其相应的履行要求。

顾客在商店购物时是一手交钱一手交货,如果顾客在没有付款情况下想取走已挑选好的商品,此时商店拒绝付给顾客商品,商店就是在行使同时履行抗辩权。

2.先履行抗辩权

第67条 当事人互负债务,有先后履行顺序,先履行一方未履行的,后履行一方有权拒绝其履行要求。先履行一方履行债务不符合约定的,后履行一方有权拒绝其相应的履行要求。

施工中,业主对不合格工程拒绝向承包人支付工程进度款,就是在行使先履行抗辩权。

先履行义务的一方,由于不可抗力而不履行义务,作为后履行一方同样有抗辩权。商品交换的最基本原则是"你不给我,我就不给你"。你不给我发货,我就不给你货款,尽管你不发货是不可抗力的原因造成,我可以免除你的违约责任(即免除违约金或赔偿金),但对我履行抗辩权并无影响。

3. 不安抗辩权(也称为合同中止或中止合同)

第68条　应当先履行债务的当事人,有确切证据证明对方有下列情形之一的,可以中止履行:

(1)经营状况严重恶化。

(2)转移财产、抽逃资金,以逃避债务。

(3)丧失商业信誉。

(4)有丧失或者可能丧失履行债务能力的其他情形。

工程施工的合同管理,当建设单位不及时支付工程进度款时,合同规定承包人可以在告知建设单位后先放慢进度然后暂时停工,这就是先履行的承包人在行使不安抗辩权。

四、承担违约责任的形式和原则

(一)违约行为和违约责任的概念

违约行为就是不全面(或不完全或不适当)履行合同的行为。只要不符合合同约定的标的、数量、质量、价款或者报酬、期限、地点、方式等履行(即只要任意一个不符合约定)就是不全面履行,就是违约行为。参见《合同法》第107条。

违约责任是合同当事人对其违约行为所造成的后果依法应承担的民事责任。

违约责任与其他法律责任相比所具有的特征是:①违约责任是不履行合同或不全面履行合同引起的民事法律后果,其前提是合同为有效合同;②违约责任只发生在特定的当事人之间,是因合同的当事人出现违约行为而产生的,不是特定的当事人不存在违约责任;③违约责任的方式和范围一般应事先在合同中约定;④违约责任一般限于财产责任,对违约行为的合同当事人不适用非财产责任或精神赔偿。

(二)承担违约责任的形式

根据《合同法》第107条的规定,承担违约责任的形式有:①继续履行;②采取补救措施(维修、更换、返工等);③赔偿损失;④支付违约金。(注:一般违约行为不能解除合同,只有到达法定或约定条件的严重违约才可以解除合同)

第114条　当事人可以约定一方违约时应当根据违约情况向对方支付一定数额的违约金,也可以约定因违约产生的损失赔偿额的计算方法。

约定的违约金低于造成的损失的,当事人可以请求人民法院或者仲裁机构予以增加;约定的违约金过分高于造成的损失的(注:司法解释以超过损失30%为过分高于,所以违约金不仅有赔偿性还有惩罚性),当事人可以请求人民法院或者仲裁机构予以适当减少。

当事人就迟延履行约定违约金的,违约方支付违约金后,还应当履行债务。

第122条　因当事人一方的违约行为,侵害对方人身、财产权益的,受损害方有权依照本法要求其承担违约责任或者依照其他法律要求其承担侵权责任。

根据《合同法》上述条款,在工程工期拖延后,支付违约金后不能免除债务人的义务,仍然要继续履行合同。违约金约定与损失不符的可以要求法院或仲裁机构修正,但提出修改方负有举证责任。

承担违约责任的几种方式在合同中均可并用。但是违约金和定金(见第一章)只能两者选一。参见《合同法》第116条。

《合同法》分则的建设工程合同对违约行为承担违约责任还有如下具体规定:

第280条 勘察、设计的质量不符合要求或者未按照期限提交勘察、设计文件拖延工期,造成发包人损失的,勘察人、设计人应当继续完善勘察、设计,减收或者免收勘察费、设计费并赔偿损失。

第281条 因施工人的原因致使建设工程质量不符合约定的,发包人有权要求施工人在合理期限内无偿修理或者返工、改建。经过修理或者返工、改建后,造成逾期交付的,施工人应当承担违约责任。

第282条 因承包人的原因致使建设工程在合理使用期限内造成人身和财产损害的,承包人应当承担损害赔偿责任。

第283条 发包人未按照约定的时间和要求提供原材料、设备、场地、资金、技术资料的,承包人可以顺延工程日期,并有权要求赔偿停工、窝工等损失。

第284条 因发包人的原因致使工程中途停建、缓建的,发包人应当采取措施弥补或者减少损失,赔偿承包人因此造成的停工、窝工、倒运、机械设备调迁、材料和构件积压等损失和实际费用。

第285条 因发包人变更计划,提供的资料不准确,或者未按照期限提供必需的勘察、设计工作条件而造成勘察、设计的返工、停工或者修改设计,发包人应当按照勘察人、设计人实际消耗的工作量增付费用。(注《建设工程质量管理条例》的第9条具体规定,建设单位必须向有关的勘察、设计、施工、工程监理等单位提供与建设工程有关的原始资料。原始资料必须真实、准确、齐全。)

(三)承担违约责任的原则和条件

1.承担违约责任的原则

只要有违约行为,不论有无过错都要承担违约责任,称为严格原则或无过错原则。如果不履行职责又有过错才承担责任,称为过错原则。《合同法》规定违约责任采用严格原则。因为《合同法》第107条对承担违约责任只表述"不履行合同或违反合同",没有要求"行为人要有过错"的并列规定;应注意无过错不等于不可抗力。缔约过失责任、无效合同责任、可撤销合同责任采用过错原则。

第120条 当事人双方都违反合同的,应当各自承担相应的责任。(注:各自分担)

第121条 当事人一方因第三人的原因造成违约的,应当向对方承担违约责任。当事人一方和第三人之间的纠纷,依照法律规定或者按照约定解决。(注:第三人原因不免责)

2.遭受损失方防止损失扩大的义务和增加费用的补偿

第119条 当事人一方违约后,对方应当采取适当措施防止损失的扩大;没有采取适当措施致使损失扩大的,不得就扩大的损失要求赔偿。当事人因防止损失扩大而支出的合理费用,由违约方承担。(注:有防止损失扩大的义务和对增加义务要进行费用补偿)

3. 承担违约责任的条件

(1)行为人有不履行合同的行为(即有违约行为)。

(2)不存在法定或约定的免责事由。法定免责事由是指在《合同法》总则中规定的免责事由,即不可抗力情况,或者《合同法》分则中规定的免责事由。而合同约定的免责事由,一定要注意不违反强制性规定,否则免责无效。

4. 违约责任与无效合同法律责任的区别

(1)性质不同

违约责任是合同有效情况下产生的法律责任,而无效合同的法律责任是在合同无效情况下产生的法律责任,两者的性质不同。如果合同无效则不存在违约责任问题,只涉及无效合同法律责任的处理问题。

(2)形式不同

违约责任包括支付违约金、赔偿损失、继续履行等形式,而无效合同的法律责任不存在支付违约金问题,通常只要求恢复原样即订立合同前的状态,因而责任的表现形式是返还财产或折价补偿、赔偿损失,对损害国家和社会利益的则追缴其非法财产。

(四)不可抗力的特征和免责以及免责的附加要求

1. 不可抗力的特征

《合同法》中所谓的不可抗力,是指不能预见、不能避免并不能克服的客观情况。如天灾人祸等。

2. 不可抗力的免责和免责的附加要求

第117条 因不可抗力不能履行合同的,根据不可抗力的影响,部分或者全部免除责任,但法律另有规定的除外。当事人迟延履行后发生不可抗力的,不能免除责任。

第118条 当事人一方因不可抗力不能履行合同的,应当及时通知对方,以减轻可能给对方造成的损失,并应当在合理期限内提供证明。

(五)合同缔约过失责任(赔偿责任)

第42条 当事人在订立合同过程中有下列情形之一,给对方造成损失的,应当承担损害赔偿责任:①假借订立合同,恶意进行磋商;②故意隐瞒与订立合同有关的重要事实或者提供虚假情况;③有其他违背诚实信用原则的行为。

工程招标投标过程中,不退还投标保证金就是过错方承担缔约过失责任的情形。

第43条 当事人在订立合同过程中知悉的商业秘密,无论合同是否成立,不得泄露或者不正当地使用。泄露或者不正当地使用该商业秘密给对方造成损失的,应当承担损害赔偿责任。

五、合同保全和合同担保

合同保全是指法律为防止因债务人财产的不当减少而给债权人的债权带来危害,允许债权人行使代位权或撤销权,以保护其债权的制度。

合同保全不同于合同担保。首先,合同保全的作用主要在于防止债务人责任财产的不当减少,而合同担保的作用主要在于增加保障债权实现的责任财产量,使第三人的财产也成为债权实现的保证。其次,合同保全基于法律的直接规定,债权人的代位权、撤销权系债权的法定从权利;而合同担保多基于当事人的约定而设立,其中的留置权虽为法定的担保物权,但当事人可以约定不得留置的物。再次,合同保全是债权效力的一部分;而合同担保多是在原债之外另行设定了担保之债。

(一)代位权

代位权是指债务人怠于行使其对第三人(次债务人)享有的到期债权,而有损害于债权人的债权时,债权人为保障自己的债权以自己的名义行使债务人对次债务人的债权的权利。

第73条 因债务人怠于行使其到期债权,对债权人造成损害的,债权人可以向人民法院请求以自己的名义代位行使债务人的债权,但该债权专属于债务人自身的除外。

代位权的行使范围以债权人的债权为限。债权人行使代位权的必要费用,由债务人负担。代位权的行使参见图2-2。

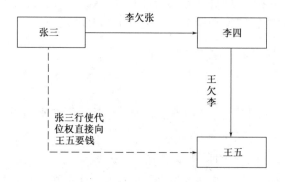

图2-2 行使代位权示意图

【例题2-3】代位权的行使

1.背景资料:

甲方为工程发包人,乙方为工程承包人,工程承包合同价为600万元,其中混凝土工程费用为360万元,合同中没有约定转让权利需得到对方同意。乙方和丙方签订了工程所需水泥的材料采购合同,合同价为120万元。乙方向丙方交了24万元的水泥材料的订金(即预付款),剩余材料款按照合同约定在120万元水泥到货后50天内支付。由于甲方不能及时支付已经完成的第一批混凝土工程款100万,造成乙方在收到水泥材料的50天后不能及时支付剩余材料款。经丙方催促,乙方回答:"我方已经多次催促甲方及时支付该批次混凝土工程进度款,如果甲方的工程进度款一到账立刻支付剩余的材料款"。

2.问题:

(1)丙方可以行使代位权吗? 为什么?

(2)如果丙方可以替代乙方向甲方行使债权? 其主张的债权金额以多少为限?

(3)丙方除了行使代位权可获得债权保证外,法律还有其他方式赋予其实现债权的保证吗?

3.分析与回答:

(1)丙方可以行使代位权。因为,根据最高人民法院关于适用《中华人民共和国合同法》若干问题的解释(一)的第13条解释,合同法第73条规定的"债务人怠于行使其到期债权,对债权人造成损害的",是指债务人不履行其对债权人的到期债务,又不以诉讼方式或者仲裁方式向其债务人主张其享有的具有金钱给付内容的到期债权,致使债权人的到期债权未能实现。所以,虽然乙方已多次催促甲方支付逾期混凝土工程进度款,并承诺混凝土工程款到账立即支付剩余材料款,但其未尽以诉讼或仲裁方式向甲方催讨工程款,故无法排除其不作为的责任。

(2)向甲方主张的金额不得超过96万元。因为乙方付给丙方的订金24万元可冲抵货款,乙方实际欠丙方96万元。鉴于乙方可向甲方行使的到期债权为100万元。所以,丙方替代乙方向甲方主张96万元受法律的保护和人民法院的支持。

(3)还有其他方式。丙方和乙方可以协商将乙方到期的债权转让给丙方,且由乙方通知甲方,其未受偿的到期工程款依法转让给丙方。由此,丙方与甲方形成新的债权债务,乙方与甲方相对应的该单一债权债务同时消灭。

请注意思考:如果第一批混凝土工程进度款只有90万元,第(2)问题应如何回答?应如何理解"代位权的行使范围以债权人的债权为限"中的"为限"二字呢?

(二)撤销权

第74条 因债务人放弃其到期债权或者无偿转让财产,对债权人造成损害的,债权人可以请求人民法院撤销债务人的行为。债务人以明显不合理的低价转让财产,对债权人造成损害,并且受让人知道该情形的,债权人也可以请求人民法院撤销债务人的行为。

撤销权的行使范围以债权人的债权为限。债权人行使撤销权的必要费用,由债务人负担。

第75条 撤销权自债权人知道或者应当知道撤销事由之日起一年内行使。自债务人的行为发生之日起五年内没有行使撤销权的,该撤销权消灭。

此处撤销权是撤销他人合同,有别于可撤销合同的撤销权。撤销权的行使参见图2-3。

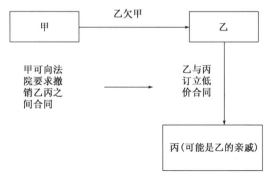

图2-3 行使撤销权示意图

(三)合同担保

合同担保根据《担保法》有定金、保证、抵押、质押、留置这些形式,详细内容参见第一章第二节中第八点建设工程担保的相关内容。

不过有一点请读者注意,最好不要将《建设工程施工合同》中(原交通部《公路工程国内招标文件范本》(2003年版)54.1款,《标准施工招标文件》(2007年版)6.4.1项)规定的"由承包人为本工程提供的一切承包人装备、临时工程和材料,一经运到现场,即视为供本工程施工专用。若无监理工程师的同意不得将上述物品或其中任何部分运出现场。"理解为留置担保形式。虽然合同约定承包人的装备应留在现场,但是该装备仍然是承包人在使用(占有),而业主没有占有该动产,不符合留置人要占有其动产的重要特点。同时,一旦承包人严重违约被解除合同时,根据合同约定业主可以将承包人的该财产处理后以弥补业主的损失(原交通部《公路工程国内招标文件范本》(2003年版)63.3款,《标准施工招标文件》(2018年版)22.3.1项)。这点也不符合行使留置权的法定性,却像是抵押权的合同约定性。综上所述,承包人的装备留在现场,更接近于不占有抵押物且合同约定行驶抵押权的抵押担保形式。当然,按照《担保法》第42条规定,以企业的设备和其他动产抵押的,财产所在地的工商行政管理部门是抵押物登记部门。所以更完善的做法是到该财产所在地的工商管理部门办理该财产的抵押物登记。《担保法》第42条规定之外的其他财产可以自愿办理抵押物登记,所以也可以不办理抵押物登记;如果想要登记,则是抵押人所在地的公证部门,而不是工商行政管理部门。

为了更好理解留置担保形式,比较《合同法》第286条。

第286条　发包人未按照约定支付价款的,承包人可以催告发包人在合理期限内支付价款。发包人逾期不支付的,除按照建设工程的性质不宜折价、拍卖的以外,承包人可以与发包人协议将该工程折价,也可以申请人民法院将该工程依法拍卖。建设工程的价款就该工程折价或者拍卖的价款优先受偿。(注:请读者比较此规定与留置权有哪些异同点)

六、合同解除以及合同终止

(一)合同解除

合同解除是指合同还未履行完成时合同消灭。合同解除分为约定解除和法定解除。

1. 约定解除

第93条　当事人协商一致,可以解除合同。

当事人可以约定一方解除合同的条件。解除合同的条件成就时,解除权人可以解除合同。

2. 法定解除

第94条　有下列情形之一的,当事人可以解除合同:

(1)因不可抗力致使不能实现合同目的。

(2)在履行期限届满之前,当事人一方明确表示或者以自己的行为表明不履行主要债务。

(3)当事人一方迟延履行主要债务,经催告后在合理期限内仍未履行。

(4)当事人一方迟延履行债务或者有其他违约行为致使不能实现合同目的。

(5)法律规定的其他情形。

(二)合同解除的处理

第97条　合同解除后,尚未履行的,终止履行;已经履行的,根据履行情况和合同性质,当事人可以要求恢复原状、采取其他补救措施,并有权要求赔偿损失。

第98条　合同的权利义务终止,不影响合同中结算和清理条款的效力。

(三)合同终止(失去合同约束力,包含解除)

第91条　有下列情形之一的,合同的权利义务终止:

(1)债务已经按照约定履行。

(2)合同解除。

(3)债务相互抵销。

(4)债务人依法将标的物提存。(与留置处理的区别)

（5）债权人免除债务。

（6）债权债务同归于一人。

（7）法律规定或者当事人约定终止的其他情形。

第三节 ▶ 合同变更和转让

🌐 一、合同变更的相关规定

（一）合同变更的概念

合同变更有广义和狭义之分，合同法律关系有主体、客体、内容三个要素，广义分为合同内容的变更与合同主体的变更。一般来说，如果客体（合同的标的）变更，那么还保留原合同是没有意义的，应该重新签订合同。而主体变更习惯称为合同转让，所以狭义合同变更一般是指合同内容的变更。工程施工中会涉及设计图纸的变更、工程数量和工程性质的改变等，这些工程变更也是合同变更的特殊形式，是属于合同变更的一部分。工程变更的内容将在第五章详细讨论。

（二）合同变更的规定

合同变更的重点内容包括两点，分别在《合同法》第 77 条和第 78 条。

第 77 条 当事人协商一致，可以变更合同。法律、行政法规规定变更合同应当办理批准、登记等手续的，依照其规定。

第 78 条 当事人对合同变更的内容约定不明确的，推定为未变更。

（三）京津塘高速公路工程保险的变更事例

原 FIDIC 合同条款第 21 条要求以承包人和业主的共同名义对工程实施保险，以求工程因自然灾害或工作失误等原因（特殊风险除外）造成的损失都能从保险公司获得弥补。这原本是有利于业主和承包人合理的条款，但业主从国内当时基建管理现状出发（当时国内保险公司没有开设工程保险，又不愿意让保险费流入国外保险公司），取消了该条款，实际上等于把工程风险全部转移到承包人身上。1988 年监理工程师在项目实施中，参照国际惯例，认为对工程投保是有利于保护双方利益的，于是在说服国内保险公司开设工程保险后，并坚持说服业主修改合同条款与承包人共同投保，合同的补充协议如 1-08-A。实践证明，承包人在遇到自然灾害和主观原因造成工程损失时都能得到保险公司的弥补，较好地保证了合同的顺利履约。

1-08-A 补充协议

本协议是以京津塘高速公路××市公司（以下简称"业主"）为一方，以京津塘高速公路××段工程××公司（以下简称"承包人"）为另一方，于 1988 年 3 月 10 日共同签署。

经斟酌，双方认为由承包人直接向保险公司投保工程险和第三方责任险，有利于增强施工企业自主经营、自我约束机制，并符合国际上通行的做法，为此双方达成如下协议：

（1）业主确认对合同条款第Ⅱ部分（即专用条款）进行修改，即删去合同条款第Ⅲ部分中的第21条及第23条，恢复合同条款第Ⅰ部分（即通用条款）中的第21条和第23条。

（2）按照合同条款第Ⅰ部分中的第21条和第23条规定，所投保的工程险和第三方责任险的费用，是工程建设的合理费用，因此由业主承担。

（3）根据合同条款第Ⅰ部分中的第1条和第9条，本补充协议书应视为合同的组成文件。

本协议于上述时间各自签字、盖章并生效。

业主：　　　　　　　　　　　　承包人：

签字人：　　　　　　　　　　　签字人：

1988年3月10日

二、合同转让的相关规定

（一）合同转让的概念

合同转让，即合同主体的变更。合同主体，有权利主体和义务主体。所以，合同转让有三种形式，第一种是只转让权利，第二种是只转让义务，第三种是权利和义务都转让。

（二）《合同法》总则中有关转让的规定

1. 债权转让

第79条　债权人可以将合同的权利全部或者部分转让给第三人，但有下列情形之一的除外：

（1）根据合同性质不得转让。（注：例如公益事业赠与合同中受赠人的权利）

（2）按照当事人约定不得转让。（注：例如FIDIC的1.7约定，任一方不能转让权利）

（3）依照法律规定不得转让。（注：例如《担保法》第50条规定，抵押权不得与债权分离而单独转让）

第80条　债权人转让权利的，应当通知债务人。未经通知，该转让对债务人不发生效力。债权人转让权利的通知不得撤销，但经受让人同意的除外。

例如，债权人甲方通知债务人乙方："我的100万元债权已经转让给丙方，请向丙方履行。"第二天，甲方又通知乙方，要求乙方仍然向自己履行；乙方则可以提出甲方权利已经消灭的抗辩。乙方的理由就是："你甲方已经不是我乙方的债权人了。"

第81条　债权人转让权利的，受让人取得与债权有关的从权利，但该从权利专属于债权人自身的除外。

有些从权利是专属债权人自身的权利，在债权人转让债权时，该从权利不发生转移。例如，甲方租给乙方房屋2年，租金按年预付。甲方把租金债权转让给丙方，但解除合同的权利并不随债权转移给丙方，当乙方不向丙方交付租金时，由甲方决定是否解除租赁合同。

第82条　债务人接到债权转让通知后，债务人对让与人的抗辩，可以向受让人主张。

2. 债务转让

第84条　债务人将合同的义务全部或者部分转移给第三人的，应当经债权人同意。

第85条　债务人转移义务的，新债务人可以主张原债务人对债权人的抗辩。

例如,甲、乙双方订立承揽合同,约定甲方4月1日交付所加工的产品,乙方同年4月15日付款7万元。甲方4月1日按时履行义务后,乙方经甲方同意在4月2日将债务转让给丙方,乙方在4月3日又将产品的检验结果通知丙方,说明所接收的加工产品基本不符合要求。此时,丙方可以向甲方行使先履行抗辩权,在甲方修理或重作之前拒绝支付7万元。

第86条　债务人转移义务的,新债务人应当承担与主债务有关的从债务,但该从债务专属于原债务人自身的除外。

第87条　法律、行政法规规定转让权利或者转移义务应当办理批准、登记等手续的,依照其规定。

3.权利和义务同时转让

第88条　当事人一方经对方同意,可以将自己在合同中的权利和义务一并转让给第三人。

第89条　权利和义务一并转让的,适用本法第79条、第81条至第83条、第85条至第87条的规定。

第90条　当事人订立合同后合并的,由合并后的法人或者其他组织行使合同权利,履行合同义务。当事人订立合同后分立的,除债权人和债务人另有约定以外,由分立的法人或者其他组织对合同的权利和义务享有连带债权,承担连带债务。

4.合同转让与合同的第三人代为履行(或接受)的区别

合同的第三人代为履行或接受履行与合同转让不同。合同的第三人并不是合同当事人,而且在订立合同时已经约定了第三人,他只是代替债务人履行义务或代替债权人接受义务履行。合同责任由当事人承担而不是由第三人承担。

合同转让时,合同转让的第三人成为转让合同的当事人,合同转让的第三人在合同订立时可以不约定,却可以在合同履行期间确定。合同转让,虽然没有改变合同内容,但出现了新的债权人或新的债务人,故合同转让的效力在于成立了新的法律关系,即成立了新合同,原合同应归于消灭,由新的债务人履行债务,或由新的债权人享受权利。

三、工程分包的审批与管理

(一)工程分包相关规定

1.建设工程合同的分包规定

第272条　发包人可以与总承包人订立建设工程合同,也可以分别与勘察人、设计人、施工人订立勘察、设计、施工承包合同。发包人不得将应当由一个承包人完成的建设工程肢解成若干部分发包给几个承包人。

总承包人或者勘察、设计、施工承包人经发包人同意,可以将自己承包的部分工作交由第三人完成。第三人就其完成的工作成果与总承包人或者勘察、设计、施工承包人向发包人承担连带责任。承包人不得将其承包的全部建设工程转包给第三人或者将其承包的全部建设工程肢解以后以分包的名义分别转包给第三人。

禁止承包人将工程分包给不具备相应资质条件的单位。禁止分包单位将其承包的工程再分包。建设工程主体结构的施工必须由承包人自行完成。

第287条 建设工程合同没有规定的,适用承揽合同的有关规定。

2. 工程分包与合同债务转让的联系和区别

建设工程分包与《合同法》总则中合同转让中只转让义务既有联系又有区别。建设工程分包和合同转让中的债务转让都是合同当事人将合同中的债务转移给第三人。但是区别是,工程分包中债务转让给分包人后,总包人(承包人、债务人)依然是总包合同中分包债务的合同当事人,没有退出债务关系,总包人和分包人就分包工程(分包债务)向发包人(债权人)承担连带责任;而在债务转让中,债务一经转让,原债务人就退出债务关系,第三人成为新债务人,单独对债权人承担合同责任。

3. 建设工程安全生产管理条例对分包责任的规定

《建筑法》对分包的规定与《合同法》基本相同。《建设工程安全生产管理条例》的第24条,建设工程实行施工总承包的,由总承包单位对施工现场的安全生产负总责。总承包单位和分包单位对分包工程的安全生产承担连带责任。分包单位应当服从总承包单位的安全生产管理,分包单位不服从管理导致生产安全事故的,由分包单位承担主要责任。

4. 建设单位(招标人、发包人)不得直接指定分包人或供应商

分包工程需要经过建设单位认可才能分包,但建设单位不得直接指定分包人。

《建筑法》第25条规定,按照合同约定,建筑材料、建筑构配件和设备由工程承包单位采购的,发包单位不得指定承包单位购入用于工程的建筑材料、建筑构配件和设备或者指定生产厂、供应商。

《工程建设项目施工招标投标办法》第66条规定,招标人不得直接指定分包人。

交通运输部《公路工程分包管理办法》第12条规定,承包人有权依据承包合同自主选择符合资格的分包人。任何单位和个人不得违规指定分包。

住建部《房屋建筑和市政基础设施工程施工分包管理办法》第7条规定,建设单位不得直接指定分包工程承包人。任何单位和个人不得对依法实施的分包活动进行干预。

(二)公路工程分包的审批

1. 公路工程按照《公路建设市场管理办法 》(2011 年版)审批

第38条"施工单位可以将非关键性工程或者适合专业化队伍施工的工程分包给具有相应资格条件的单位,并对分包工程负连带责任。允许分包的工程范围应当在招标文件中规定。分包工程不得再次分包,严禁转包。(编者注:取消2004年版的30%限制)

注:比较交通部2004年部令与2011年部令的不同点:

2004年版第38条 施工单位可以将非关键性工程或者适合专业化队伍施工的分部工程分包给具有相应资质的单位,并对分包工程负连带责任。允许分包的工程范围应当在招标文件中规定,分包的工程不得超过总工程量的30%。分包工程不得再次分包,严禁转包。

项目法人和监理单位应当加强对施工单位工程分包的管理,工程分包计划和所有分包协议须报监理工程师审查,并报项目法人同意。

项目法人应当加强对施工单位工程分包的管理,所有分包合同须经监理审查,并报项目法人备案。"(编者注:2011年版只修改第38条,将2004年版"同意"修改为"备案",具体见上页中页下注。)

2.《公路工程施工分包管理办法》规定

第11条　承包人对拟分包的专项工程及规模,应当在投标文件中予以明确。

未列入投标文件的专项工程,承包人不得分包。

第13条　承包人和分包人应当按照交通运输主管部门制定的统一格式依法签订分包合同,并履行合同约定的义务。分包合同必须遵循承包合同的各项原则,满足承包合同中的质量、安全、进度、环保以及其他技术、经济等要求。承包人应在工程实施前,将经监理审查同意后的分包合同报发包人备案。

3.公路工程中的专项工程

2015年4月20日交通运输部公路局颁发了《关于转发江苏省交通运输厅〈江苏省公路工程施工分包管理实施细则〉的通知》。江苏省交通运输厅颁发的《江苏省公路工程施工分包管理实施细则》对施工分包作了明确界定:"施工分包,包括专业工程分包和专项工程分包,但不包括劳务合作。"

专业工程是指国家资质管理规定中明确的公路路基、路面、桥梁、隧道工程,以及公路交通工程中的交通安全设施、通信系统、监控系统、收费系统、综合系统等工程。

专项工程是指按照《公路工程质量检验评定标准》(JTG F80/1)划分的适合专业化分包的公路有关分部、分项工程,并规定了专项工程分包的资质条件。

(三)交通运输部对公路工程分包管理的规定

1.《公路工程施工分包管理办法》分包的管理职责

第6条　省级人民政府交通运输主管部门负责本行政区域内公路工程施工分包活动的监督与管理工作;制定本行政区域公路工程施工分包管理的实施细则、分包专项类别以及相应的资格条件、统一的分包合同格式和劳务合作合同格式等。

第7条　发包人应当按照本办法规定和合同约定加强对施工分包活动的管理,建立健全分包管理制度,负责对分包的合同签订与履行、质量与安全管理、计量支付等活动监督检查,并建立台账,及时制止承包人的违法分包行为。

第8条　除承包人设定的项目管理机构外,分包人也应当分别设立项目管理机构,对所承包或者分包工程的施工活动实施管理。

项目管理机构应当具有与承包或者分包工程的规模、技术复杂程度相适应的技术、经济管理人员,其中项目负责人和技术、财务、计量、质量、安全等主要管理人员必须是本单位人员。(编者注:下面住建部的文件第11条具体规定了本单位的含义)

2.《公路工程施工分包管理办法》行为管理的规定

第16条　禁止将承包的公路工程进行转包。

承包人未在施工现场设立项目管理机构和派驻相应人员对分包工程的施工活动实施有效管理,并且有下列情形之一的,属于转包:

(1)承包人将承包的全部工程发包给他人的。

(2)承包人将承包的全部工程肢解后以分包的名义分别发包给他人的。

(3)法律、法规规定的其他转包行为。

第17条 禁止违法分包公路工程。

有下列情形之一的,属于违法分包:

(1)承包人未在施工现场设立项目管理机构和派驻相应人员对分包工程的施工活动实施有效管理的。

(2)承包人将工程分包给不具备相应资格的企业或者个人的。

(3)分包人以他人名义承揽分包工程的。

(4)承包人将合同文件中明确不得分包的专项工程进行分包的。

(5)承包人未与分包人依法签订分包合同或者分包合同未遵循承包合同的各项原则,不满足承包合同中相应要求的。

(6)分包合同未报发包人备案的。

(7)分包人将分包工程再进行分包的。

(8)法律、法规规定的其他违法分包行为。

第18条 按照信用评价的有关规定,承包人和分包人应当互相开展信用评价,并向发包人提交信用评价结果。

发包人应当对承包人和分包人提交的信用评价结果进行核定,并且报送相关交通运输主管部门。

交通运输主管部门应当将发包人报送的承包人和分包人的信用评价结果纳入信用评价体系,对其进行信用管理。

第19条 发包人应当在招标文件中明确统一采购的主要材料及构、配件等的采购主体及方式。承包人授权分包人进行相关采购时,必须经发包人书面同意。

第20条 为确保分包合同的履行,承包人可以要求分包人提供履约担保。分包人提供担保后,如要求承包人同时提供分包工程付款担保的,承包人也应当予以提供。

第21条 承包人与分包人应当依法纳税。承包人因为税收抵扣向发包人申请出具相关手续的,发包人应当予以办理。

第22条 分包人有权与承包人共同享有分包工程业绩。分包人业绩证明由承包人与发包人共同出具。

分包人以分包业绩证明承接工程的,发包人应当予以认可。分包人以分包业绩证明申报资质的,相关交通运输主管部门应当予以认可。

劳务合作不属于施工分包。劳务合作企业以分包人名义申请业绩证明的,承包人与发包人不得出具。

3.《公路工程标准施工招标文件》(2018年版)第4.3条的分包规定

(1)承包人(即总包人)不得将工程主体、关键性工作分包给第三人。经发包人同意,承包人可将工程的其他部分或工作分包给第三人。分包包括专业分包和劳务分包。

(2)专业分包

在工程施工过程中,承包人进行专业分包必须遵守以下规定;

①允许专业分包的工程范围仅限于非关键性工程或者适合专业化队伍施工的专项工程。未列入投标文件的专项工程,承包人不得分包。但因工程变更增加了有特殊性技术要求、特殊

工艺或者涉及专利保护等的专项工程,且按规定无须再进行招标的,由承包人提出书面申请,经发包人书面同意,可以分包。

②专业分包人的资格能力(含安全生产能力)应与其分包工程的标准和规模相适应,且应当具备如下条件;

a.具有经工商登记的法人资格;

b.具有从事类似工程经验的管理与技术人员;

c.具有(自有或租赁)分包工程所需的施工设备。

承包人应向监理人提交专业分包人的资格能力证明材料,经监理人审查并报发包人批准后,可以将相应专业工程分包给该专业分包人。

③专业分包工程不得再次分包。

④承包人和专业分包人应当按照交通运输主管部门制定的统一格式依法签订专业分包合同,并履行合同约定的义务。专业分包合同必须遵循承包合同的各项原则,满足承包合同中的质量、安全、进度、环保以及其他技术、经济等要求。专业分包合同必须明确约定工程款支付条款、结算方式以及保证按期支付的相应措施,确保工程款的支付。承包人应在工程实施前,将经监理人审查同意后的分包合同报发包人备案。

⑤专业分包人应当设立项目管理机构,对所分包工程的施工活动实施管理。项目管理机构应当具有与分包工程的规模、技术复杂程度相适应的技术、经济管理人员,其中项目负责人和技术、财务、计量、质量、安全等主要管理人员必须是专业分包人本单位人员。

⑥承包人应当建立健全相关分包管理制度和台账,对专业分包工程的质量、安全、进度和专业分包人的行为等实施全过程管理,按照本办法规定和合同约定对专业分包工程的实施向发包人负责,并承担赔偿责任。专业分包合同不免除承包合同中规定的承包人的责任或者义务。

⑦专业分包人应当依据专业分包合同的约定,组织分包工程的施工,并对分包工程的质量、安全和进度等实施有效控制。专业分包人对其分包的工程向承包人负责,并就所分包的工程向发包人承担连带责任。

⑧承包人对施工现场安全负总责,并对专业分包人的安全生产进行培训和管理。专业分包人应将其专业分包工程的施工组织设计和施工安全方案报承包人备案。专业分包人对分包施工现场安全负责,发现事故隐患,应及时处理。

违反上述规定之一者属违规分包。

4.分包人的违约责任和暂估价的应用

与国际工程中采用的指定分包不同,一般分包中分包人的违约行为视为承包人(总包人)的违约,因为在《合同法》中和九部委《标准施工招标文件》(2007年版)施工合同4.3.5中都规定,承包人应与分包人就分包工程向发包人承担连带责任。而国际工程,例如FIDIC施工合同条件5.2条款规定,指定分包合同必须写明,指定分包人应保障承包人不承担指定分包人及其代理人和雇员疏忽或误用的过失责任;否则承包人有权反对分包人(业主)的指定分包。

由于国家的相关法律法规和规章的限制,使得不能使用指定分包这种形式,但是实际工程的客观现实却需要业主在某些情况下将某些特殊工程从一个合同标段中划分剥离出来分包给特定专业的施工队伍。例如公路与铁路的交叉,公路从水利设施旁边经过等工程就是特殊工程。原交通部《公路工程国内招标文件范本》第59条以特殊分包人分包工程的形式来处理这类特殊工程,而九部委《标准施工招标文件》和《招投标法实施条例》中以暂估价工程的形式来处理这类特殊工程分包,暂估价工程如果达到招标规模的也应当对其工程进行招标。暂估价的工程按照一般分包合同进行管理,由承包人与暂估价工程分包人签订分包合同,相关的合同条款是1.1.5.5、15.8。这种特殊工程分包暂估价的一种主要应用,第100章其他工程软件使用和第400章桥梁专项检测等是暂估价的另一种应用。

(四)住建部对工程分包的规定

施工分包,是指建筑业企业将其所承包的房屋建筑和市政基础设施工程中的专业工程或者劳务作业发包给其他建筑业企业完成的活动。

房屋建筑和市政基础设施工程施工分包分为专业工程分包和劳务作业分包。

专业工程分包,是指施工总承包企业(专业分包工程发包人)将其所承包工程中的专业工程发包给具有相应资质的其他建筑业企业(专业分包工程承包人)完成的活动。

劳务作业分包,是指施工总承包企业或者专业承包企业(劳务作业发包人)将其承包工程中的劳务作业发包给劳务分包企业(劳务作业承包人)完成的活动。

劳务作业是指砌筑、抹灰、钢筋、混凝土、木工、脚手架、模板、焊接、水暖电安装、钣金、石制作、油漆、架线等类别的施工作业。而且劳务作业也不得再分包。

1.房屋建筑和市政基础设施工程施工分包管理办法

2004年2月3日建设部颁发了《房屋建筑和市政基础设施工程施工分包管理办法》,2014年8月27日主要对第18条的具体金额处罚修改为住建部依法另行规定。

第10条 分包工程发包人和分包工程承包人应当依法签订分包合同,并按照合同履行约定的义务。分包合同必须明确约定支付工程款和劳务工资的时间、结算方式以及保证按期支付的相应措施,确保工程款和劳务工资的支付。

分包工程发包人应当在订立分包合同后7个工作日内,将合同送工程所在地县级以上地方人民政府住房城乡建设主管部门备案。分包合同发生重大变更的,分包工程发包人应当自变更后7个工作日内,将变更协议送原备案机关备案。

第11条 具体明确为,本单位人员,是指与本单位有合法的人事或者劳动合同、工资以及社会保险关系的人员。

第12条 分包工程发包人可以就分包合同的履行,要求分包工程承包人提供分包工程履约担保;分包工程承包人在提供担保后,要求分包工程发包人同时提供分包工程付款担保的,分包工程发包人应当提供。(编者注:体现了公平原则)

第13条 违反本办法第12条规定,分包工程发包人将工程分包后,未在施工现场设立项目管理机构和派驻相应人员,并未对该工程的施工活动进行组织管理的,视同转包行为。

第15条 禁止转让、出借企业资质证书或者以其他方式允许他人以本企业名义承揽工程。

分包工程发包人没有将其承包的工程进行分包,在施工现场所设项目管理机构的项目负责人、技术负责人、项目核算负责人、质量管理人员、安全管理人员不是工程承包人本单位人员的,视同允许他人以本企业名义承揽工程。

第17条 分包工程发包人对施工现场安全负责,并对分包工程承包人的安全生产进行管理。专业分包工程承包人应当将其分包工程的施工组织设计和施工安全方案报分包工程发包人备案,专业分包工程发包人发现事故隐患,应当及时作出处理。

分包工程承包人就施工现场安全向分包工程发包人负责,并应当服从分包工程发包人对施工现场的安全生产管理。

第18条 违反本办法规定,转包、违法分包或者允许他人以本企业名义承揽工程的,以及接受转包和用他人名义承揽工程的,按《中华人民共和国建筑法》《中华人民共和国招标投标法》和《建设工程质量管理条例》的规定予以处罚。具体办法由国务院住房城乡建设主管部门依据有关法律法规另行制定。(注:2014年修改了该条款以配合以下处罚)

2.建筑工程施工转包违法分包等违法行为认定查处管理办法(试行)

2014年8月4日住建部颁发了《建筑工程施工转包违法分包等违法行为认定查处管理办法(试行)》。具体相关内容摘录如下。

第3条 住房城乡建设部负责统一监督管理全国建筑工程违法发包、转包、违法分包及挂靠等违法行为的认定查处工作。

县级以上地方人民政府住房城乡建设主管部门负责本行政区域内建筑工程违法发包、转包、违法分包及挂靠等违法行为的认定查处工作。

第5条 存在下列情形之一的,属于违法发包:

(1)建设单位将工程发包给个人的;

(2)建设单位将工程发包给不具有相应资质或安全生产许可的施工单位的;

(3)未履行法定发包程序,包括应当依法进行招标未招标,应当申请直接发包未申请或申请未核准的;

(4)建设单位设置不合理的招投标条件,限制、排斥潜在投标人或者投标人的;

(5)建设单位将一个单位工程的施工分解成若干部分发包给不同的施工总承包或专业承包单位的;

(6)建设单位将施工合同范围内的单位工程或分部分项工程又另行发包的;

(7)建设单位违反施工合同约定,通过各种形式要求承包单位选择其指定分包单位的;

(8)法律法规规定的其他违法发包行为。

第7条 存在下列情形之一的,属于转包:

(1)施工单位将其承包的全部工程转给其他单位或个人施工的;

(2)施工总承包单位或专业承包单位将其承包的全部工程肢解以后,以分包的名义分别转给其他单位或个人施工的;

(3)施工总承包单位或专业承包单位未在施工现场设立项目管理机构或未派驻项目负责人、技术负责人、质量管理负责人、安全管理负责人等主要管理人员,不履行管理义务,未对该工程的施工活动进行组织管理的;

(4)施工总承包单位或专业承包单位不履行管理义务,只向实际施工单位收取费用,主要建筑材料、构配件及工程设备的采购由其他单位或个人实施的;

(5)劳务分包单位承包的范围是施工总承包单位或专业承包单位承包的全部工程,劳务分包单位计取的是除上缴给施工总承包单位或专业承包单位"管理费"之外的全部工程价款的;

(6)施工总承包单位或专业承包单位通过采取合作、联营、个人承包等形式或名义,直接或变相的将其承包的全部工程转给其他单位或个人施工的;

（7）法律法规规定的其他转包行为。

第8条　本办法所称违法分包，是指施工单位承包工程后违反法律法规规定或者施工合同关于工程分包的约定，把单位工程或分部分项工程分包给其他单位或个人施工的行为。

第9条　存在下列情形之一的，属于违法分包：

（1）施工单位将工程分包给个人的；

（2）施工单位将工程分包给不具备相应资质或安全生产许可的单位的；

（3）施工合同中没有约定，又未经建设单位认可，施工单位将其承包的部分工程交由其他单位施工的；

（4）施工总承包单位将房屋建筑工程的主体结构的施工分包给其他单位的，钢结构工程除外；

（5）专业分包单位将其承包的专业工程中非劳务作业部分再分包的；

（6）劳务分包单位将其承包的劳务再分包的；

（7）劳务分包单位除计取劳务作业费用外，还计取主要建筑材料款、周转材料款和大中型施工机械设备费用的；

（8）法律法规规定的其他违法分包行为。

第10条　本办法所称挂靠，是指单位或个人以其他有资质的施工单位的名义，承揽工程的行为。

前款所称承揽工程，包括参与投标、订立合同、办理有关施工手续、从事施工等活动。

第11条　存在下列情形之一的，属于挂靠：

（1）没有资质的单位或个人借用其他施工单位的资质承揽工程的；

（2）有资质的施工单位相互借用资质承揽工程的，包括资质等级低的借用资质等级高的，资质等级高的借用资质等级低的，相同资质等级相互借用的；

（3）专业分包的发包单位不是该工程的施工总承包或专业承包单位的，但建设单位依约作为发包单位的除外；

（4）劳务分包的发包单位不是该工程的施工总承包、专业承包单位或专业分包单位的；

（5）施工单位在施工现场派驻的项目负责人、技术负责人、质量管理负责人、安全管理负责人中一人以上与施工单位没有订立劳动合同，或没有建立劳动工资或社会养老保险关系的；

（6）实际施工总承包单位或专业承包单位与建设单位之间没有工程款收付关系，或者工程款支付凭证上载明的单位与施工合同中载明的承包单位不一致，又不能进行合理解释并提供材料证明的；

（7）合同约定由施工总承包单位或专业承包单位负责采购或租赁的主要建筑材料、构配件及工程设备或租赁的施工机械设备，由其他单位或个人采购、租赁，或者施工单位不能提供有关采购、租赁合同及发票等证明，又不能进行合理解释并提供材料证明的；

（8）法律法规规定的其他挂靠行为。

第12条　建设单位及监理单位发现施工单位有转包、违法分包及挂靠等违法行为的，应及时向工程所在地的县级以上人民政府住房城乡建设主管部门报告。

施工总承包单位或专业承包单位发现分包单位有违法分包及挂靠等违法行为，应及时向建设单位和工程所在地的县级以上人民政府住房城乡建设主管部门报告；发现建设单位有违法发包行为的，应及时向工程所在地的县级以上人民政府住房城乡建设主管部门报告。

其他单位和个人发现违法发包、转包、违法分包及挂靠等违法行为的,均可向工程所在地的县级以上人民政府住房城乡建设主管部门进行举报并提供相关证据或线索。

接到举报的住房城乡建设主管部门应当依法受理、调查、认定和处理,除无法告知举报人的情况外,应当及时将查处结果告知举报人。

第 13 条至第 14 条是对违反分包行为的具体处罚。

第 15 条　县级以上人民政府住房城乡建设主管部门应将查处的违法发包、转包、违法分包、挂靠等违法行为和处罚结果记入单位或个人信用档案,同时向社会公示,并逐级上报至住房城乡建设部,在全国建筑市场监管与诚信信息发布平台公示。

练习题

一、单项选择题(每题 1 分,只有 1 个选项最符合题意)

1. 我国《合同法》规定,违约责任(　　　)。
   A. 全部实行过错责任原则　　　　　B. 总体上实行过错责任原则
   C. 全部实行严格责任原则　　　　　D. 总体上实行严格责任原则

2. 关于建设工程分包的说法,正确的是(　　　)。
   A. 劳务作业的分包可以不经建设单位认可
   B. 承包单位可将其承包的全部工程进行分包
   C. 建设工程主体结构的施工可以分包
   D. 建设单位有权直接指定分包工程的承包人

3. 合同内容价款或者报酬不明确的,按照订立合同时(　　　);依法应当执行政府定价或者政府指导价的,按照规定履行。
   A. 履行地市场价格履行　　　　　　B. 履行地批发价格履行
   C. 全国平均市场价格履行　　　　　D. 全国平均批发价格履行

4. 甲公司向乙公司定做一批预制板,乙开工不久,甲需要将预制板加厚,遂要求乙停止制作。关于甲权利义务的说法,正确的是(　　　)。
   A. 甲应支付相应部分报酬　　　　　B. 甲不得中途要求乙停止制作
   C. 甲应支付全部约定报酬　　　　　D. 甲不用赔偿乙的损失

5. 中止履行,是指行使不安抗辩权当事人一方,有权(　　　)。
   A. 撤销合同
   B. 解除合同
   C. 终止合同
   D. 暂时停止合同的履行或者延期履行合同

6. 一旦中止履行的原因排除后,应当(　　　),从而达到实现合同当事人权利的目的。
   A. 重新安排合同　　　　　　　　　B. 申请履行合同
   C. 恢复履行合同　　　　　　　　　D. 马上履行合同

7. 根据《合同法》,下列合同转让生效的是(　　　)。
   A. 某教授与施工企业约定培训一次,但因培训当天临时有急事让自己的博士生代为授课

B. 甲因急用钱便将对乙享有的一万元债权转让给了第三人,便打电话通知了乙

C. 建设单位到期不能支付工程款,书面通知施工企业建设单位已经将债务转让给第三人,请施工企业向第三人主张债权

D. 监理单位将监理合同转让给其他具有相应监理资质的监理单位

8. 债权人代位权,是指债权人为了保障其债权不受损害,而以(　　)代替债务人行使债权的权利。

  A. 自己的名义   B. 他人的名义

  C. 第三人的名义   D. 债务人的名义

9. 下列关于格式条款的说法中,正确的是(　　)。

  A. 格式条款和非格式条款不一致的,应以格式条款为准

  B. 只要合同中写明,提供格式条款的一方无须提请对方注意限制其责任的条款

  C. 对格式条款的理解发生争议的,应当按通常理解予以解释

  D. 对格式条款有两种以上解释的,应作出有利于条款起草方的解释

10. 用电子邮件订立的合同是合同的(　　)。

  A. 口头形式   B. 书面形式

  C. 其他形式   D. 特殊形式

11. 重大误解,是指当事人一方因(　　)导致对合同的内容等发生重大误解而订立的合同的行为。

  A. 一方以欺诈、胁迫的手段   B. 自己的过失

  C. 处于紧张精神状态   D. 缺乏经验的情况下

12. 债权人转让权利的,应当通知(　　)。

  A. 债务人   B. 债权人

  C. 第三人   D. 债权人和债务人

13. 下面关于分包的有关规定说法错误的是(　　)。

  A. 禁止承包单位将其承包的全部建筑工程转包给他人

  B. 禁止承包单位将其承包的全部建筑工程肢解以后以分包的名义分别转包给他人

  C. 分包单位按照分包合同的约定对总承包单位负责

  D. 建筑工程总承包单位按照总承包合同的约定对承包单位负责

14. 若采用数据电文形式订立合同且收件人指定特定系统接收数据电文,则(　　)视为到达时间。

  A. 该数据电文进入该特定系统的时间

  B. 该数据电文进入收件人的任何系统的首次时间

  C. 收件人在该特定系统首次收到该数据电文的时间

  D. 收件人在该特定系统或其他系统首次收到该数据电文的时间

15. 当事人对履行期限约定不明,又不能达成补充协议且无相应交易习惯时,(　　)。

  A. 债权人可随时要求履行,债务人不可随时履行

  B. 债权人不可随时要求履行,债务人可随时履行

  C. 债权人可随时要求履行,债务人可随时履行

  D. 债权人不可随时要求履行,债务人不可随时履行

16.当事人约定由第三人向债权人履行债务的,第三人不履行或不适当履行债务的,应当由(　　)承担违约责任。

    A.第三人向债权人　　　　　　　　　　B.第三人向债务人

    C.债务人向债权人　　　　　　　　　　D.第三人和债务人共同向债权人

17.当事人一方违约时,该合同是否继续履行,取决于(　　)。

    A.违约方是否已经承担违约金　　　　　B.违约方是否已经赔偿损失

    C.对方是否要求继续履行　　　　　　　D.违约方是否愿意继续履行

18.违约金的根本属性是(　　)。

    A.补偿性　　　　　B.制裁性　　　　　C.对等性　　　　　D.合理性

19.当事人既约定违约金,又约定定金的,一方违约时,这两种违约责任(　　)。

    A.只能选择其一　　B.可合并使用　　　C.适用数值较大者　　D.适用数值较小者

20.不可抗力发生后,如果由于当事人通知不及时,而给对方造成损失的扩大,则对(　　)不应当免除责任。

    A.所有损失均　　　B.扩大的损失　　　C.原有损失　　　　D.新增损失

21.受要约人在要约规定的期限内发出的书面承诺,由于水灾导致邮路中断,致使到达要约人的时间超过承诺期限。按照《合同法》的规定,下列选项中正确的是(　　)。

    A.应视为受要约人撤回承诺

    B.若要约人未做出任何表示,则该承诺有效

    C.应视为受要约人撤销承诺

    D.因承诺超过规定期限到达,则该承诺只能无效

22.某施工单位以电子邮件的方式向某设备供应商发出要约,该供应商公布了三个电子邮箱,并且没有特别指定,则此要约的生效时间是(　　)。

    A.该要约进入任一电子邮箱的首次时间　B.该要约进入三个电子邮箱的最后时间

    C.该供应商获悉该要约收到的时间　　　D.该供应商理解该要约内容的时间

23.甲施工单位与乙水泥公司签订一份水泥采购合同,甲签字盖章后邮寄给乙签字盖章。则该合同成立的时间为(　　)。

    A.甲乙达成合意时　　　　　　　　　　B.甲签字盖章时

    C.乙收到合同书时　　　　　　　　　　D.乙签字盖章时

24.在施工合同履行过程中,当事人一方可以免除违约责任的情形是(　　)。

    A.因为建设单位拖延提供图纸,导致建筑公司未能按合同约定时间开工

    B.因为建筑公司自有设备损坏,导致工期拖延

    C.因为发生洪灾,建筑公司无法在合同约定的工期内竣工

    D.因为三通一平工期拖延,建设单位不能在合同约定的时间内提供施工场地

25.甲施工单位向乙预制件厂订制非标购件,合同约定乙收到支票之日三日内发货,后甲顾虑乙经营状况严重恶化,遂要求其先行发货,乙表示拒绝。则乙的行为(　　)。

    A.违约行为　　　　　　　　　　　　　B.行使同时履行抗辩权

    C.行使先履行抗辩权　　　　　　　　　D.行使不安抗辩权

26.某施工单位与采石场签订了石料供应合同,在合同中约定了违约责任。为确保合同履行,施工单位交付了3万元定金。由于采石场未能按时交货,根据合同约定应支付违约金4万

元。则本案中采石场最多应支付给施工单位( )。

    A.10万元   B.7万元   C.6万元   D.4万元

27.下列属于应当承担缔约过失责任的情形的是( )。

    A.施工单位没有按照合同约定的时间完成工程

    B.建设单位没有按照合同约定的时间支付工程款

    C.施工单位在投标时借用了其他企业的资质,在资格预审时没有通过审查

    D.建设单位在发出中标通知书后,改变了中标人

28.某施工合同因承包人重大误解而属于可撤销合同时,则下列表述错误的是( )。

    A.承包人可申请法院撤销合同

    B.承包人享有撤销权而发包人不享有该权利

    C.承包人可放弃撤销权继续认可该合同

    D.承包人放弃撤销权后发包人享有该权利

29.根据不同的分类标准,建设工程施工合同属于( )。

    A.有名合同、双务合同、有偿合同   B.有名合同、双务合同、不要式合同

    C.无名合同、单务合同、要式合同   D.有名合同、单务合同、要式合同

30.依据《合同法》对合同变更的规定,以下表述中正确的是( )。

    A.不论采用何种形式订立的合同,履行期间当事人通过协商均可变更合同约定的内容

    B.采用范本订立的合同,履行期间不允许变更合同约定的内容

    C.采用格式合同的,履行期间不允许变更合同约定的内容

    D.采用竞争性招标方式订立的合同,履行期间不允许变更合同约定的内容

二、多项选择题(每题2分,每题的备选项中,有2个或2个以上符合题意,至少有1个错项。错选,本小题不得分;少选,所选的每个选项得0.5分)

1.合同的内容一般包括以下条款中的( )。

    A.价款或者赔偿   B.违约责任

    C.标的、数量、质量   D.当事人的名称或者姓名和住所

    E.履行期限、地点和方式

2.承诺具有法律约束力的条件包括( )。

    A.由受要约人向要约人作出   B.以书面形式作出

    C.对要约的同意   D.由承诺人向受要约人作出

    E.在要约有效期限内作出

3.在下列情况中,当事人应当承担缔约过失责任的是( )。

    A.以欺诈、胁迫手段订立合同

    B.假借订立合同,恶意进行磋商

    C.提供虚假情况

    D.不正当使用在订立合同中知悉的商业秘密

    E.故意隐瞒与订立合同有关的重要事实

4.根据《建设工程质量管理条例》,属于违法分包的情形有( )。

    A.总承包单位将建设工程分包给不具备相应资质条件的单位的

    B.主体结构的劳务作业分包给具有相应资质的劳务分包企业的

C. 建设工程总承包合同中未有约定,又未经建设单位认可,承包单位将其承包的部分工程交由其他单位完成

D. 施工总承包单位将建设工程的主体结构的施工分包给其他单位的

E. 分包单位将承包的建设工程再分包的

5. 甲建设单位发包某大型工程项目,乙是总承包单位,丙是具有相应专业承包资质的施工单位,丁是具有劳务分包资质的施工单位,下列关于该项目发包、分包的说法中,正确的有( )。

A. 乙可以将专业工程分包给丙　　　　B. 丙可以将劳务作业分包给丁

C. 乙可以将劳务作业分包给丁　　　　D. 甲可以将专业工程发包给丙

E. 甲可以将劳务作业分包给丁

6. 合同是否无效的确认权归( )。

A. 工商行政管理部门　　　　　　　　B. 人民法院

C. 当事人主管部门　　　　　　　　　D. 仲裁机构

E. 未违约的当事人一方

7. 在下列合同中,属于效力特定合同的是( )。

A. 无民事行为能力人订立的合同　　　B. 限制民事行为能力人订立的合同

C. 无权代理的行为人订立的合同　　　D. 法定代表人、负责人越权订立的合同

E. 无处分权处分他人财产的合同

8. 在下列关于合同变更的表述中,正确的有( )。

A. 须经当事人协商一致　　　　　　　B. 可由当事人任何一方作出

C. 是对合同内容的变更　　　　　　　D. 是对合同当事人的变更

E. 内容约定不明的推定为未变更

9. 施工企业乙经建设单位甲同意,将部分非主体工程分包给施工企业丙,丙又将其中部分工程违法分包给施工企业丁。后丁因工作失误致使工程不合格,甲欲索赔。关于责任承担的说法,正确的有( )。(注:该题有难度)

A. 甲有权要求乙承担民事责任　　　　B. 甲有权要求丙承担民事责任

C. 甲无权要求丁承担民事责任　　　　D. 乙向甲承担民事责任后,有权向丙追偿

E. 丙向乙承担民事责任后,有权向丁追偿

10. 根据我国法律规定,下列合同转让行为无效的是( )。

A. 甲将中标的某项目全部转让给乙施工单位

B. 甲将自己对乙单位的一笔债务部分转让给丙公司,随后通知乙单位

C. 甲将中标的某项目的劳务作业全部分包给具有相应资质的丁企业

D. 甲不顾合同约定的不得转让债权条款,将自己对乙单位的一笔债权转让给丙公司

E. 甲将自己对乙单位的一笔债权转让给丙公司,随后通知乙单位

11. 下列选项中,属于无效合同的有( )。

A. 供应商欺诈施工单位签订的采购合同

B. 村委会负责人为获得回扣与施工单位高价签订的村内道路施工合同

C. 施工单位将工程转包给他人签订的转包合同

D. 分包人擅自将发包人供应的钢筋变卖而签订的买卖合同

E. 施工单位与房地产开发商签订的垫资施工合同

12.施工单位由于重大误解,在订立买卖合同时将想购买的 A 型钢材误写为买 B 型钢材,则施工单位( )。

    A.只能按购买 A 型钢材履行合同   B.应按效力待定处理该合同

    C.可以要求变更重新购买   D.可以要求撤销该合同

    E.可以要求确认该合同无效

13.关于违约金条款的适用,下列说法正确的有( )。

    A.约定的违约金低于造成的损失的,当事人可以请求人民法院或者仲裁机构予以增加

    B.违约方支付迟延履行违约金后,另一方仍有权要求其继续履行

    C.当事人既约定违约金,又约定定金的,一方违约时,对方可以选择适用违约金条款或定金条款

    D.当事人既约定违约金,又约定定金的,一方违约时,对方可以同时适用违约金条款及定金条款

    E.约定的违约金高于造成的损失的,当事人可以请求人民法院或者仲裁机构按实际损失金额调减

14.甲建筑公司收到了某水泥厂寄发的价目表但无其他内容。甲按标明价格提出订购1000t 水泥,并附上主要合同条款,却被告知因原材料价格上涨故原来的价格不再适用,要采用提价后的新价格,则下列说法正确的是( )。

    A.水泥厂的价目表属于要约邀请   B.甲建筑公司的订购表属于要约

    C.水泥厂的价目表属于要约   D.水泥厂的新报价属于承诺

    E.水泥厂新报价属于新要约

15.根据《合同法》的相关规定,下列施工合同履行过程中发生的情形,当事人可以解除合同的有( )。

    A.发生泥石流将拟建工厂选址覆盖

    B.由于报价失误,施工单位在订立合同后表示无力履行

    C.建设单位延期支付工程款,经催告后同意提供担保

    D.施工单位施工组织不力,导致工程工期延误,使该项目已无投产价值

    E.施工单位未经建设单位同意,擅自更换了现场技术人员

16.甲施工单位将脚手架安装作业分包给乙单位,后因脚手架质量问题导致甲方工人丙跌落受伤,则下列关于本案中责任承担的说法中,正确的是( )。

    A.甲可要求乙承担违约责任   B.甲可要求乙承担授权责任

    C.丙可要求乙承担违约责任   D.丙可要求脚手架生产厂家承担违约责任

    E.丙可要求甲承担赔偿责任

三、思考题

1.简述合同法律关系的概念、特征及构成要素。

2.简述自然人与法人的概念及区别。

3.简述合同的概念及种类。

4.合同内容的示范条款有哪些?

5.简述要约与承诺的概念、特点及法律效力,要约与要约邀请的区别。

6.简述合同的成立与合同的生效的概念。

7.简述无效合同、可撤销合同和效力待定合同的概念。

8. 合同转让是否属于从合同？

9. 简述合同履行的原则与合同欠缺的补救。

10. 简述合同履行中的抗辩权、代位权和撤销权的概念。

11. 简述承担违约责任的原则、条件和方式。

12. 合同法律关系中的"抗辩"一词，通俗的含义是什么？

第三章
工程施工招标投标和
公路施工承包合同

第一节 ＞ 工程招标投标概述

一、工程招标投标的过程和主要工作

工程招标投标的过程就是合同订立的过程。招标人是买方,投标人是卖方。招标是招标人(业主、发包人或建设单位)通过市场竞争的方式,希望采购获得功能强、质量好、价格合理的工程、成果或服务(如房屋、公路、桥梁、隧道、设计、监理服务等)的活动。投标是投标人在按照并响应招标文件的条件下提出竞争性报价和实现方案以获得任务的活动。图 3-1 所示是招标投标重要的时间点,图中横线上方是招标人的主要工作,下方是投标人的主要工作。

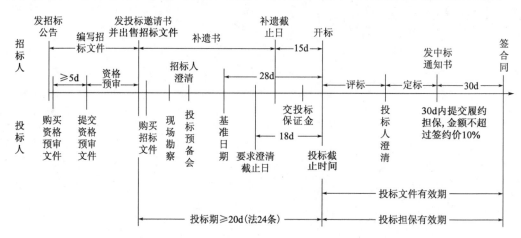

图 3-1 工程招标投标(合同订立)的过程图

二、工程招标投标的法律特征和经济特征

(一)工程招标投标的法律特征

工程招标投标就是工程合同订立的过程,包含了要约和承诺两个阶段,是一种法律行为,

应该遵守相关的法律法规以及规章等规定,当事人的权利受法律的保护。因此,作为工程技术管理人员应该掌握招标人和投标人在招标投标过程中享有的相关权利和应履行的相关义务(责任或职责)。

(二)工程招标投标的经济特征

工程招标投标是市场竞争的表现形式,是建设市场的一种交易方式,是建筑产品价格形成的方式。通过市场竞争、秘密报价、择优选取中标人,实现建设市场资源使用效率的最大化。

🌐 三、工程招标投标的原则和法律法规等相关依据

《招标投标法》第5条规定,招标投标活动应当遵循公开、公平、公正和诚信的原则。

工程招标投标依据的主要法律法规如下。

(1)相关法律包括《政府采购法》《招标投标法》《合同法》《建筑法》《反不正当竞争法》《安全生产法》等。

(2)相关法规包括《政府采购法实施条例》《招标投标法实施条例》《建设工程质量管理条例》《建设工程安全生产管理条例》等。

(3)部门规章或规范性文件包括:

①发改委的《关于废止和修改部分招标投标规章和规范性文件的决定》(2013年23号令)、招标范围和规模标准规定、评标委员会和评标方法暂行规定、工程建设项目施工招标投标方法。

②九部委的《标准施工招标资格预审文件》(2007年版)、《标准施工招标文件》(2007年版)、《标准设计施工总承包招标文件》(2012年版)、《简明标准施工招标文件》(2012年版)。

③交通运输部的《公路工程建设项目招标投标管理办法》(2016年版)(简称《招投标管理办法》)、《公路建设市场管理办法》(2011年版)、《公路工程建设项目评标工作细则》(2017年版)、《公路工程标准施工招标资格预审文件》(2009年和2018年版)、《公路工程标准施工招标文件》(2009年和2018年版)(简称《公路工程招标文件》(2009年版和2018年版),注:2018年3月1日以前完成的招标项目按照2009年版施行)。

④住建部《建设工程施工合同(示范文本)》(GF-2013-0201)[简称住建部《示范文本》(2013年版)]。

🌐 四、工程招标的法定方式和几种工程招标

我国工程招标的法定方式有两种:公开招标(无限竞争)和邀请招标(有限竞争,不少于三家)。国际工程还可以有议标(又称谈判招标,是一对一的无竞争)方式。

工程招标主要有勘察设计招标、施工招标、监理招标、材料设备采购招标、设计施工总承包招标。在已经有设计图纸的情况下进行的招标称为构造招标,在没有设计图纸的情况下进行的招标称为功能招标,设计施工总承包招标属于功能招标。

🌐 五、工程招标的监督管理

《中华人民共和国招标投标法实施条例》(简称《招投标法实施条例》)第4条规定,国务院发展改革部门指导和协调全国招标投标工作,对国家重大建设项目的工程招标投标活动实施监督检查。国务院工业和信息化、住房城乡建设、交通运输、铁道、水利、商务等部门,按照规定的职责分工对有关招标投标活动实施监督。

招标投标的监管部门有两个,一个是发改委,另一个是各专业建设主管部门。在招标投标活动中如需投诉,可以分别向这两个部门提出,但先收到的部门负责受理。作为公路工程(含桥梁隧道等)由交通运输部依法负责全国公路工程施工招标投标活动的监督管理。县级以上地方人民政府交通主管部门按照各自职责依法负责本行政区域内公路工程施工招标投标活动的监督管理。

第二节 ▶ 公路工程施工招标

一、公路工程施工项目必须进行招标的范围和规模

《招投标法实施条例》的第3条规定,依法必须进行招标的工程建设项目的具体范围和规模标准,由国务院发展改革部门会同国务院有关部门制订,报国务院批准后公布施行。根据《立法法》第12条第2款(旧为第10条第3款)规定,"被授权机关不得将所授权力转授给其他机关",所以地方是无权确定依法必须进行招标的工程建设项目的具体范围和规模标准的,《招投标法实施条例》取消了征求意见稿中可以授权地方确定范围和规模的权利;解决了多年来地方规定单项合同100万以上就必须招标,而当时国家规定单项合同200万以上才必须招标之间的矛盾,真正做到了"严格执法"、"依法行政"。因此,依据条例,交通运输部《公路工程建设项目招标投标管理办法》(2016年版)以国家发改委经国务院批准的范围和规模为准,不作具体规定,以适应国家规定的要求。2018年3月27日国家发改委发布了经国务院(国函〔2018〕56号)批准的《必须招标的工程项目规定》,其第5条规定:"本规定第2条至第4条规定范围内的项目,其勘察、设计、施工、监理以及与工程建设有关的重要设备、材料等的采购达到下列标准之一的,必须招标:

(1)施工单项合同估算价在400万元人民币以上;

(2)重要设备、材料等货物的采购,单项合同估算价在200万元人民币以上;

(3)勘察、设计、监理等服务的采购,单项合同估算价在100万元人民币以上。

同一项目中可以合并进行的勘察、设计、施工、监理以及与工程建设有关的重要设备、材料等的采购,合同估算价合计达到前款规定标准的,必须招标。"

该新规定将规模限制提高一倍,而且删除了2000年发改委3号令中第(4)项总投资3000万的限制;删除了原发改委3号令中"省、自治区、直辖市人民政府根据实际情况,可以规定本地区必须进行招标的具体范围和规模标准,但不得缩小本规定确定的必须进行招标的范围"的规定,明确全国执行统一的规模标准,各地不得另行调整。

二、公路工程施工招标对招标人的要求

公路工程施工招标的招标人应当是提出公路工程施工招标项目、进行公路工程施工招标的项目法人。

招标的组织形式有代理招标和自行招标两种形式。招投标法第12条共3款如下:

招标人有权自行选择招标代理机构,委托其办理招标事宜。任何单位和个人不得以任何方式为招标人指定招标代理机构。

招标人具有编制招标文件和组织评标能力的,可以自行办理招标事宜。任何单位和个人不得强制其委托招标代理机构办理招标事宜。

依法必须进行招标的项目,招标人自行办理招标事宜的,应当向有关行政监督部门备案。

新修改招标投标法取消了第 13 条第 2 款第(3)项招标代理机构资质的审批要求。

三、《公路工程标准施工招标文件》的主要内容和相关规定

(一)《公路工程标准施工招标文件》的使用说明

交通运输部《公路工程标准施工招标文件》(2018 年版)以《标准施工招标文件》(2007 年版)为依据,考虑到公路工程施工的招标特点和管理需要编制而成。

《公路工程标准施工招标文件》(2018 年版)适用于各等级公路和桥梁、隧道建设项目,且设计和施工不是由同一承包人承担的工程施工招标。

招标人根据《公路工程标准施工招标文件》编制项目招标文件时,不得修改"投标人须知"和"评标办法"正文,但可在前附表中对"投标人须知"和"评标办法"进行补充、细化,补充和细化的内容不得与"投标人须知"和"评标办法"正文内容相抵触。

(二)投标人须知的主要内容

1. 投标人须知前附表

投标人须知前附表的内容对应于投标人须知正文相关条款号,主要有:项目概况,资金来源和落实情况,招标范围、计划工期、质量要求和安全要求,投标预备会的时间和形式;构成招标文件的其他材料;增值税税金计算方法,投标有效期,工程量清单的填写方式(固化或书面),投标人须知前附表规定的其他材料;投标保证金的要求和计息原则;开标时间和地点等。

2. 投标人须知正文

投标人须知正文有 10 点:总则,招标文件,投标文件,投标,开标,评标,合同授予,纪律和监督,是否采用电子招标,需要补充的其他内容。

《公路工程招标文件》(2018 年版)加强的信息化管理,资格审查时广泛采用申请人或投标人在国家企业信用公示系统、"信用中国"网站和"全国或省级公路建设市场信用信息管理系统"中的资质与业绩数据。投标人须知加强了投标人的诚信要求。当采用资格后审形式时,第3.5.11 项具体规定为:招标人将有权核查投标人在招标文件中提供的材料,若在评标期间发现投标人提供了虚假资料,其投标将被否决;若在签订合同前发现作为中标候选人的投标人提供了虚假资料,招标人有权取消其中标资格;若在合同实施期间发现投标人提供了虚假资料,招标人有权从工程支付款或履约保证金中扣除不超过 10% 签约合同价的金额作为违约金。同时招标人将投标人上述弄虚作假行为上报省级交通主管部门,作为不良记录纳入公路建设市场信用信息管理系统。

(三)《公路工程招标文件》的主要内容

公路工程招标文件的主要内容有:

(1)招标公告(或投标邀请书)。

(2)投标人须知。

(3)评标办法。

(4)合同条款及格式。

(5)工程量清单。

(6)图纸。

(7)技术规范。

(8)工程量清单计量规则。

(9)投标文件格式。

(10)投标人须知前附表规定的其他材料。

招标文件所作的澄清、修改,构成招标文件的组成部分。当招标文件、招标文件的澄清或修改等在同一内容的表述上不一致时,以最后发出的书面文件为准。

(四)招标过程中不参加评标基准价计算的投标文件或被否决的投标文件

1. 在开标时四种不参加评标基准价计算的投标文件

若采用合理低价法或综合评分法时,开标过程中,若招标人发现投标文件出现以下任一情况,其投标报价将不再参加评标基准价的计算:

(1)未在投标函上填写投标总价。

(2)投标报价或调整函中的报价超出招标人公布的最高限价(如有)。

(3)投标报价或调价函中报价的大写金额无法确定具体数值。

(4)投标函上填写的标段号与投标文件封套上标记的标段号不一致。

以上四种投标文件,评标委员会也将否决其投标,不过招标人开标时是无权否决其投标的。

2. 在评标时被否决的投标文件

在相应评标办法前附表中约定的各种情况,主要针对重大偏差情况明确了否决投标规定,具体细节规定参见《公路工程标准施工招标文件》(2018 年版)的评标办法。2018 年版较大修改是按照合同法鼓励交易原则减少了否决投标(废标)的条件,投标文件页码不连续属于细微偏差,减少签字工作量,不要逐页小签,只需在投标函中签字或盖章等。

《招标投标法实施条例》条例第 51 条评标委员会应当否决其投标的第 1 项条件是:投标文件未经投标单位盖章和单位负责人签字。对于条例第 51 条的否决投标条件,发改委主编的《招标投标法实施条例释义》内容为:

理解和适用该规定,需要注意以下几点:一是否决投标的前提是既未经单位盖章,也没有单位负责人签字,换句话说,二者具备其一就不应当否决其投标,以减少否决投标情况的发生。实践中,招标人对投标文件提出既要盖章又要签字的要求,不符合鼓励交易的原则。二是单位负责人是指单位法定代表人或者法律、行政法规规定代表单位行使职权的主要负责人。因此,单位负责人需要根据投标单位的性质来确定。投标单位是法人的,单位负责人是指投标单位的法定代表人。投标单位是其他组织的,单位负责人是指投标单位的主要负责人。个人参加科研项目投标的,"单位负责人"是指其本人。三是单位负责人授权代理人签字的,投标文件应附授权委托书。投标文件只有代理人签字，没有授权委托书，也没有盖投标人单位章的，评标委员会也应当否决其投标。四是投标文件的签字盖章要求主要是针对投标函的。投标函是投标文件最重要的组成部分，一般均作为合同文件的内容。如果将签字盖章要求泛化到投标文件的各个部分，会导致无谓的和过多的否决投标，不符合鼓励交易的原则。

（五）工程量清单

工程量清单，又叫工程数量清单，是工程招标以及施工时计量与支付的重要依据，在工程实施（交通运输部的含义是施工）期间，对工程费用起控制作用。

1. 工程量清单编写原则

工程量清单编写原则有：

（1）与技术规范保持一致。

（2）便于计量支付。

（3）便于合同管理及处理工程变更。

（4）保持合同的公平性。

2. 工程量清单的内容

按上述原则编制的工程量清单，其内容分为前言（说明）、工程子目、计日工表、暂估价表、投标报价汇总表和工程量清单单价分析表六部分，详见《公路工程招标文件》（2018年版）。

（1）前言（或说明）

前言（或说明）也被称为清单序言，它由工程量清单说明、投标报价说明、计日工说明和其他说明四个部分组成，主要对工程项目的工作范围和内容、计量方法和方式、费用计算的依据、在工程实施期间如何对工程进行计量和支付进行说明。当工程发生变更或费用索赔时，监理人将根据它来确定单价。

（2）工程子目

工程子目（也称工程细目）又叫分项清单表，是招标工程中按章的顺序排列的各个子目表。表中有子目号、子目名称、工程数量、单位、单价及金额栏目，其格式如表3-1所示，其中单价或金额栏的数字一般由投标人投标时填写，而清单的其他部分由招标人或者招标代理机构在编制招标文件时确定。

工程量清单格式　　　　　　　　　　　　　　　　表3-1

子目号	子目名称	单位	工程数量	单价	合价或金额
203-1-a	挖土方	m³	500000	15.00	7500000
203-1-d	挖淤泥换填	m³	10000	30.00	300000

工程子目分章排列，有利于将不同性质、不同部位、不同施工阶段或其他特性的不同的工程区别开来，同时也有利于将那些需要采用不同施工方法或成本不同的工程区别开来。

（3）计日工表

计日工也称散工或点工，指在工程施工中，业主可能有一些临时性的或新增加的内容，其工程量在招标阶段难以估计，希望通过招标阶段事先定价，避免施工中如有发生引起争议，故需要以计日工明细表的方法在工程量清单中予以明确。

计日工表由劳务、材料、施工机械和计日工汇总表组成,如表3-2～表3-5所示。投标人报出单价,计算出计日工总额后列入工程量清单汇总表中并进入评标价形成竞争。

劳　　务 表3-2

编号	子目名称	单位	暂定数量 (由招标人给出)	单价 (投标人填)	合价
101	班长	h			
102	普通工	h			
⋮	⋮	⋮	⋮	⋮	⋮
劳务小计金额:			(计入"计日工汇总表")		

材　　料 表3-3

编号	子目名称	单位	暂定数量 (由招标人给出)	单价 (投标人填)	合价
201	水泥	t			
202	钢筋	t			
⋮	⋮	⋮	⋮	⋮	⋮
材料小计金额:			(计入"计日工汇总表")		

施　工　机　械 表3-4

编号	子目名称	单位	暂定数量 (由招标人给出)	单价 (投标人填)	合价
301	1.5m³ 装载机	h			
302	90kW 以下推土机	h			
⋮	⋮	⋮	⋮	⋮	⋮
施工机械小计金额:			(计入"计日工汇总表")		

计日工汇总表 表3-5

名　称	金　额	备　注
劳务		
材料		
施工机械		
计日工总计:	(计入"投标报价汇总表")	

(4)投标报价汇总表

投标报价汇总表(又称工程量清单汇总表)是将各章的工程子目表及计日工表进行汇总,再加上一定比例或数量(按招标文件规定)的暂列金额得出的项目总报价,该报价与投标函中填写的投标总价是一致的,其格式如表3-6所示。请读者注意,第100～700章清单合计已经包含暂估价,暂估价的作用在第二章第三节第三点(三)的"4.分包人的违约责任和暂估价的应用"中有详细说明。

投标报价汇总表　　　　　　　　　　　　　　表 3-6

序　　号	章　　次	科　目　名　称	金额(元)
1	100	总则	
2	200	路基	
3	300	路面	
4	400	桥梁、涵洞	
5	500	隧道	
6	600	安全设施及预埋管线	
7	700	绿化及环境保护设施	
8		第 100～700 章清单合计	
9		已包含在清单合计中的材料、工程设备、专业工程暂估价合计	
10		清单合计减去材料、工程设备、专业工程暂估价合计(即 8 - 9 = 10)	
11		计日工合计	
12		暂列金额(不含计日工总额)	
13		投标报价(8 + 11 + 12) = 13	

🌐 四、招标公告发布和编制招标文件的时间要求

《招标投标法实施条例》第 16 条和第 17 条的内容如下:

第 16 条　招标人应当按照资格预审公告、招标公告或者投标邀请书规定的时间、地点发售资格预审文件或者招标文件。资格预审文件或者招标文件的发售期不得少于 5 日。

第 17 条　招标人应当合理确定提交资格预审申请文件的时间。依法必须进行招标的项目提交资格预审申请文件的时间,自资格预审文件停止发售之日起不得少于 5 日。

《招标投标法》第 24 条的内容如下:

招标人应当确定投标人编制投标文件所需要的合理时间;但是,依法必须进行招标的项目,自招标文件开始发出之日起至投标人提交投标文件截止之日止,最短不得少于二十日。

🌐 五、招标文件的批准或备案

《公路工程建设项目招标投标管理办法》第 17 条和第 60 条的内容如下:

第 17 条　招标人应当按照省级人民政府交通运输主管部门的规定,将资格预审文件及其澄清、修改,招标文件及其澄清、修改报相应的交通运输主管部门备案。

第 60 条　依法必须进行招标的公路工程建设项目,有下列情形之一的,招标人在分析招标失败的原因并采取相应措施后,应当依照本办法重新招标:

(1)通过资格预审的申请人少于 3 个的;

(2)投标人少于 3 个的;

(3)所有投标均被否决的;

(4)中标候选人均未与招标人订立书面合同的。

重新招标的,资格预审文件、招标文件和招标投标情况的书面报告应当按照本办法的规定重新报交通运输主管部门备案。

重新招标后投标人仍少于 3 个的,属于按照国家有关规定需要履行项目审批、核准手续的依法必须进行招标的公路工程建设项目,报经项目审批、核准部门批准后可以不再进行招标;

其他项目可由招标人自行决定不再进行招标。

依照本条规定不再进行招标的,招标人可以邀请已提交资格预审申请文件的申请人或者已提交投标文件的投标人进行谈判,确定项目承担单位,并将谈判报告报对该项目具有招标监督职责的交通运输主管部门备案。

六、标底的编制要求和作用

标底是工程施工项目预期的市场价格,是衡量投标报价是否合理的重要依据。

根据法律和法规的规定,招标项目可以不设标底,进行无标底招标。招标人设定标底的,可自行编制标底或者委托具备相应资格的单位编制标底。标底编制应当符合国家有关工程造价管理的规定,并应当控制在批准的概算以内。招标人应当采取措施,在开标前做好标底的保密工作。《招标投标法实施条例》第50条规定,招标项目设有标底的,招标人应当在开标时公布。标底只能作为评标的参考,不得以投标报价是否接近标底作为中标条件,也不得以投标报价超过标底上下浮动范围作为否决投标的条件。标底与概算价、预算价、投标价、评标价、最高限价、《招标投标法》中的成本价等关系,将在本节第"十"的第"(三)"的"6. 评标过程中对低于成本价竞标的认定"中讨论。

七、对投标人的资质要求和资格审查要求的公平性

招标文件中关于投标人的资质要求,应当符合法律、行政法规的规定。《招标投标法实施条例》第32条规定,不得以不合理的条件限制、排斥投标人。例如,招标人设定的资格、技术、商务条件与招标项目的具体特点和实际需要不相适应或者与合同履行无关,规定以获得本地区奖项等要求作为评标加分条件或者中标条件等,就属于不合理限制。

八、资格审查

资格审查分为资格预审和资格后审两类,资格预审是在招标文件发布前先进行资格审查,资格后审是在评标时进行资格审查。资格预审的审查对象称为"申请人",资格预审分为初步审查和详细审查,审查方法分为合格制(不打分不限家数)和有限数量制(打分且限制家数)。而资格后审的对象称为"投标人",资格审查含在评标的初步评审中,只有合格制,资格后审的标准和其他要求与预审相同。《公路工程建设项目招标投标管理办法》第10条规定原则上采用资格后审办法对投标人进行资格审查;第13条规定资格预审审查办法原则上采用合格制。本节只介绍资格后审内容。

(一)投标人的资格条件要求

(1)投标人应具备须知1.4.1的承担本标段施工的资质条件、能力和信誉。包括:资质条件、财务要求、业绩要求、信誉要求、项目经理资格和其他要求。详见资格审查条件附录1-7。

(2)投标人须知前附表规定接受联合体投标的,除应符合投标人上述应具备承担本标段施工的资质条件、能力和信誉要求以及投标人须知前附表的要求外,还应遵守以下规定:

①联合体各方应按招标文件提供的格式签订联合体协议书,明确联合体牵头人和各方权利义务,并承诺就中标项目向招标人承担连带责任。

②由同一专业的单位组成的联合体,按照资质等级较低的单位确定资质等级。

应正确理解该条款,《标准施工招标文件使用指南》(2007 年版)注释:考核资格条件应以联合体协议书中规定的分工为依据,不承担联合体协议有关专业工程的成员,其相应的专业资质不作为该联合体成员中同一专业单位的资质进行考核。例如,A 公司是桥梁一级隧道二级资质,B 公司是桥梁二级隧道一级资质,当 AB 两公司组成联合体时,联合体协议书规定 A 公司只施工桥梁而 B 公司只施工隧道,那么应该被认定为桥梁一级和隧道一级资质;反之,A 公司既施工桥梁又施工隧道,B 公司也施工桥梁和隧道,则被认定为桥梁二级和隧道二级资质。

③联合体各方不得再以自己名义单独或参加其他联合体在同一标段中投标。

④联合体各方应分别按照本招标文件的要求,填写投标文件中的相应表格,并由联合体牵头人负责对联合体各成员的资料进行统一汇总后一并提交给招标人;联合体牵头人所提交的投标文件应认为已代表了联合体各成员的真实情况。

⑤尽管委任了联合体牵头人,但联合体各成员在投标、签约与履行合同过程中,仍负有连带的和各自的法律责任。

(3)投标人(包括联合体各成员)不得与本标段相关单位存在下列关联关系:

①为招标人不具有独立法人资格的附属机构(单位);

②与招标人存在利害关系且可能影响招标公正性;

③与本标段的其他投标人同为一个单位负责人;

④与本标段的其他投标人存在控股、管理关系;

⑤为本标段前期准备提供设计或咨询服务的法人或其任何附属机构(单位);

⑥为本标段的监理人;

⑦为本标段的代建人;

⑧为本标段的招标代理机构;

⑨与本标段的监理人或代建人或招标代理机构同为一个法定代表人;

⑩与本标段的监理人或代建人或招标代理机构存在控股或参股关系;

⑪法律法规或投标人须知前附表规定的其他情形。

(4)投标人(包括联合体各成员)不得存在下列不良状况或不良信用记录:

①被省级及以上交通运输主管部门取消招标项目所在地的投标资格且处于有效期内;

②被责令停业,暂扣或吊销执照,或吊销资质证书;

③进入清算程序,或被宣告破产,或其他丧失履约能力的情形;

④在国家企业信用信息公示系统(http://www.gsxt.gov.cn/)中被列入严重违法失信企业名单;

⑤在"信用中国"网站(http://www.creditchina.gov.cn/)中被列入失信被执行人名单;

⑥投标人或其法定代表人、拟委任的项目经理在近三年内有行贿犯罪行为的(行贿犯罪行为的认定以检察机关职务犯罪预防部门出具的查询结果为准);

⑦法律法规或投标人须知前附表规定的其他情形。

(二)资格审查资料和资格审查办法

资格审查资料包括"投标人基本情况表"和其他资格条件等。资格后审的审查办法含在评标办法中不需要单独进行,在评标的初步评审过程中在形式评审后,进行资格评审,最后响应性评审;资格后审只有合格要求,与资格预审相比不存在有限数量要求。

🌐 九、公路工程施工招标的条件

根据《公路工程建设项目招标投标管理办法》第 8 条共有 3 款规定如下：

对于按照国家有关规定需要履行项目审批、核准手续的依法必须进行招标的公路工程建设项目，招标人应当按照项目审批、核准部门确定的招标范围、招标方式、招标组织形式开展招标。

公路工程建设项目履行项目审批或者核准手续后，方可开展勘察设计招标；初步设计文件批准后，方可开展施工监理、设计施工总承包招标；**施工图设计文件批准后，方可开展施工招标**。

施工招标采用资格预审方式的，**在初步设计文件批准后，可以进行资格预审**。

按照第一章图 1-2 公路建设项目建设程序，可行性研究批准后成立项目法人（业主），业主委托设计，落实建设资金，施工招标。

（一）成立项目法人（业主）

《公路建设市场管理办法》第 11 条和第 12 条的对于项目法人的规定如下：公路建设项目依法实行项目法人负责制。项目法人可自行管理公路建设项目，也可委托具备法人资格的项目建设管理单位进行项目管理。收费公路建设项目法人和项目建设管理单位进入公路建设市场实行备案制度。

（二）业主委托设计

公路工程设计一般采用两阶段设计，分为初步设计和施工图设计。

1. 初步设计

初步设计的**概算**以及初步设计图纸（有比较方案、粗糙，有些尺寸还未确定等）及技术资料等。

2. 施工图设计

施工图**预算**以及施工图设计图纸（已经确定方案、详细，尺寸已经确定等）及技术资料等。

（三）建设资金已经落实的具体要求

根据《建筑工程施工许可管理办法》的规定，建设资金已经落实是指建设工期不足一年的，到位资金原则上不得少于工程合同价的 50%；建设工期超过一年的，到位资金原则上不得少于工程合同价的 30%。建设单位应当提供银行出具的到位资金证明，有条件的可以实行银行付款保函或者其他第三方担保。

（四）招标公告的招标条件格式

目前交通运输部强制性要求施工图设计批准后方可发布施工招标公告（目的是减少施工中设计变更），且原则上采用资格后审方式；如果采用资格预审则要报批后可以在初步设计批准后进行。

1. 资格后审的招标公告中招标条件如下：

本招标项目（项目名称）已由（项目审批、核准或备案机关名称）以（批文名称及编号）批准建设,**施工图设计**已由(批准机关名称)以(批文名称及编号)批准,项目业主为(项目法人),建设资金来自(资金来源),出资比例为(填入数字),招标人为(项目法人、代建单位)。项目已具备招标条件,现**对该项目的施工进行公开招标。**

2.资格预审的招标公告中招标条件如下:

本招标项目(项目名称)已由(项目审批、核准或备案机关名称)以(批文名称及编号)批准建设,**初步设计**已由(批准机关名称)以(批文名称及编号)批准,项目业主为(项目法人),建设资金来自(资金来源),出资比例为(填入数字),招标人为(项目法人、代建单位)。项目已具备招标条件,现进行公开招标,**特邀请有兴趣的潜在投标人(以下简称申请人)提出资格预审申请。**

十、公路工程施工招标程序

(一)公路工程施工招标程序

公路工程施工招标程序可以参见图3-1。有关施工招标程序具体细节内容,详见交通运输部《公路工程建设项目招标投标管理办法》的第11条规定:

(1)编制资格预审文件;

(2)发布资格预审公告,发售资格预审文件,公开资格预审文件关键内容;

(3)接收资格预审申请文件;

(4)组建资格审查委员会对资格预审申请人进行资格审查,资格审查委员会编写资格审查报告;

(5)根据资格审查结果,向通过资格预审的申请人发出投标邀请书;向未通过资格预审的申请人发出资格预审结果通知书,告知未通过的依据和原因;

(6)编制招标文件;

(7)发售招标文件,公开招标文件的关键内容;

(8)需要时,组织潜在投标人踏勘项目现场,召开投标预备会;

(9)接收投标文件,公开开标;

(10)组建评标委员会评标,评标委员会编写评标报告、推荐中标候选人;

(11)公示中标候选人相关信息;

(12)确定中标人;

(13)编制招标投标情况的书面报告;

(14)向中标人发出中标通知书,同时将中标结果通知所有未中标的投标人;

(15)与中标人订立合同。

采用资格后审方式公开招标的或邀请招标的,在完成招标文件编制并发布招标公告后或发出投标邀请书后,按照前款程序第(7)项至第(15)项进行。

(二)接受投标人的投标文件并公开开标

招标人对投标人按时送达并符合密封要求的投标文件,应当签收,并妥善保存。未通过资格预审的申请人提交的投标文件,以及逾期送达或者不按照招标文件要求密封的投标文件,招标人应当拒收。

(三)评标并推荐中标人

公路工程施工招标的评标办法分为两大类共四种,第一类是**经评审的最低投标价法**,第二类是**综合评估法**包括合理低标价法、技术评分最低价法和综合评分法。公路工程施工招标的评标,一般采用合理低标价法或者技术评分最低价法。技术特别复杂的特大桥梁和特长隧道项目主体工程,可以采用综合评分法。工程规模较小、技术含量较低的工程,可以采用经评审的最低投标价法。不同的评标方法其分值构成和评分标准不同,但是四种方法都是由评标办法前附表和评标办法正文组成。

1. 评标办法前附表内容

评标办法前附表对应于评标办法正文相关条款号,主要有:形式评审与响应性评审标准,资格评审标准,分值构成,评标基准价计算方法,评标价的偏差率计算公式,施工组织设计、项目管理机构、评标价、其他因素的权重分值与评分标准。

2. 评标办法正文

评标办法正文包括评标方法(规定采用何种方法)、评审标准和评标程序。

3. 综合评分法

(1)综合评分法的分值构成(第一信封不超满分的50%)

各项评审因素分值为第一信封施工组织设计5~20分、项目管理机构即主要人员10~20分、技术能力(科研开发和技术创新)0~5分、财务能力5~10分、业绩5~12分、履约信誉3~5分;第二信封评标价不低于50分。

(2)评标基准价计算方法

评标基准价计算方法有多种选择。在开标现场,招标人将当场计算并宣布评标基准价。评标基准价来自评标价平均值,而评标价平均值来自评标价,相应计算方法在评标办法前附表具体约定。

①评标价的确定。

方法一:评标价 = 投标函文字报价

方法二:评标价 = 投标函文字报价 – 暂估价 – 暂列金额(不含计日工总额)

②评标价平均值的计算。

除开标时被废的标书之外,所有投标人的评标价去掉一个最高价和一个最低价后的算术平均值为评标价平均值(如果参与计算的有效家数少于5家,则不要去掉)。

③评标基准价的确定。(编者注:招标人只能在下列方法中确定具体的一种)

方法一:将评标价平均值直接作为评标基准价。

方法二:将评标价平均值下浮一定的百分数作为评标基准价。

方法三:招标人设置评标基准价系数,由投标人代表或监标人现场抽取,评标价平均值乘以系数为评标基准价。

方法四:招标人自己在符合评标办法正文内容基础上约定。例如,采用复合标底作为评标基准价,此时招标人的标底与投标人的评标价平均值采用加权平均值作为评标基准价。

如果投标人认为某一标段评标基准价计算有误,有权在现场提出,现场确认后重新宣布评标基准价。已确认后评标基准价不随评审后投标人数量发生变化。

（3）评标价的偏差率计算

$$偏差率 = \frac{投标人评标价 - 评标基准价}{评标基准价} \times 100\%$$

（4）投标人的评标价得分

评标价得分计算公式示例（注：总之都是扣分）：

①如果投标人的评标价 > 评标基准价，则评标价得分 = F - 偏差率 × 100 × E_1。

②如果投标人的评标价 ≤ 评标基准价，则评标价得分 = F + 偏差率 × 100 × E_2。

其中：E_1 是评标价高于评标基准价一个百分点的扣分值；E_2 是评标价低于评标基准价一个百分点的扣分值；招标人可依据招标项目具体特点和实际需要设置 E_1 和 E_2，但 E_1 应大于 E_2。F 为投标报价的权重分值（注：例如经济标分值为 60 分）。评分分值计算保留小数点后两位，小数点后第三位"四舍五入"。

一般 $E_1 = 2$，$E_2 = 1$。

（5）综合评分法的总分

综合评分法的总分 = 第一信封（商务及技术文件）分值 + 第二信封（报价文件）分值

除评标价和履约信誉评分项外，商务和技术各项因素的评分一般不低于招标文件规定该因素满分值的 60%，低于满分值 60% 的，评标委员会成员应当在评标报告中作出说明。

按照分值构成和评分标准进行打分，并按得分由高到低顺序推荐中标候选人，或根据招标人授权直接确定中标人，但投标报价低于其成本的除外。综合评分相等时，优先顺序是投标报价低优先，被招标项目所在地省级交通主管部门评为较高信用等级的投标人优先，商务和技术得分较高的投标人优先，或还可以增加其他方法确定第一中标候选人。

【例题 3-1】

1. 背景资料：

2010 年某民营企业投资公路工程项目，其中一个标段有 7 个投标人参与投标，评标办法为综合评估法，有效评标价分别是 200 万元、230 万元、230 万元、240 万元、250 万元、250 万元、300 万元。在开标时采用抽签确定评标平均价下浮 5% 作为评标基准价。投标报价为 60 分，评标价高于评标基准价一个百分点的扣 2 分，评标价低于评标基准价一个百分点的扣 1 分。该公路项目投资方作为项目招标人以企业投资不属于《评标委员会和评标方法暂行规定》第 48 条规定的"使用国有资金投资或者国家融资的项目"为由，在招标文件评标办法中要求评标委员会只需列出最高分的前三名投标人（即中标候选人不进行排序），由招标人在这三名投标人中进行综合考虑后，确定中标人。

2. 问题：

（1）计算该标段的评标平均价和评标基准价，计算各有效报价的得分。

（2）该公路项目投资方作为项目招标人确定中标人的方法是否可行？为什么？

（3）如果该项目发生在 2015 年，如何评价招标人的行为？

3. 分析与回答：

（1）计算该标段的评标平均价和评标基准价以及计算各有效报价的得分。

①评标平均价：

先去掉最高价 300 和最低价 200。

评标平均价 = （230 + 230 + 240 + 250 + 250）÷ 5 = 240 万元

②评标基准价 = 评标平均价下浮 5% = 240 × 0.95 = 228 万元

③计算各有效报价的得分:

200 的得分 $F_1 = 60 + (200 - 228) \times 100 \times 1 \div 228 = 60 - 12.28 = 47.72$

230 的得分 $F_1 = 60 - (230 - 228) \times 100 \times 2 \div 228 = 60 - 1.75 = 58.25$

240 的得分 $F_1 = 60 - (240 - 228) \times 100 \times 2 \div 228 = 60 - 10.53 = 49.67$

250 的得分 $F_1 = 60 - (250 - 228) \times 100 \times 2 \div 228 = 60 - 19.30 = 40.70$

300 的得分 $F_1 = 60 - (300 - 228) \times 100 \times 2 \div 228 = 60 - 63.16 = -3.16$ (评标价得分最低为 0 分)

(2)该公路项目投资方作为项目招标人确定中标人的方法不行。因为企业投资虽然不属于政府资金投资,如果是国有企业仍然属于国有资金,即使是民营企业的资金不是国有资金,可以不需按照《评标委员会和评标方法暂行规定》第 48 条的规定定标,但是企业投资公路项目属于《招标投标法》第三条的"大型基础设施、公用事业等关系社会公共利益、公众安全的项目",依然需要依法进行招标。在 2012 年《招投标法实施条例》未颁布以前,根据 2003 年原《工程建设项目施工招标投标办法》的第 58 条规定:"依法必须进行招标的项目,招标人应当确定排名第一的中标候选人的中标人。"所以只要是"依法招标的项目",评标委员会都必须按照得分由高到低排序,招标人应当确定排名第一的中标候选人为中标人。"应当"是强制性规定,招标人违反强制性规定所作出的约定是无效的。

(3)2012 年 2 月 1 日《招投标法实施条例》施行以后,2013 年发改委根据《招投标法实施条例》的第 55 条新规定对上述提及的两个文件都修改为"国有资金占控股或者主导地位的依法必须进行招标的项目,招标人应当确定排名第一的中标候选人为中标人"。按照"法无禁止皆可为"的原理,非国有资金占控股或主导地位的依法必须进行招标的项目,招标人就不受该限制约束,可以在三个中标候选人中任意选一个为中标人。所以该项目要是发生在今天,由于是民营企业投资是非国有资金就可以在三个中标候选人中任意挑选一个为中标人。但是,按照《招投标法实施条例》第 53 条规定,评标委员会不论是否国有资金都应当对推荐的中标候选人标明顺序。

4. 合理低标价法

合理低标价法就是在综合评估法基础上只考虑投标报价因素,设为 100 分;施工组织设计和项目管理机构以及其他评分因素均为 0 分。推荐中标人类似于综合评估法。

5. 经评审的最低投标价法

经评审的最低投标价法不计算得分,只计算经评审投标价(即评标价)。经评审投标价最低就是第一名。经评审的最低投标价法与合理低标价法最大的不同就是,在合理低标价法中最低的评标价得分一般不是最高分,往往不是第一名。推荐中标人类似于综合评估法。

经评审投标价 = 修正后的投标价 − 修正后的暂估价 − 修正后暂列金额(不含计日工总额)

6. 技术评分最低标价法(必须采用双信封且第一信封满分为 100 分)

技术评分最低标价法,是指对通过初步评审的投标人的施工组织设计 25 ~ 40 分、项目管理机构(即主要人员)25 ~ 40 分、技术能力 10 ~ 20 分、履约能力 15 ~ 25 分等因素进行评分,按照得分由高到低排序,对排名在招标文件规定数量以内的投标人的报价文件进行评审,按照评标价由低到高的顺序推荐中标候选人的评标方法。招标人在招标文件中规定的参与报价文件评审的投标人数量不得少于 3 个,2018 年版建议最好不超过 10 个。

7. 评标过程中对低于成本价竞标的认定

《招投标法实施条例》除了第 50 条对标底作了规定外,第 27 条第 3 款还规定,招标人设有最高投标限价的,应当在招标文件中明确最高投标限价或者最高投标限价的计算方法。招标人不得规定最低投标限价。标底可以在概算价或预算价的建安费基础上确定,在评标中应当参考,一般情况下它可作为最高限价的参考依据,但不能将标底下浮一定比例(例如 35%)作为最低成本价的废标条件(条例第 50 条)或最低投标限价(条例第 27 条)。《招标投标法》第 33 条还规定,投标人不得以低于成本的报价竞标。既然标底下浮范围不能作为最低成本价的废标条件,也不允许设立最低限价,评标方法又是采用经评审的最低投标价法,那么在评标时如何认定低于成本价就是一个很有趣、很值得探讨的问题。

同理,评标办法同样不能简单设置"投标报价超过评标基准价上下浮动范围"作为否决投标的条件。当投标价过高时,要否决其投标可以用最高限价来实现;可是投标价过低时,却不得设置最低限价,特别是投标价超过下浮范围时不能简单认定为低于成本价竞标。在工程招标实践中,当采用经评审的最低投标价法进行评标时,对于低于成本价竞标情况,招标人在评标办法中可以规定为"经评审的投标价(即评标价)低于标底一定比例(例如 70%)且不能作出合理解释的,评标委员会认定其评标价低于成本价竞标。"请读者注意,该约定虽然有以标底为基准价下浮的范围表述,但是没有违反《招标投标法实施条例》法规的强制性,该约定有效。因为该约定最重要的表述是后半句"且不能作出合理解释的",如果投标人能合理解释最低价格则就不被认定为低于成本价竞标。低于成本价如果只用低于造价部门核定的金额为标准都有违反《招投标法实施条例》第 50 条之嫌。

《公路工程标准施工招标文件》(2009 年版)第三章评标办法中经评审的最低投标价法的 3.2.2 项对低于成本价竞标的认定作了如下规定:

评标委员会发现投标人的报价明显低于其他投标报价,或者在设有标底时明显低于标底,使得其投标报价可能低于其成本的,应当要求该投标人作出书面说明并提供相应的证明材料。投标人不能合理说明或者不能提供相应证明材料的,由评标委员会认定该投标人以低于成本报价竞标,其投标作废标处理。

8. 评标时有效标不足三个的处理

发改委《评标委员会和评标办法暂行规定》第 27 条规定,评标委员会根据本规定第 20 条~第 23 条、第 25 条的规定否决不合格投标或者界定为废标后,因有效投标不足三个使得投标明显缺乏竞争的,评标委员会可以否决全部投标。

当有效标只有两家时,评标委员会可以对这两家进行评标吗? 如果这两家还具备竞争条件,评标委员会也可以不否决全部投标,对这两家进行评标。如果有效标只有一家而且其投标价格合理有一定竞争性(例如,有效报价略低于标底),那么同样可以进行评标。对该规定条款的正确理解应该把握好竞争性,只要价格合理有竞争性就可以进行评标。2017 年交通运输部《公路工程建设项目评标工作细则》第 29 条规定,有效投标不足 3 个,评标委员会一致认为有效投标仍具有竞争性的,应当继续推荐中标候选人,并在评标报告中予以说明。评标委员会对有效投标是否仍具有竞争性无法达成一致意见的,应当否决全部投标。

9. 编写评标报告推荐中标人

《招投标法实施条例》第 53 条规定:

评标完成后,评标委员会应当向招标人提交书面评标报告和中标候选人名单。中标候选人应当不超过 3 个,并标明排序。评标报告应当由评标委员会全体成员签字。对评标结果有

不同意见的评标委员会成员应当以书面形式说明其不同意见和理由,评标报告应当注明该不同意见。评标委员会成员拒绝在评标报告上签字又不书面说明其不同意见和理由的,视为同意评标结果。

第 54 条　依法必须进行招标的项目,招标人应当自收到评标报告之日起 3 日内公示中标候选人,公示期不得少于 3 日。投标人或者其他利害关系人对依法必须进行招标的项目的评标结果有异议的,应当在中标候选人公示期间提出。招标人应当自收到异议之日起 3 日内作出答复;作出答复前,应当暂停招标投标活动。

(四)定标

1. 定标方式

除投标人须知前附表规定评标委员会直接确定中标人外,招标人依据评标委员会推荐的中标候选人确定中标人,评标委员会推荐中标候选人的人数依照投标人须知前附表的规定人数一般不超过 3 人。

2. 定标过程的规定

《招投标法实施条例》第 55 条规定:国有资金占控股或者主导地位的依法必须进行招标的项目,招标人应当确定排名第一的中标候选人为中标人。排名第一的中标候选人放弃中标、因不可抗力不能履行合同、不按照招标文件要求提交履约保证金,或者被查实存在影响中标结果的违法行为等情形,不符合中标条件的,招标人可以按照评标委员会提出的中标候选人名单排序依次确定其他中标候选人为中标人,也可以重新招标。

(五)提交履约担保并签合同

《招投标法实施条例》第 58 条　招标文件要求中标人提交履约保证金的,中标人应当按照招标文件的要求提交。履约保证金不得超过中标合同金额的 10%。

第 57 条　招标人和中标人应当依照招标投标法和本条例的规定签订书面合同,合同的标的、价款、质量、履行期限等主要条款应当与招标文件和中标人的投标文件的内容一致。招标人和中标人不得再行订立背离合同实质性内容的其他协议。

《公路工程建设项目招标投标管理办法》第 58 条规定:招标人不得指定或者变相指定履约保证金的支付形式,由中标人自主选择银行保函或者现金、支票等支付形式。

第三节 ▶ 工程施工投标

一、公路工程施工投标的条件

(一)投标人应具备的条件

公路工程施工招标的投标人是响应招标、参加投标竞争的公路工程施工单位。投标人应当具备招标文件规定的资格条件,具有承担所投标项目的相应能力。

2011年11月22日交通运输部《公路工程施工分包管理办法》的第22条规定,分包人有权与承包人共同享有分包工程业绩。分包人业绩证明由承包人与发包人共同出具。分包人以分包业绩证明承接工程的,发包人应当予以认可。分包人以分包业绩证明申报资质的,相关交通运输主管部门应当予以认可。

《公路工程标准施工招标文件》(2018年版)规定,以联合体形式参加公路工程施工投标的单位,应当在资格预审申请文件中或投标文件注明,并提交联合体各成员单位共同签订的联合体协议。联合体协议应当明确主办人及成员单位各自的权利和义务。

1. 投标人资质要求

(1)企业资质

"投标人基本情况表"应附企业法人营业执照副本和组织机构代码证副本(按照"三证合一"或"五证合一"登记制度进行登记的,可仅提供营业执照副本,下同)、施工资质证书副本、安全生产许可证副本、基本账户开户许可证的复印件,投标人在交通运输部"全国公路建设市场信用信息管理系统"公路工程施工资质企业名录中的网页截图复印件,投标人在全国企业信用信息公示系统中基础信息(体现股东及出资详细信息)的网页截图或由法定的社会验资机构出具的验资报告或注册地工商部门出具的股东出资情况证明复印件。

企业法人营业执照副本和组织机构代码证副本、施工资质证书副本、安全生产许可证副本、基本账户开户许可证的复印件应提供全本(证书封面、封底、空白页除外),应包括投标人名称、投标人其他相关信息、颁发机构名称、投标人信息变更情况等关键页在内,并逐页加盖投标人单位章。

(2)人员资质

"拟委任的项目经理和项目总工资历表"应附项目经理和项目总工的身份证、职称资格证书以及资格审查条件所要求的其他相关证书(如建造师注册证书、安全生产考核合格证书等)的复印件,应提供其担任类似项目的项目经理和项目总工的相关业绩证明材料复印件,并应附投标人所属社保机构出具的拟委任的项目经理和项目总工参加社保的有效证明材料(并加盖社保机构单位章)。

投标人在投标文件中填报的项目经理和项目总工不允许更换。

招标文件中关于投标人的资质要求,应当符合法律、行政法规的规定。招标人不得在招标文件中制定限制性条件阻碍或者排斥投标人,不得规定以获得本地区奖项等要求作为评标加分条件或者中标条件。

2. 财务状况要求

"近年财务状况表"应附经会计师事务所或审计机构审计的财务会计报表,包括资产负债表、现金流量表、利润表和财务情况说明书的复印件,具体年份要求见投标人须知前附表。

3. 工程业绩(需在系统中截屏)

"近年完成的类似项目情况表"应附中标通知书和(或)合同协议书、工程接收证书(工程交工验收证书)的复印件,具体年份要求见投标人须知前附表。每张表格只填写一个项目,并标明序号。

工程接受证书(工程竣工验收证书)可以是发包人出具的公路工程(标段)交工验收证书或竣工验收委员会出具的公路工程竣工验收鉴定书或质量监督机构对各参建单位签发的工作综合评价等级证书。

(二)投标的要求

投标人可以根据招标文件的要求,按时参加招标人主持召开的标前会(即投标预备会)并勘察现场。投标人应当按照招标文件的要求编制投标文件,并对招标文件提出的实质性要求和条件作出响应。

投标文件中投标函和调价函(如果有)等由投标人的法定代表人或其授权代理人签字,或盖投标人印章,其他部分根据投标文件的要求签署(不要逐页签)。

投标文件按照要求送达后,在招标文件规定的投标截止时间前,投标人如需撤回或者修改投标文件,应当以正式函件提出并作出说明。修改投标文件的函件是投标文件的组成部分,其形式要求、密封方式、送达时间,适用对投标文件的规定。

投标人未按照要求密封的投标文件或投标截止时间后送达的投标文件,招标人应拒收。

二、公路工程投标文件的组成

投标文件应包括下列内容:

第一个信封(商务及技术文件):

(1)投标函及投标函附录;(注:投标函中包含了2009年版的承诺函内容)

(2)授权委托书或法定代表人身份证明;

(3)联合体协议书(如有);

(4)投标保证金;

(5)施工组织设计;

(6)项目管理机构;

(7)拟分包项目情况表;

(8)资格审查资料;

(9)投标人须知前附表规定的其他资料。

第二个信封(报价文件):

(1)调价函及调价后的工程量清单(如有);

(2)投标函;

(3)已标价工程量清单;

(4)合同用款估算表。

三、公路工程施工投标的程序

(一)公路工程施工投标的程序

公路工程施工投标程序见图3-2。

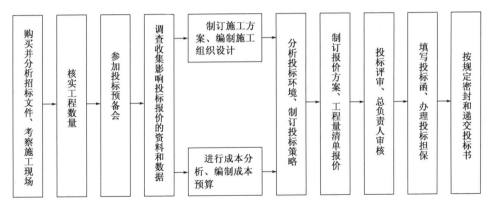

图 3-2　公路工程施工投标的程序

(二)签订合同

招标人和中标人应当自中标通知书发出之日起 30 日内,根据招标文件和中标人的投标文件订立书面合同。中标人无正当理由拒签合同的,招标人取消其中标资格,其投标保证金不予退还;给招标人造成的损失超过投标保证金数额的,中标人还应当对超过部分予以赔偿。

(三)不予退还投标保证金的情况

(1)投标人在投标有效期内撤销投标文件(注:法定是"可以不"不是"不予");

(2)中标人在收到中标通知书后,无正当理由不与招标人订立合同,在签订合同时向招标人提出附加条件,或不按照招标文件要求提交履约保证金;

(3)发生投标人须知前附表规定的其他可以不予退还投标保证金的情形。

【例题 3-2】　肯定型投标报价的定量方法

1.背景资料:

2009 年某高速公路的招标文件规定评标方法采用综合评估法,在总分 100 分中评标价占 60 分,并规定投标报价在没有错误的情况下等于评标价;在投标截止日前 10 日公布合同标段的建安费,标底 = 建安费 × 系数,该系数范围为 0.85 ~ 0.95,开标时通过吹球随机确定具体系数值。投标人的评标价在标底 85% ~ 120% 内有效;否则为 0 分,评标价的具体得分标准如表 3-7 所示。

评标价的得分表　　　　　　　　　　　　　　　　表 3-7

评标价与标底之比 X 的范围	得　分　值	评标价与标底之比 X 的范围	得　分　值
$X < 85\%$	0	$107\% \leqslant X \leqslant 111\%$	45
$85\% \leqslant X < 90\%$	30	$111\% < X \leqslant 115\%$	30
$90\% \leqslant X < 95\%$	45	$115\% < X \leqslant 120\%$	15
$95\% \leqslant X < 107\%$	60	$X > 120\%$	0

2.问题:

为了使投标人获得更高的评标价得分,不论未来开标时随机吹球的系数值为多少,投标人在投标报价时应采用多少报价系数计算标底来控制自己的投标总价?

3.分析与回答:

该事例表面是个随机性问题,实际是肯定性问题。投标报价 = 建安费 × 报价系数,为了得到 60 分,选用 X 比值范围下限 95% 和上限 107%,利用不等式方程求解如下:

95% ≤[(投标报价)/(标底)] < 107%

95% ≤[(建安费 × 报价系数)/建安费 × (0.85 ~ 0.95)] < 107%

95% ≤[(报价系数)/(0.85 ~ 0.95)] < 107%

(0.85 ~ 0.95) × 95% ≤报价系数 < 107% × (0.85 ~ 0.95)

(0.8075 ~ 0.9025) ≤报价系数 < (0.9095 ~ 1.0165)

0.9025 ≤报价系数 < 0.9095

所以,报价系数取 0.909 就能保证开标时无论吹出任何球,评标价得满分。

请读者思考:该事例的评标方法,如果发生在今天,是否违反《招投标法实施条例》第 50 条的有关规定? 即使在今天,该评标价计算方法也不违法,因此要正确理解《招投标法实施条例》第 50 条的有关规定。这个事例说明,作为招标人应当注意如何确定得分的具体范围,才能提高随机性,做到更加公平合理。如果将上述表格的 107% 对应都改为 105%,请读者思考,作为投标人应取多少报价系数可以获得更高的得分,得满分的概率是多少?

四、投标人的异议权和投诉权

(一)《招标投标法实施条例》(以下简称《条例》)和交通运输部《招投标管理办法》规定投标人的异议权

1. 对开标过程的异议(《条例》第 44 条、《招投标管理办法》第 36 条)

投标人对开标有异议的,应当在开标现场提出,招标人应当当场作出答复,并制作记录。未参加开标的投标人,视为对开标过程无异议。

2. 对资格预审文件和招标文件内容的异议(《条例》第 22 条、《招投标管理办法》第 19 条)

第 22 条 潜在投标人或者其他利害关系人对资格预审文件有异议的,应当在提交资格预审申请文件截止时间 2 日前提出;对招标文件有异议的,应当在投标截止时间 10 日前提出。招标人应当自收到异议之日起 3 日内作出答复;作出答复前,应当暂停招标投标活动。

3. 对预审结果的异议(《招投标管理办法》第 15 条)和评标结果的异议(《条例》第 54 条、《招投标管理办法》第 53 条)

资格预审申请人或者投标人(包括投标人的其他利害关系人)对资格预审审查结果或者评标结果有异议的,应当自收到资格预审结果通知书后 3 日内或者在中标候选人公示期间提出。招标人应当自收到异议之日起 3 日内作出答复;作出答复前,应当暂停招标投标活动。

(二)《招投标法实施条例》规定投标人的投诉权

第 60 条 投标人或者其他利害关系人认为招标投标活动不符合法律、行政法规规定的,可以自知道或者应当知道之日起 10 日内向有关行政监督部门投诉。投诉应当有明确的请求和必要的证明材料。

就本条例第 22 条、第 44 条、第 54 条规定事项投诉的,应当先向招标人提出异议,异议答复期间不计算在前款规定的期限内。

第 61 条 投标人就同一事项向两个以上有权受理的行政监督部门投诉的,由最先收到投诉的行政监督部门负责处理。

行政监督部门应当自收到投诉之日起 3 个工作日内决定是否受理投诉,并自受理投诉之日起 30 个工作日内作出书面处理决定;需要检验、检测、鉴定、专家评审的,所需时间不计算在内。

投诉人捏造事实、伪造材料或者以非法手段取得证明材料进行投诉的,行政监督部门应当予以驳回。

五、报价策略和报价技巧

(一)报价策略

1. 基本策略

(1)盈利策略。在报价中以较大的利润为投标目标的策略。通常在竞争对手少时采用。

(2)微利保本策略。在成本、利税和风险费三项中,降低利润目标或不考虑利润的策略。通常是任务不饱满、买方市场、竞争对手强和发包人采用经评审的最低投标价定标时采用。

(3)低价亏损策略。在报价中不考虑利润的同时还考虑所能承受亏损为目标的策略。通常在市场竞争激烈情况下又急于打入市场时采用。

(4)冒险策略。在报价中不考虑风险费用的冒险策略。通常认为风险较小时采用,一旦出现风险将可能承担较大风险损失。

2. 附加策略

(1)优化设计策略。当发现施工设计图中存在不太合理或不符合实际的情况时,在投标报价时重点关注这些不足之处,在编制施工方案时为未来施工时需要对工程优化设计而进行工程变更留下伏笔。尤其在市政工程中,招标人允许对招标工程按照不同施工方案进行报价时可以采用。

(2)缩短工期策略。当招标人允许投标人在一定的工期变动范围进行投标时,除工程报价之外,工程工期就是关键,越接近工期值低限的投标人越容易中标。

(3)附加优惠策略。在得知发包人有某些困难或希望投标人将某部分工程进行分包时,可以通过向发包人提出相应优惠条件来取得中标。这种情况多发生在国际工程,因为国内的法律规定,此种行为一般属于违法行为。

(二)报价决策中的报价技巧(手法)

(1)不平衡报价法。主要有两种情况,一是,实际数量可能增加的子目单价报高点,同时实际数量可能减少的子目单价报低些;二是,前期完成的子目单价报高点,后期完成的子目单价报低些。总之,不平衡报价技巧,不论哪种情况都是使投标人获得更大的利益,但应注意保持总价不变是不平衡报价的关键点。

(2)突然降价法。在投标报价的开始阶段,按照一般的正常情况计算投标价,到投标截止日期临近时突然降价,使竞争对手措手不及。主要是迷惑对手的方法。

(3)扩大标价法。对某些工程条件或数量变化大的工程或没有把握的风险工程扩大其单价(即提高其单价)以减少风险,但可能又产生难以中标的矛盾。

(4)多方案报价法。在允许多方案报价时采用。如有限制条件,极易造成废标。

第四节 ▶ 工程合同的类型

一、按照合同标的划分合同类型

按照合同的标的进行分类,可以分为:项目总承包合同[也称为工程总承包合同,参见《标准设计施工总承包招标文件》(2012年版)]、勘察合同、设计合同[参见《公路工程标准勘察设计招标文件》(2018年版)]、工程施工合同[参见《公路工程标准施工招标文件》(2018年版)]、监理服务合同[参见《公路工程标准施工监理招标文件》(2018年版)]、设备采购合同[参见《标准设备采购招标文件》(2017年版)]、材料供应合同[参见《标准材料采购招标文件》(2017年版)]等。本教材重点介绍公路工程施工合同具体内容以及公路工程施工合同管理。

二、按照合同计价方式划分合同类型

(一)总价合同

1. 固定总价合同

固定总价合同,是指不论任何情况,合同的总价格都不能变动的合同。适用于规模小、工期短、技术不太复杂的工程。

2. 可调值总价合同

可调值总价合同,是指一般情况下,工程数量有任何变动合同总价格不变;但是,在规定的某种情况下(例如,物价变动过大、工程变更、违约赔偿等)合同价格可以调整的合同。

(二)单价合同

1. 纯单价合同

纯单价合同,是指工程子目单价固定不变,以工程子目的实际数量乘以其单价,然后各个子目汇总后形成实际总价格的合同。

2. 估量单价合同

估量单价合同是在纯单价合同的基础上规定某种情况下(例如,工程数量变动过大时)子目的单价可以调整的合同。通过对FIDIC第四版和原交通部《公路工程国内招标文件范本》(2003年版)合同条款52.2款的理解和应用,有助于读者掌握估量单价合同调整单价的调价条件和调价的方法。

FIDIC第四版的合同通用条款52.2款规定了工程变更造成工程数量变动过大时可以调整子目(item,当时国内部分人译成"项目"因此造成误解)单价,调价的具体条件和方法在专用条款中约定。交通部借鉴FIDIC的经验将调价的具体条件和方法固化到《公路工程国内招标文件范本》(2003年版)的通用条款52.2款中。所以FIDIC第四版的合同和《公路工程国内招标文件范本》(2003年版)的公路施工合同就是估量单价合同。由于这两个合同范本第70条规定,在物价变动过大和后继法规变更情况下可以调整合同总价,所以这两个合同范本是可调值的估量单价合同。

FIDIC《施工合同条件》1999年版依然保留了估量单价合同和可调值合同的特点,具体调价方法参见第八章。交通运输部颁发《公路工程标准施工招标文件》(2009年版和2018年版)保留了可调总价的特点,不过基于数量变动过大调整单价不宜强制约定,所以在"公路专用合同条款"中没有保留估量单价合同的特点,但作为合同当事人如果需要,可以在"项目专用合同条款"中参考《公路工程国内招标文件范本(2003年版)》52.2款进行约定。下面借用《公路工程国内招标文件范本(2003年版)》的52.2款进行估量单价合同调整单价原理的分析和应用。通过估量单价合同调价原理的分析,有理由认为估量单价合同在理论上相对更公平合理。

(1)估量单价合同调整单价的原理

第四版FIDIC专用合同条款和《公路工程国内招标文件范本(2003年版)》的通用合同条款的第52.2款对工程变更数量超25%的处理就说明了估量单价合同调整子目单价的原理。根据工程技术经济学的量本利(盈亏平衡)分析,参见图3-3。工程某一支付子目的工程成本分为固定成本(不随数量变化的成本)和可变成本(随数量变化的成本)。其中 Q 为清单数量,ΔQ 为实际的增加量。一般正常情况下,在考虑投标报价时,理论上,应根据工程量清单的数量 Q,计算总可变成本(总直接费)和总固定成本(总间接费),然后加上应获得的总利润,就是该清单子目的金额,除以数量 Q 就是该子目投标单价(即图3-3中的斜率)。因此,该单价组成或构成中,单价直接成本 = 总可变成本 $\div Q$,单价间接成本 = 总固定成本 $\div Q$,单价利润 = 总利润 $\div Q$。当数量增加过大时,ΔC 中包含过多的已经摊销完的间接成本;而数量减少过大时,ΔC 中(此时为减少)包含过多还未得到待摊销的间接成本,即调整单价时应考虑弥补的部分间接成本。

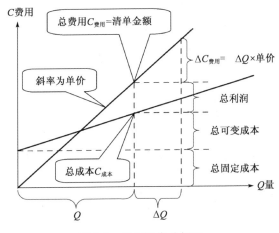

图3-3　盈亏平衡分析图

理论上,变更数量增加时单价下调,变更数量减少时单价上调。但是实际情况并非都是理想和正常的状态。在京津塘高速公路施工时,由于国际工程的竞争,所有中标的承包人在投标报价时都存在报价偏低。当工程变更数量过大时,承包人做的越多则亏得越多,在此情况下,发包人和监理人对数量增加全部是调高单价。总之,应以调整的更加合理为原则。

《公路工程国内招标文件范本》(2003年版)的通用合同条款的52.2款规定:如果变更的工程的性质或数量,占整个工程的比例较大,使涉及的工程细目原有的单价或总额价因此而不合理或不适用时,由监理工程师和承包人议定一个合适的单价或总额价并报业主批准。当不能达成协议时,监理工程师应根据情况在报业主批准后,定出他们认为合理的单价或总额价,并通知承包人,抄送业主。但是,如果合同的工程量清单中某一个支付子目所列(编者注:即变更前)的"金额"或"合价"超过签约时合同价格的2%,而且该支付子目变更后的工程实际数量超过或少于工程量清单中所列数量的25%,则该支付子目的单价或总额价应予以调整。

根据上述规定,工程变更量有超过或少于25%两种情况。参考图3-4,当变更增加到原数量160%时,超过25%的部分是35%按照新单价计价。当变更减少到原数量55%时,少于25%的部分是20%的未施工或生产部分,需进行调价;根据调价原理,这20%部分只能弥补其单价中固定成本的费用。

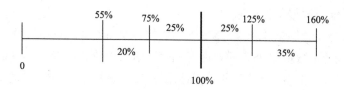

图3-4　工程变更增减示意图

(2)支付子目的"金额"或"合价"超过签约时合同价格的2%的合理规定

FIDIC第四版的52.2款的专用条款建议为:"合同内所包含的任何子目(item)的费率或价格不应考虑变动,除非该子目涉及的金额(合价)超过签约合同价格的2%,以及(并且)在该子目实施的实际工程量超出或少于工程量清单所规定的工程量的25%。"

FIDIC条款的规定的优点在于"涉及的金额"是对变更前或变更后的模糊表示,当变更前不到2%而变更后达到2%时,解释权和主动权属于发包人,发包人可以依据工程实际情况决定是否满足2%条件而需要进行价格调整。

读者可以比较本章练习题中估量单价合同调整单价的另一种合同约定,尤其分析在数量减少超过25%时,两种不同约定造成单价调整的经济合理性。

(三)成本加酬金合同

(1)酬金是成本的固定比例:不利于降低成本。

(2)酬金数额固定:约定酬金为固定金额。

(3)酬金浮动:双方事先要商定一个预期酬金水平。当实际成本等于预期成本时按照预期酬金水平支付;当实际成本低于预期成本时,增加酬金;当实际成本高于预期成本时,减少酬金。这种形式有利于降低成本,但是要关注工程质量是否有保障。

第五节 ▶ 公路工程施工合同条款的主要内容

一、合同条款的一般约定

公路工程合同条款编号的级别含义对应为:条、款、项、目。例如,"1.1.6.3交工"是指《公路工程竣(交)工验收办法》中的交工,与通用合同条款中"竣工"一词具有相同含义。条款号码1.1.6.3就是表示第1条,第1款,第6项,第3目。

(一)词语定义

1.合同

合同(Contract),或称合同文件:指合同协议书、中标通知书、投标函及投标函附录(表3-8)、专用合同条款、通用合同条款、技术标准和要求(交通运输部改为技术规范)、图纸、已标价工程量清单,以及其他合同文件(The Further Documents 或 Any Other Documents)。

公路工程合同协议书

　　_____(发包人名称,以下简称"发包人")为实施_____(项目名称),已接受_____(承包人名称,以下简称"承包人")对该项目____标段施工的投标。发包人和承包人共同达成如下协议。

　　1.第__标段由K__+____至K__+__,长约__km,公路等级为__,设计时速为__,路面,有__立交__处;特大桥__座,计长__m;大中桥__座,计长__m;隧道__座,计长__m;以及其他构造物工程等。

　　2.下列文件应视为构成合同(合同文件)的组成部分:

　　(1)本协议书及各种合同附件(含评标期间和合同谈判过程中的澄清文件和补充资料);

　　(2)中标通知书;

　　(3)投标函及投标函附录;

　　(4)项目专用合同条款;

　　(5)公路工程专用合同条款;

　　(6)通用合同条款;

　　(7)工程量清单计量规则;

　　(8)技术规范;

　　(9)图纸;

　　(10)已标价工程量清单;

　　(11)承包人有关人员、设备投入的承诺及投标文件中的施工组织设计;

　　(12)其他合同文件。(编者注:Any Other Documents)

上述合同文件互相补充和解释。如果合同文件之间存在矛盾或不一致之处,以上述文件的排列顺序在先者为准。

　　3.根据工程量清单所列的预计数量和单价或总额价计算的签约合同价:人民币(大写)_____元(¥_____)。

　　4.承包人项目经理:_____。承包人项目总工:_____。工程安全目标:_____。

　　5.工程质量符合_____标准。

　　6.承包人承诺按合同约定承担工程的实施、完成及缺陷修复。

　　7.发包人承诺按合同约定的条件、时间和方式向承包人支付合同价款。

　　8.承包人应按照监理人指示开工,工期为_____日历天。

　　9.本协议书在承包人提供履约担保后,由双方法定代表人或其委托代理人签署并加盖单位章后生效。全部工程完工后经交工验收合格、缺陷责任期满签发缺陷责任终止证书后失效。

　　10.本协议书正本二份、副本__份,合同双方各执正本一份,副本__份,当正本与副本的内容不一致时,以正本为准。

　　11.合同未尽事宜,双方另行签订补充协议。补充协议是合同的组成部分。

发包人:_____(盖单位章)	承包人:_____(盖单位章)
法定代表人或其委托代理人:_____(签字)	法定代表人或其委托代理人:_____(签字)
_____年___月___日	_____年___月___日

中标通知书

_____(中标人名称):

你方于_____(投标日期)所递交的_____(项目名称)_____标段施工投标文件已被我方接受,被确定为中标人。

中标价:_____元。　　　　工期:_____日历天。

工程质量:符合_____标准。　工程安全目标:_____。

项目经理:_____(姓名)。　　项目总工:_____(姓名)

请你方在接到本通知书后的____日内到_____(指定地点)与我方签订施工承包合同,在此之前按招标文件第二章"投标人须知"第 7.7 款规定向我方提交履约保证金。

特此通知。

招标人:_____(盖单位章)

招标代理:_____(盖单位章)

_____年___月___日

投标函(商务及技术文件部分)

_____(招标人名称):

1. 我方已仔细研究了_____(项目名称)____标段施工招标文件的全部内容(含补遗书第__号至第__号),在考察工程现场后,愿意以第二个信封(报价文件)中的投标总报价(或根据招标文件规定修正核实后确定的另一金额),按合同约定实施和完成承包工程,修补工程中的任何缺陷。

2. 我方承诺在投标有效期内不修改、撤销投标文件。

3. 工程质量:_____,安全目标:_____,工期:_____日历天。

4. 如我方中标,我方承诺:

(1)在收到中标通知书后,在中标通知书规定的期限内与你方签订合同;

(2)在签订合同时不向你方提出附加条件;

(3)按照招标文件要求提交履约保证金;

(4)在合同约定的期限内完成合同规定的全部义务;

(5)在你方和我方进行合同谈判之前,我方将按照合同附件提出的最低要求填报派驻本标段的其他管理和技术人员及主要机械设备和试验检测设备,经你方审批后作为派驻本标段的项目管理机构主要人员和主要设备且不进行更换。如我方拟派驻的人员和设备不满足合同附件要求,你方有权取消我方中标资格。

5. 我方在此声明,所递交的投标文件及有关资料内容完整、真实和准确,且不存在第二章"投标人须知"第 1.4.3 项和第 1.4.4 项规定的任何一种情形。

6. 在合同协议书正式签署生效之前,本投标函连同你方的中标通知书将构成我们双方之间共同遵守的文件,对双方具有约束力。

7._____(其他补充说明)。

投标人:_____(盖单位章)

法定代表人或其委托代理人:_____(签字)

地址:_____

网址:_____

电话:_____　传真:_____　邮政编码:_____

_____年___月___日

投标函（报价文件部分）

_____（招标人名称）：

1.我方已仔细研究_____（项目名称）_____标段施工招标文件的全部内容（含补遗书第____号至第____号），在考察工程现场后，愿意以人民币（大写）_____元（¥_____）的投标总报价（或根据招标文件规定修正核实后确定的另一金额，其中，增值税税率为_____），按合同约定实施和完成承包工程，修补工程中的任何缺陷。

2.在合同协议书正式签署生效之前，本投标函连同你方的中标通知书将构成我们双方之间共同遵守的文件，对双方具有约束力。

3._____（其他补充说明）。

投标人：_____（盖单位章）

法定代表人或其委托代理人：_____（签字）

地址：_____网址：_____

电话：_____传真：_____邮政编码：_____

_____年_____月_____日

投标函附录　　　　　　　　　　　　　　　　　　表3-8

序号	条款名称	合同条目号	约定内容	备注
1	缺陷责任期	1.1.4.5	自实际交工日期起计算____年	
2	逾期交工违约金	11.5(3)	_____元/天（编者注：约0.02%~0.03%合同价）	
3	逾期交工违约金限额	11.5(3)	____%签约合同价（编者注：10%）	
4	提前交工的奖金	11.6	_____元/天	
5	提前交工的奖金限额	11.6	_____%签约合同价	
6	价格调整的差额计算	16.1.1	见价格指数和权重表	
7	开工预付款金额	17.2.1(1)	_____%签约合同价（编者注：约10%）	
8	材料、设备预付款	17.2.1(2)	____等主要材料、设备单据所列费用的____%（编者注：约60%~75%）	
9	进度付款证书最低限额	17.3.3(1)	_____%签约合同价或____万元	
10	逾期付款违约金的利率	17.3.3(2)	____‰/天（编者注：一般低于0.5‰/天）	
11	质量保证金限额	17.4.1	_____%合同价格，若交工验收时承包人具备被招标项目所在地省级交通主管部门评定的最高信用等级，发包人给予__%合同价格质量保证金的优惠，并在交工验收时向承包人返还质量保证金优惠的金额（编者注：最高不超过合同价3%）	
12	保修期	19.7	自实际交工日期起计算____年（编者注：5年）	

价格指数和权重表参见第八章的对应表格，主要是为了因物价变动进行合同价调整的公式中应用。

2.合同当事人和人员

（1）合同当事人：指发包人和（或）承包人。

（2）发包人：指专用合同条款中指明并与承包人在合同协议书中签字的当事人。

（3）承包人：指与发包人签订合同协议书的当事人。

（4）承包人项目经理：指承包人派驻施工场地的全权负责人。

（5）分包人：指从承包人处分包合同中某一部分工程，并与其签订分包合同的分包人。

（6）监理人：指在专用合同条款中指明的，受发包人委托对合同履行实施管理的法人或其他组织。

（7）总监理工程师（总监）：指由监理人委派常驻施工场地对合同履行实施管理的全权负责人。

（8）承包人项目总工：指由承包人书面委派常驻现场负责管理本合同工程的总工程师或技术总负责人。（注：交通运输部增加）

3. 工程和设备

（1）工程：指永久工程和（或）临时工程。

（2）永久工程：指按合同约定建造并移交给发包人的工程，包括工程设备。

（3）临时工程：指为完成合同约定的永久工程所修建的各类临时性工程，不包括施工设备。

（4）单位工程：指在建设项目中，根据签订的合同，具有独立施工条件的工程。

（5）工程设备：指构成或计划构成永久工程一部分的机电设备、金属结构设备、仪器装置及其他类似的设备和装置。

（6）施工设备：指为完成合同约定的各项工作所需的设备、器具和其他物品，不包括临时工程和材料。（编者注：在6.2款发包人提供的"施工设备"就不是承包人设备。）

（7）临时设施：指为完成合同约定的各项工作所服务的临时性生产和生活设施。

（8）承包人设备：指承包人自带的施工设备。

（9）施工场地（或称工地、现场）：指用于合同工程施工的场所，以及在合同中指定作为施工场地组成部分的其他场所，包括永久占地和临时占地。

（10）永久占地：指为实施本合同工程而需要的一切永久占用的土地，包括公路两侧路权范围内的用地。（编者注：此目1.1.3.10和下一目1.1.3.11是交通运输部细化）

（11）临时占地：指为实施本合同工程而需要的一切临时占用的土地，包括施工所用的临时支线、便道、便桥和现场的临时出入通道，以及生产（办公）、生活等临时设施用地等。

（12）分部工程：指在单位工程中，按结构部位、路段长度及施工特点或施工任务划分的若干个工程。（编者注：此目交通运输部增加）

（13）分项工程：指在分部工程中，按不同的施工方法、材料、工序及路段长度等划分的若干个过程。（编者注：此目交通运输部增加）

4. 合同价格和费用

（1）签约合同价：指签订合同时合同协议书中写明的，包括了暂列金额、暂估价的合同总金额。

（2）合同价格：指承包人按合同约定完成了包括缺陷责任期内的全部承包工作后，发包人应付给承包人的金额，包括在履行合同过程中按合同约定进行的变更和调整。

（3）费用：指为履行合同所发生的或将要发生的所有合理开支，包括管理费和应分摊的其他费用,但不包括利润。

(4)暂列金额:指已标价工程量清单中所列的暂列金额,用于在签订协议书时尚未确定或不可预见变更的施工及其所需材料、工程设备、服务等的金额,包括以计日工方式支付的金额。

(5)暂估价:指发包人在工程量清单中给定的用于支付必然发生但暂时不能确定价格的材料、设备以及专业工程的金额。

(6)计日工:指对零星工作采取的一种计价方式,按合同中的计日工子目及其单价计价付款。

(7)质量保证金(或称保留金):指按第17.4.1项约定用于保证在缺陷责任期内履行缺陷修复义务的金额。(编者注:与FIDIC的保留金不同点见第八章)

5.其他

(1)书面形式:指合同文件、信函、电报、传真等可以有形地表现所载内容的形式。

(2)竣工验收:指《公路工程竣(交)工验收办法》中的竣工验收。通用合同条款中"国家验收"一词具有相同含义。

(3)交工:指《公路工程竣(交)工验收办法》中的交工验收。通用合同条款中"竣工"一词具有相同含义。

(4)交工验收证书:指《公路工程竣(交)工验收办法》中的交工验收证书。通用合同条款中"工程接收证书"一词具有相同含义。

(5)转包:指承包人违反法律和不履行合同规定的责任和义务,将中标工程全部委托或以专业分包的名义将中标工程肢解后全部委托给其他施工企业施工的行为。

(6)专业分包:指承包人与具有相应资质的施工企业签订专业分包合同,由分包人承担承包人委托的分部工程、分项工程或适合专业化队伍施工的其他工程,整体结算,并能独立控制工程质量、施工进度、材料采购、生产安全的施工行为。

(7)劳务分包:指承包人与具有劳务分包资质的劳务企业签订劳务分包,由劳务企业提供劳务人员及机具,由承包人统一组织施工,统一控制工程质量、施工进度、材料采购、生产安全的施工行为。

(8)雇佣民工:指承包人与具有相应劳动能力的自然人签订劳动合同,由承包人统一组织管理,从事分项工程施工或配套工程施工的行为。

(二)语言文字

除专用术语外,合同使用的语言文字为中文。必要时专用术语应附有中文注释。

(三)法律

适用于合同的法律包括中华人民共和国法律、行政法规、部门规章,以及工程所在地的地方法规、自治条例、单行条例和地方政府规章。

(四)其他约定

其他约定有:合同文件的优先顺序,合同协议书,图纸和承包人文件,联络,转让,严禁贿赂,化石、文物,专利技术,图纸和文件的保密。这些有关内容在以下的内容中或工程分包、工程变更、工程索赔的章节中介绍。

二、合同文件优先顺序的应用和合同的完备性

(一)合同文件的优先顺序(Priority of documents)

合同条款定义的1.4规定组成合同的各项文件应互相解释,互为说明。除了项目专用合同条款另有约定外,解释合同文件的优先顺序如下:

(1)合同协议书及各种合同附件(含评标期间和合同谈判过程中的澄清文件和补充资料)。

(2)中标通知书。

(3)投标函及投标函附录。

(4)项目专用合同条款。

(5)公路工程专用合同条款。

(6)通用合同条款。

(7)工程量清单计量规则。

(8)技术规范。

(9)图纸。

(10)已标价工程量清单。

(11)承包人有关人员、设备投入的承诺及投标文件中的施工组织设计。

(12)其他合同文件。

(二)合同文件优先顺序的应用

【例题3-3】

1.背景资料:

由于招标代理机构的疏忽,某桥梁工程的人工挖孔桩的工程量清单见表3-9。

挖孔桩的工程量清单　　　　　　　　　　表3-9

清单编号	细目名称	单位	数量	单价	合价或金额
407-1-d	挖孔桩桩径1.3m	m^3	125.64	1278.09	160579
407-1-e	挖孔桩桩径1.8m	m^3	298.42	2347.32	700487

2.问题:

(1)工程量清单中有什么错误?

(2)如果按照"m^3"单位计量,对谁有利?

(3)对业主来说,按照"m"计量的依据是什么?

3.分析与回答:

(1)根据交通运输部2009年版技术规范407.04计量和支付条款,工程量清单中,招标代理将计量单位"m"错误地写成了"m^3",而数量却是按照"m"。但投标人很聪明,是按照"m"报的单价。

(2)如果按照"m^3"单位计量,对承包人(施工单位)有利。因为1.8m孔径的挖孔桩共298.42 m,如果按照"m^3"的计量单位,实际体积 = $3.14159 \times 1.8^2 \times 298.42 \div 4 = 759.39$ m^3,则承包人将多得 $759.39 \times 2347.32 - 700487 = 1782531 - 700487 = 108.2044$ 万元。同理,1.3m孔径的挖孔桩共125.64m,按照"m^3"的计量单位,实际

体积 =3.14159×1.3^2×125.64÷4=166.76 m^3，则承包人将多得 166.76×1278.09-160579=213134-160579=5.2555 万元。所以作为承包人将抓住业主方(建设单位)的错误大做文章，坚持按照"m^3"单位计量；甚至可以利用《合同法》第41条"对格式条款有两种以上解释的，应当作出不利于提供格式条款一方的解释"的规定，为按照"m^3"单位计量提供法律依据。

(3)对业主来说，按照"m"计量的依据就是合同文件的优先顺序。公路工程合同的"技术规范"407.04计量和支付，第1点的(1)规定"挖孔灌注桩以实际完成并经监理人验收后的数量，按不同桩径的桩长以米计量"。根据公路工程施工合同第1.4款的约定，(7)的"技术规范"优先顺序高于第(9)的"已标价工程量清单"，所以规范约定"m"可以否定清单写错的"m^3"；即使承包人以《合同法》为由坚持按照"m^3"计量也不成立，因为有效的合同约定高于法定。

(三)合同文件优先顺序影响合同完备性的应对

在工程实践中，由于特殊的实际情况或者工作的失误往往造成与合同条款范本(标准合同)的约定不一致，因此将可能会产生合同的不完备性问题。例如，图纸要求的标准高于技术规范的标准，实际上一般应按照图纸要求的标准施工；或者招标人的业务不熟悉，造成工程量清单中的计量规定与技术规范中的计量规定不一致。由于技术规范的优先等级高于图纸和已经标价的工程量清单，这样极容易引起合同纠纷而且受损失的往往是承包人(施工单位)；所以要善于在"项目专用条款"中确定优先级顺序或利用投标预备会形成的补遗书作为合同附件，使其优先级高于技术规范，解决了合同的不完备问题(参见公路工程合同协议书中的优先顺序)。

1.图纸的标准高于技术规范的应对

当图纸的标准高于技术规范时，作为业主或招标人应该在项目专用条款中增加"如果图纸的标准高于技术规范要求，施工时按照图纸的标准执行"。这样就能解决合同的不完备问题，保护了合同当事人的合法利益。但是，在项目专用条款中未增加上述内容的情况下，作为投标人，由于处于格式条款的非格式方的不利地位，当发现图纸的标准高于技术规范时，因为无力修改项目专用条款，所以可以利用投标预备会的提问和回答使之形成补遗书的内容，这样就能改变合同文件的优先顺序，保护投标人(承包人)的合法利益。

例如，技术规范要求的公路地基清表土按照面积计量，一般不超过30cm，而图纸要求的清表土厚度深达150cm。投标人遇到了两难，按照30cm厚度报价大约3.5元/m^2，但施工时挖深150cm时所需要的单价是15.6元/m^2；而如果按照150cm的15.6元/m^{2}报价，虽然正确，却可能因为价格报高了而无缘中标。此时，投标预备会上提问就是投标人的绝好机会，但是作为招标和投标利益博弈的双方都会为自己的利益考虑，此时投标人如何提问非常重要，务必要让招标人作出"施工时应按照150cm进行清表土"的明确回答，这样就能避免因合同的不完备造成未来对业主进行审计时的不必要纠纷；否则招标人出于自身利益考虑可能会作出模棱两可的"按规定办"这种外交辞令的回答。另一种解决合同完备性方法是，作为招标人将图纸的顺序调整到规范之前。请读者思考此举是否明智？图纸出错的概率与规范相比哪个更大？你对"存在就是合理的"如何理解。

2.招标人的业务不熟悉造成工程量清单中的计量规定与技术规范不一致的应对

在实践中，由于招标人或招标代理人的业务不熟悉造成工程量清单中的计量规定与技术规范不一致。例如,在例题 3-3 中,如果招标人或招标代理人由于业务不熟悉将人工挖孔桩的计量单位真的确定为"m³"而且在数量栏中填写的就是体积数量,一般情况下,投标人核实数量后认为是体积数量就按照体积报价,如表 3-10 所示。虽然承包人在未来的施工中,业主和监理一般是按照清单的单位和单价进行计量与支付,表面上没有损失,但已经埋下了合同不完备的隐患。因为在工程完工后的审计中,审计在审计节约的金额可以提成的利益驱动下,可能会利用文件优先顺序认为应当按照技术规范要求的计量单位"m"进行计量,此时清单表中的单价却成为每米的价格;最后的损失自然还是施工单位。

挖孔桩的工程量清单

表 3-10

清单编号	细目名称	单位	数量	单价	合价或金额
407-1-d	挖孔桩桩径 1.3m	m³	166.76	962.93	160578
407-1-e	挖孔桩桩径 1.8m	m³	759.39	922.43	700484

面对上述合同不完备问题,作为投标人的承包人应如何应对? 同理,投标预备会对投标人来说是解决此类问题的最有利时机。在投标预备会上,投标人要求招标人明确计量单位是"m³"吗? 一般情况下,如果招标人出于面子和利益,最简单的处理方法,就是回答"m³"。这样招标人的回答就记入补遗书,其优先级高于技术规范,问题就得到解决,不会留下未来被审计扣除的想象空间。如果招标人在不修改数量的情况下回答"m",则投标人就按照"m"进行报价,此时对承包人更有利,因为这个偏大的数量留给承包人想象的空间。当然,投标人还可以在中标后签订合同时补充这些内容,到时审计就是承认你不违反《招标投标法实施条例》第 57 条,合同修改有效,但是,此时中标人是出于被动地位,一旦被拒绝将无法弥补。而采用在投标预备会上提问,投标人是主动方,招标人必须回答并记录在补遗书中,投标人占先手。在工程实践中,曾发生过类似的问题,隧道工程的钢拱架连接钢筋按照技术规范计量的规定,本应包含在钢拱架的报价中;由于招标代理人的错误,将其单独列在工程量清单中,投标人将原本含在钢拱架中的费用扣除后填入到连接钢筋的清单子目中,业主和监理都同意并支付了;结果审计就是以规范要求连接钢筋已包含在钢拱架中,连接钢筋不单独支付为由,扣除了业主已经支付给承包人的工程款项。所以承包人应该认真、系统地理解合同内容,学会自我保护,避免自己的合法利益受到侵害。

三、合同中发包人、监理人、承包人的职责和权利

(一)发包人的义务和权利

1.发包人的主要义务

(1)发出开工通知:发包人应委托监理人按第 11.1 款的约定向承包人发出开工通知。

(2)提供施工场地:发包人应按专用合同条款约定向承包人提供施工场地,以及施工场地内地下管线和地下设施等有关资料,并保证资料的真实、准确、完整。交通运输部在公路专用条款中补充:承包人按规定提交与进度计划同步的永久占地计划。监理收到的 14 天内审核并转发发包人核备。发包人在监理发出工程或分部工程开工通知(令)前,办妥相关征地等手续,以保证承包人及时开工和连续不间断的施工。如果由于发包人的原因,影响承包人及时使用永久占地,造成的费用增加和工期延误应由发包人承担。但是承包人未能

按规定提交占地计划而影响发包人办理相关永久占地手续的情况除外,即由承包人自己负责。

(3)组织设计交底:发包人应根据合同进度计划,组织设计单位向承包人进行设计交底。

(4)支付合同价款:发包人应按合同约定向承包人及时支付合同价款。

(5)组织竣工验收:发包人应按合同约定及时组织竣工验收。

(6)其他义务:协助义务等。

2.发包人的权利

发包人作为合同买方当事人的主要权利有:要求撤换不合格的监理人员;审批承包人更换项目经理,动用保留金(质量保证金),向承包人索赔的权利等。发包人在现场的各种管理权利一般委托给监理人(例如,撤换不合格的项目经理的权利)。

(二)监理人的义务和权利

3.1　监理人的职责和权力

3.1.1　监理人受发包人委托,享有合同约定的权力。监理人在行使某项权力前需要经发包人事先批准而通用合同条款没有指明的,应在专用合同条款中指明。

《公路工程招标文件》(2018 年版)对本项进行补充:有以下 10 个目需要经发包人事先批准。监理人在行使下列权利前需经发包人事先批准:

(1)根据第 4.3 款,同意分包本工程的非主体和非关键性工作;

(2)确定第 4.11 款(即"不利物质条件")下产生的费用增加额;

(3)根据第 11.1 款、第 12.3 款、第 12.4 款发布开工通知书、暂停施工指示或复工通知;

(4)决定第 11.3 款、第 11.4 款下的工期延长;

(5)审查批准技术方案或设计变更;

(6)根据第 15.3 款发出的变更指示,其单项工程变更或累计变更涉及的金额超过了项目专用合同条款数据表中规定的金额;

(7)确定第 15.4 款下变更工作的单价;

(8)按照第 15.6 款决定有关暂列金额的使用;

(9)确定第 15.8 款下暂估价金额;

(10)确定第 23.1 款下的索赔额。

如果发生紧急情况,监理人认为将造成人员伤亡,或危及本工程或邻近的财产需立即采取行动,监理人有权在未征得发包人的批准的情况下发布处理经济情况所必需的指令,承包人应予以执行,由此造成的费用增加由监理人按第 3.5 款商定或确定。

3.1.2　监理人发出的任何指示应视为已得到发包人的批准,但监理人无权免除或变更合同约定的发包人和承包人的权利、义务和责任。

3.1.3　合同约定应由承包人承担的义务和责任,不因监理人对承包人提交文件的审查或批准,对工程、材料和设备的检查和检验,以及为实施监理作出的指示等职务行为而减轻或解除。

3.2　总监理工程师

发包人应在发出开工通知前将总监理工程师的任命通知承包人。总监理工程师更换时,应在调离 14 天前通知承包人。总监理工程师短期离开施工场地的,应委派代表代行其职责,并通知承包人。

3.3 监理人员

3.3.1 总监理工程师可以授权其他监理人员负责执行其指派的一项或多项监理工作。总监理工程师应将被授权监理人员的姓名及其授权范围通知承包人。被授权的监理人员在授权范围内发出的指示视为已得到总监理工程师的同意，与总监理工程师发出的指示具有同等效力。总监理工程师撤销某项授权时，应将撤销授权的决定及时通知承包人。

3.3.2 监理人员对承包人的任何工作、工程或其采用的材料和工程设备未在约定的或合理的期限内提出否定意见的，视为已获批准，但不影响监理人在以后拒绝该项工作、工程、材料或工程设备的权利。

3.3.3 承包人对总监理工程师授权的监理人员发出的指示有疑问的，可向总监理工程师提出书面异议，总监理工程师应在 48 小时内对该指示予以确认、更改或撤销。

3.3.4 除专用合同条款另有约定外，总监理工程师不应将第 3.5 款约定应由总监理工程师作出确定的权力授权或委托给其他监理人员。

3.4 监理人的指示

3.4.1 监理人应按第 3.1 款的约定向承包人发出指示，监理人的指示应盖有监理人授权的施工场地机构章，并由总监理工程师或总监理工程师按第 3.3.1 项约定授权的监理人员签字。

3.4.2 承包人收到监理人按第 3.4.1 项作出的指示后应遵照执行。指示构成变更的，应按第 15 条处理。

3.4.3 在紧急情况下，总监理工程师或被授权的监理人员可以当场签发临时书面指示，承包人应遵照执行。承包人应在收到上述临时书面指示后 24 小时内，向监理人发出书面确认函。监理人在收到书面确认函后 24 小时内未予答复的，该书面确认函应被视为监理人的正式指示。

3.4.4 除合同另有约定外，承包人只从总监理工程师或按第 3.3.1 项被授权的监理人员处取得指示。

3.4.5 由于监理人未能按合同约定发出指示、指示延误或指示错误而导致承包人费用增加和(或)工期延误的，由发包人承担赔偿责任。

3.5 商定或确定(此款很重要，总监理工程师不可将此权力委托给他人)

3.5.1 合同约定总监理工程师应按照本款对任何事项进行商定或确定时，总监理工程师应与合同当事人协商，尽量达成一致。不能达成一致的，总监理工程师应认真研究后审慎确定。

《公路工程招标文件》(2018 年版)对本项 3.5.1 补充如下：

如果这项商定或确定导致费用增加和(或)工期延长，或者涉及确定变更工程的价格，则总监理工程师在发出通知前，应征得发包人的同意。

3.5.2 总监理工程师应将商定或确定的事项通知合同当事人，并附详细依据。对总监理工程师的确定有异议的，构成争议，按照第 24 条的约定处理。在争议解决前，双方应暂按总监理工程师的确定执行，按照第 24 条的约定对总监理工程师的确定作出修改的，按修改后的结果执行。

（三）承包人的义务和权利

1. 承包人的一般义务(4.1款)

4.1.1 遵守法律

承包人在履行合同过程中应遵守法律,并保证发包人免于承担因承包人违反法律而引起的任何责任。

4.1.2 依法纳税

承包人应按有关法律规定纳税,应缴纳的税金包括在合同价格内。

4.1.3 完成各项承包工作

承包人应按合同约定以及监理人根据第3.4款作出的指示,实施、完成全部工程,并修补工程中的任何缺陷。除专用合同条款另有约定外,承包人应提供为完成合同工作所需的劳务、材料、施工设备、工程设备和其他物品,并按合同约定负责临时设施的设计、建造、运行、维护、管理和拆除。

4.1.4 对施工作业和施工方法的完备性负责

承包人应按合同约定的工作内容和施工进度要求,编制施工组织设计和施工措施计划,并对所有施工作业和施工方法的完备性和安全可靠性负责。

4.1.5 保证工程施工和人员的安全

承包人应按第9.2款约定采取施工安全措施,确保工程及其人员、材料、设备和设施的安全,防止因工程施工造成的人身伤害和财产损失。

4.1.6 负责施工场地及其周边环境与生态的保护工作

承包人应按照第9.4款约定负责施工场地及其周边环境与生态的保护工作。

4.1.7 避免施工对公众与他人的利益造成损害

承包人在进行合同约定的各项工作时,不得侵害发包人与他人使用公用道路、水源、市政管网等公共设施的权利,避免对邻近的公共设施产生干扰。承包人占用或使用他人的施工场地,影响他人作业或生活的,应承担相应责任。

4.1.8 为他人提供方便

承包人应按监理人的指示为他人在施工场地或附近实施与工程有关的其他各项工作提供可能的条件。除合同另有约定外,提供有关条件的内容和可能发生的费用,由监理人按第3.5款商定或确定。（编者注:是为他人服务的索赔条款）

4.1.9 工程的维护和照管

工程接收证书颁发前,承包人应负责照管和维护工程。工程接收证书颁发时尚有部分未竣工工程的,承包人还应负责该未竣工工程的照管和维护工作,直至竣工后移交给发包人为止。

《公路工程招标文件》(2018年版)对此项细化为:

(1)交工验收证书颁发前,承包人应负责照管和维护工程及将用于或安装在本工程中的材料、设备。交工验收证书颁发时尚有部分未交工工程的,承包人还应负责该未交工的工程、材料、设备的照管和维护工作,直至交工后移交给发包人为止。

(2)在承包人负责照管与维护期间,如果本工程或材料、设备等发生损失或损害,除不可抗力原因之外,承包人均应自费弥补,并达到合同要求。承包人还应对按第19条规定而实施作业的过程中由承包人造成的对工程的任何损失或损害负责。

4.1.10　其他义务

《公路工程招标文件》(2018年版)将此项细化为：

(1)临时占地由承包人向当地政府土地管理部门申请,并办理租用手续,承包人按有关规定直接支付其费用,发包人对此将予以协调。临时占地范围包括承包人驻地的办公室、食堂、宿舍、道路和机械设备停放场、料堆放场地、弃土场、预制场、拌和场、仓库、进场临时道路、临时便道、便桥等。承包人应在"临时占地计划表"范围内按实际需要与先后次序,提出具体计划报监理人同意,并报发包人。临时占地的面积和使用期应满足工程需要,费用包括临时占地数量、时间及因此而发生的协调、租用、复耕、地面附着物(电力、电信、房屋、坟墓除外)的拆迁补偿等相关费用。除项目专用合同条款另有约定外,临时占地的租地费用实行总额包干,列入工程量清单100章中由承包人按总额报价。

临时占地退还前,承包人应自费恢复到临时占地使用前的状况。如因承包人撤离后未按要求对临时占地进行恢复或虽进行了恢复但未达到使用标准的,将由发包人委托第三方对其恢复,所发生的费用将从应付给承包人的任何款项内扣除。

(2)除项目专用合同条款另有约定外,承包人应承担并支付为获得本合同工程所需的石料、砂、砾石、教土或其他当地材料等所发生的料场使用费及其他开支或补偿费。发包人应尽可能协助承包人办理料场租用手续及解决使用过程中的有关问题。

(3)承包人应严格遵守国家有关解决拖欠工程款和民工工资的法律、法规,及时支付工程中的材料、设备货款及民工工资等费用。承包人不得以任何借口拖欠材料、设备货款及民工工资等费用,如果出现此种现象,发包人有权代为支付其拖欠的材料、设备货款及民工工资,并从应付给承包人的工程款中扣除相应款项。对恶意拖欠和拒不按计划支付的,作为不良记录纳入公路建设市场信用信息管理系统。

承包人的项目经理部是民工工资支付行为的主体,承包人的项目经理是民工工资支付的责任人。项目经理部要建立全体民工花名册和工资支付表,确保将工资直接发放给民工本人,或委托银行发放民工工资,严禁发放给"包工头"或其他不具备用工主体资格的组织和个人。

工资支付表应如实记录支付单位、支付时间、支付对象、支付数额、支付对象的身份证号和签字等信息。民工花名册和工资支付表应报监理人备查。

(4)承包人应分解工程价款中的人工费用,在工程项目所在地银行开设民工工资(劳务费)专用账户,专项用于支付民工工资。发包人应按照本合同约定的比例或承包人提供的人工费用数额,将应付工程款中的人工费单独拨付到承包人开设的民工工资(劳务费)专用账户。民工工资(劳务费)专用账户应向人力资源社会保障部门和交通运输主管部门备案,并委托开户银行负责日常监管,确保专款专用。开户银行发现账户资金不足、被挪用等情况,应及时向人力资源社会保障部门和交通运输主管部门报告。

(5)承包人应严格执行招标文件技术规范对施工标准化提出的具体要求,结合本单位施工能力和技术优势,积极采取有利于标准化施工的组织方式和工艺流程,加强工地建设、工艺控制、人员管理和内业资料管理,强化对施工一线操作人员的培训,改善职工生产生活条件,与此相关的费用承包人应列入工程量清单100章中。

(6)承包人应履行项目专用合同条款约定的其他义务。

2. 履约保证金(4.2 款)

本款细化为:

承包人应保证其履约保证金在发包人签发交工验收证书且承包人按照合同约定缴纳质量保证金前一直有效。发包人应在收到承包人缴纳的质量保证金后28天内把履约保证金退还给承包人。

承包人拒绝按照本合同约定缴纳质量保证金的,发包人有权从竣工付款证书中扣留相应金额作为质量保证金,或者直接将履约保证金金额用于保证承包人在缺陷责任期内履行缺陷修复义务。

3. 分包

具体参见第二章的分包内容。

4. 联合体(4.4 款)

4.4.1　联合体各方应共同与发包人签订合同协议书。联合体各方应为履行合同承担连带责任。

4.4.2　联合体协议经发包人确认后作为合同附件。在履行合同过程中,未经发包人同意,不得修改联合体协议。

4.4.3　联合体牵头人负责与发包人和监理人联系,并接受指示,负责组织联合体各成员全面履行合同。

4.4.4　未经发包人事先同意,联合体的组成与结构不得变动。

5. 承包人项目经理(4.5 款)

4.5.1　承包人应按合同约定指派项目经理,并在约定的期限内到职。承包人更换项目经理应事先征得发包人同意,并应在更换14天前通知发包人和监理人。承包人项目经理短期离开施工场地,应事先征得监理人同意,并委派代表代行其职责。

4.5.2　承包人项目经理应按合同约定以及监理人按第3.4款作出的指示,负责组织合同工程的实施。在情况紧急且无法与监理人取得联系时,可采取保证工程和人员生命财产安全的紧急措施,并在采取措施后24小时内向监理人提交书面报告。

4.5.3　承包人为履行合同发出的一切函件均应盖有承包人授权的施工场地管理机构章,并由承包人项目经理或其授权代表签字。

4.5.4　承包人项目经理可以授权其下属人员履行其某项职责,但事先应将这些人员的姓名和授权范围通知监理人。

6. 承包人人员的管理(4.6 款)

4.6.1　承包人应在接到开工通知后28天内,向监理人提交承包人在施工场地的管理机构以及人员安排的报告,其内容应包括管理机构的设置、各主要岗位的技术和管理人员名单及其资格,以及各工种技术工人的安排状况。承包人应向监理人提交施工场地人员变动情况的报告。

4.6.2　为完成合同约定的各项工作,承包人应向施工场地派遣或雇佣足够数量的下列人员:

(1)具有相应资格的专业技工和合格的普工;

(2)具有相应施工经验的技术人员;

(3)具有相应岗位资格的各级管理人员。

4.6.3 承包人安排在施工场地的主要管理人员和技术骨干应相对稳定。承包人更换主要管理人员和技术骨干时,应取得监理人的同意。(编者注:《公路工程招标文件》(2009 年版)对本项进行了细化。)

4.6.4 特殊岗位的工作人员均应持有相应的资格证明,监理人有权随时检查。监理人认为有必要时,可进行现场考核。

4.6.5 尽管承包人已按承诺派遣了上述各类人员,但若这些人员仍不能满足合同进度计划和(或)质量要求时,监理人有权要求承包人继续增派或雇用这类人员,并书面通知承包人和抄送发包人。承包人在接到上述通知后应立即执行监理人的上述指示,不得无故拖延,由此增加的费用和(或)工期延误由承包人承担。

7. 撤换承包人项目经理和其他人员(4.7 款)

承包人应对其项目经理和其他人员进行有效管理。监理人要求撤换不能胜任本职工作、行为不端或玩忽职守的承包人项目经理和其他人员的,承包人应予以撤换,同时委派经发包人与监理人同意的新的项目经理和其他人员。

8. 保障承包人人员的合法权益(4.8 款)

4.8.1 承包人应与其雇用的人员签订劳动合同,并按时发放工资。

4.8.2 承包人应按《劳动法》的规定安排工作时间,保证其雇用人员享有休息和休假的权利。因工程施工的特殊需要占用休假日或延长工作时间的,应不超过法律规定的限度,并按法律规定给予补休或付酬。

4.8.3 承包人应为其雇用人员提供必要的食宿条件,以及符合环境保护和卫生要求的生活环境,在远离城镇的施工场地,还应配备必要的伤病防治和急救的医务人员与医疗设施。

4.8.4 承包人应按国家有关劳动保护的规定,采取有效的防止粉尘、降低噪声、控制有害气体和保障高温、高寒、高空作业安全等劳动保护措施。其雇用人员在施工中受到伤害的,承包人应立即采取有效措施进行抢救和治疗。

4.8.5 承包人应按有关法律规定和合同约定,为其雇用人员办理保险。

4.8.6 承包人应负责处理其雇用人员因工伤亡事故的善后事宜。

9. 工程价款应专款专用

《公路工程招标文件》(2018 年版)细化内容如下:

发包人按合同约定支付给承包人的各项价款应专用于合同工程。承包人必须在发包人指定的银行开户,并与发包人、银行共同签订《工程资金监管协议》,接受发包人和银行对资金的监管。承包人应向发包人授权进行本合同工程开户银行工程资金的查询。发包人支付的工程进度款应为本工程的专款专用资金,不得转移或用于其他工程。发包人的期中支付款将转入该银行所设的专门账户,发包人及其派出机构有权不定期对承包人工程资金使用情况进行检查,发现问题及时责令承包人限期改正,否则,将终止月支付,直至承包人改正为止。

10. 承包人现场查勘(4.10 款)

4.10.1 发包人提供的本合同工程的水文、地质、气象和料场分布、取土场、弃土场位置等资料均属于参考资料,并不构成合同文件的组成部分,承包人应对自己就上述资料的解释、推论和应用负责,发包人不对承包人据此做出的判断和决策承担任何责任。(2018 年版细化)

4.10.2　承包人应对施工场地和周围环境进行查勘,并收集有关地质、水文、气象条件、交通条件、风俗习惯以及其他为完成合同工作有关的当地资料。在全部合同工作中,应视为承包人已充分估计了应承担的责任和风险。

11. 不利物质条件(4.11)

4.11.1　不利物质条件,除专用合同条款另有约定外,是指承包人在施工场地遇到的不可预见的自然物质条件、非自然的物质障碍和污染物,包括地下和水文条件,但不包括气候条件。

4.11.2　承包人遇到不可预见的不利物质条件时,应采取适应不利物质条件的合理措施继续施工,并及时通知监理人。监理人应当及时发出指示,指示构成变更的,按第15条约定办理。监理人没有发出指示的,承包人因采取合理措施而增加的费用和(或)工期延误,由发包人承担。(《公路工程招标文件》(2018年版)细化4.11.2项内容)

4.11.3　可预见的不利物质条件(《公路工程招标文件》(2018年版)增加)

(1)对于项目专用合同条款中已经明确指出的不利物质条件无论承包人是否有其经历和经验均视为承包人在接受合同时已预见其影响,并已在签约合同价中计入因其影响而可能发生的一切费用。

(2)对于项目专用合同条款未明确指出,但是在不利物质条件发生之前,监理人已经指示承包人有可能发生,但承包人未能及时采取有效措施,而导致的损失和后果均由承包人承担。

12. 投标文件的完备性(4.12)

《公路工程招标文件》(2018年版)增加:合同双方一致认为,承包人在递交投标文件前,对本合同工程的投标文件和已标价工程量清单中开列的单价和总额价已查明正确的和完备的。投标的单价和总额价应已包括了合同中规定的承包人的全部义务(包括提供货物、材料、设备、服务的义务,并包括了暂列金额和暂估价范围内的额外工作的义务)以及为实施和完成本合同工程和其缺陷修复所必需的一切工作和条件。(注:此款说明公路工程是单价合同,其单价是全费综合单价,有别于房屋建筑和市政工程采用部分综合单价加另外的项目措施费的方式。)

四、施工费用管理的条款规定——工程计量支付和价格调价

工程量清单的数量是估算数量,不是最终结算数量。因此工程完成后必须进行实际工程计量。工程计量应按照合同的相关规定进行。公路工程计量主要涉及的合同条款有第17条和作为合同组成的技术规范中的"计量与支付"条款。

(一)工程计量的一般规定

1. 工程计量的原则

(1)不符合合同文件要求的工程,不得计量。

(2)按合同文件所规定的方法、范围、内容、单位计量。

(3)按监理人同意的计量方法计量。

2. 工程计量的依据

(1)工程量清单及说明。

(2)合同图纸。

(3)工程变更令及修订的工程量清单。

(4)合同条件(条款)。

(5)工程量清单计量规则。

(6)技术规范。

(7)有关计量的补充协议。

(8)索赔时间/金额审批表。

3.工程计量的方式、方法和程序

公路工程计量一般采用承包人和监理人共同计量方式。计量方法根据工程特点有:记录或图纸计算法、实地测量计算法(断面法、钻孔取样法)、总额分目计量法(《公路工程国内招标文件范本》(2003年版)57.2)、总额均摊法、凭证法等。

在工程质量达到验收要求后,以共同计量的方式按照工程量清单相关子目所对应的计量单位,采用不同的计量方法,进行计量;最后由承包人逐个填写中间计量表并附上支撑计量的主要文件(例如,分项工程开工批复、质量检验合格资料与评定、工程变更令、中间交工证书等),提交监理人审核。

采用单价合同的公路工程计量周期按月计量(但支付则是按合同约定)。

承包人未在已标价工程量清单中填入单价或总额价的工程子目,将被认为其已包含在本合同的其他子目的单价和总额价中,发包人将不另行支付。

中间计量表的形式如表3-11所示。

中 间 计 量 表   表3-11

承包单位: 编号:

监理单位: 第 页 共 页

子目号	503-1-a	子目名称	洞身土石方开挖
起止桩号	K21+400 ~ K21+440	图号	SVI-7-4(1/2)
部位	上台阶	中间交工证书编号	QX-2-SD00363

计算草图和计算式:

开挖数量 $= (440-400) \times (3.14 \times 7.24^2) \div 2 = 40 \times 82.30 = 3291.82 \text{m}^3$

单位	m³	数量	3291.82
承包人:	日期:	监理人:	日期:

公路工程的具体计量涉及技术规范中所有"计量与支付"条款,本教材主要就隧道工程土石方超挖的超净值计量、土石方台阶计量、旧路改造路面结构层不一致的计量换算如何使用EXCEL表格计算、桥梁墩台开挖和桥梁C30混凝土不同单价的计量等进行讨论。

(二)路基土石方的计量

路基土石方计量对石方的计量是承包人和监理人争论的焦点,有时在现场很难确定土方和石方的具体数量。因此有些合同标段在招标文件的工程量清单中土方和石方不分开报价,而是采用土石方综合单价,避免了施工计量中难以区分土方和石方具体数量的矛盾。

根据作者的经验,路基土石方计量可关注两个问题:一个是用两桩号平均面积乘以桩号间距计算土石方体积这同一算法条件下,第一期计量时没有考虑未施工零工程量的横断面面积而造成在第二期土石方计量时丢失纵断面图中两个三角形体积的土石方数量;另一个是填方路段原地面的挖台阶工程量要如何正确计量,如图3-5中 $A_W = 34$。

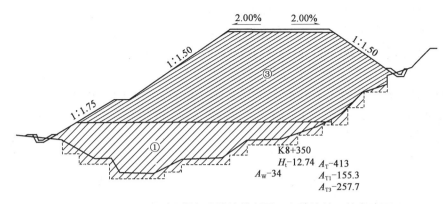

图 3-5 路基土石方分期完成填筑横断面图和填筑前开挖台阶图

1. 第一期或第一次路基土石方的正确计量

(1) 第一期土石方计量未考虑零工程量横断面面积埋下错误的体积计算

某公路工程, 资料反映第一期完成的横断面面积分别是 K5＋100 为 60m², K5＋120 为 40m², K5＋140 为 30m², 承包人或者监理人往往按照表 3-12 计算第一期的土石方工程量, 此时第一期土石方计量为 1700m³。在此同一算法下三个横断面完成的路基土石方如图 3-6 所示。

未考虑零工程量土石方计量表   表 3-12

桩号	合同面积 (m²)		上月末累计面积 (m²)		本月完成面积 (m²)		本月末累计面积 (m²)		本月完成体积 (m³)	
	挖方	填方	挖方	填方	挖方	填方	挖方	填方	挖方	填方
1	2	3	4	5	6	7	8	9	10	11
K5＋100	130				60		60			
									1000	
K5＋120	100				40		40			
									700	
K5＋140	80				30		30			
本页小计									1700	
累计										

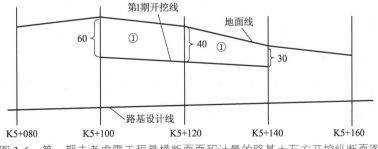

图 3-6 第一期未考虑零工程量横断面面积计量的路基土石方开挖纵断面图

（2）第二期土石方计量丢失工程量的原因分析

第二期完成五个横断面的路基土石方如图 3-7 所示,完成的横断面面积分别是 K5 + 80 为 55m², K5 + 100 为 25m², K5 + 120 为 20m², K5 + 140 为 15m², K5 + 160 为 35m²。在同一算法下承包人按照表 3-13 计算第二期的土石方工程量,此时第二期土石方计量为 2100m³ 是错误的。因为在同一算法下却是按照图 3-8 进行计算的,此时 K5 + 80 ~ K5 + 100 之间 K5 + 100 按照 25 计算两桩号间的体积, K5 + 140 ~ K5 + 160 之间 K5 + 140 按照 15 计算两桩号间的体积,少了两个三角形的体积分别是 600m³ 和 300m³。

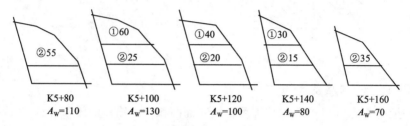

图 3-7　第二期五个横断面开挖面积图

第二期丢失工程量土石方计量表　　　　表 3-13

桩号	合同面积（m²）		上月末累计面积（m²）		本月完成面积（m²）		本月末累计面积（m²）		本月完成体积（m³）	
	挖方	填方	挖方	填方	挖方	填方	挖方	填方	挖方	填方
1	2	3	4	5	6	7	8	9	10	11
K5 + 080	110		0		55		55			
K5 + 100	130		60		25		80		800	
K5 + 120	100		40		20		60		450	
K5 + 140	80		30		15		45		350	
K5 + 160	70		0		35		35		500	
本页小计									2100	
累计										

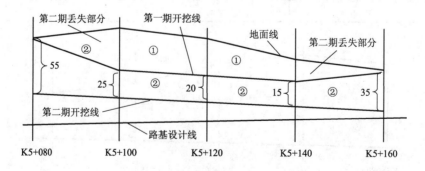

图 3-8　第二期计量丢失两个三角形部分体积的路基土石方开挖纵断面图

（3）第一期（第一次计量）路基土石方计量正确的计算表（表3-14）

第一期路基土石方计量正确的计算表　　　　　　　　　　　　　　表3-14

桩号	合同面积（m²）		上月末累计面积（m²）		本月完成面积（m²）		本月末累计面积（m²）		本月完成体积（m³）	
	挖方	填方	挖方	填方	挖方	填方	挖方	填方	挖方	填方
1	2	3	4	5	6	7	8	9	10	11
K5+080	110				0		0			
									600	
K5+100	130				60		60			
									1000	
K5+120	100				40		40			
									700	
K5+140	80				30		30			
									300	
K5+160	70				0		0			
本页小计									2600	
累计										

为了保证算法的一致,在第一期计量时,应将相邻桩号未计量的横断面面积设为0进行计算。同理,每个桩号横断面只要是第一次计量,也要在相邻桩号未计量的横断面加上0进行计算。

当然,在实际工作中,人们还会采用一种更简单的计算方法:

$$最后一期数量 = 总量 - 前几期的累计数量 \tag{3-1}$$

请注意式(3-1)是否正确。该算式能解决上述所有第一次计量丢失的三角形体积,但是可能包含另一个错误。主要是"总量"中是否包含填方路段中的挖台阶数量。如果"总量"采用设计图中的挖方总量,则包含挖台阶的数量是错误的,当然这个错误有利于承包人;如采用0号台账方式,当0号台账的挖方总量已经扣除了挖台阶数量,则式(3-1)是正确的。

2. 填方路段原地面挖台阶工程量的正确处理

在技术规范的第200章的204.06计量与支付的"1. 计量与支付"的(5)规定如下:

借土填方,按压实的体积,以立方米计量。计价中包括借土场(取土坑)中非适用材料的挖除、弃运及借土场的资源使用费、场地清理、地貌恢复、施工便道、便桥的修建与养护、临时排水与防护等和填方材料的开挖、运输、挖台阶、摊平、压实、整型等一切与此作业有关的费用。

所以,设计图中已经包含在挖方总量中的"挖台阶"工程数量,是不能计量的。在采用路基土石方数量计算表(表3-14)时,对于大量的填方数量却有几个平方米或一二十平方米面积的挖方数量,可能就是挖台阶数量。图3-5中 $A_w = 34$,就是不能计量的挖台阶数量34m²,在采用路基土石方数量计算表进行中期计量时应扣除这部分面积数量。

因此,投标报价时承包人应将挖台阶的费用摊入到填方报价中,以避免不必要的损失。

(三)路面工程的计量

路面工程的计量相对比较简单,一般以结构层按照不同厚度的面积计量。不过要注意两个的主要问题,一是路面结构层横断面为梯形时宽度是按照顶面宽度还是梯形中位线宽度;二是旧路改造时由于原路面破损造成基层或底基层的厚度不统一需要通过计算体积再折算成面积进行计量。

1.路面结构层计量的净值宽度

路面的结构层如图3-9所示,根据不同的计量规则,净值宽度是不同的。

(1)《公路工程国内招标文件范本》(2003年版)技术规范304.06的1.(1)规定:水泥稳定土底基层、基层按图纸所示和监理工程师指示铺筑,经监理工程师验收合格的面积,按不同厚度以平方米计量。

对于"面积"的理解,发包人(招标人)和监理人又约定"路面宽度以顶面为准"。这样,路面宽度的净值就是顶面宽度 B。

(2)《公路工程招标文件》(2009年版)技术规范304.06的1.(1)规定:水泥稳定土底基层、基层按图纸所示和监理人指示铺筑,经监理人验收合格的平均面积,按不同厚度以平方米计量。

对于"平均面积"就可以理解为路面结构层梯形的中位线宽度。2017年的工程量清单计量规则征求意见稿印证了中位线宽度。

(3)《公路工程招标文件》(2018年版)工程量清单计量规则302节到307节的垫层、底基层和基层的计量规则是:依据图纸所示压实厚度,按照铺筑的顶面面积以平方米为单位计量。与2003年版规定相同。

2.旧路面改造的计量

在旧路面上铺筑新路面,考虑到结构的整体性,一般不允许结构层太薄,类似于不允许薄层贴补,所以设计图一般要求不能有小于5cm的结构层,如图3-10所示。

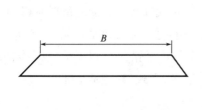

图3-9 路面结构图

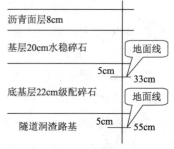

图3-10 旧路面改造设计图

【例题3-4】

1.背景资料:

某旧路面改造,要求在旧路面上铺筑新路面,根据设计图要求应保证面层为8cm,水泥稳定碎石基层为20cm(至少有20cm),级配碎石底基层设计为22cm。路基高程与路面顶面设计高程之差为填筑高度;考虑到施工的整体性和结构强度不允许出现小于5cm的结构层,所以基层厚度变化为20~25cm之间。底基层厚度应根据原地面的高度调整为0或5~27cm之间,但不允许出现小于5cm的底基层。填筑高度过大时用隧道洞渣回填到离路面顶设计线50cm处,但是不允许洞渣回填小于5cm。数据见表3-15。设计要求参见图3-10。

旧路面改造基层或底基层体积数量计算表　　表 3-15

桩号	填高(m)	底基层厚	基层厚	路面宽度(m)	底基层横断面面积	基层横断面面积	底基层体积	基层体积
QZK6 +960	0.52			9.9				
YHK6 +980	0.58			9.9				
K6 +990	0.55			9.6				
K7 +0	0.49			9.3				
HZK7 +10	0.47			9				
K7 +20	0.40			9				
K7 +40	0.32			9				
K7 +60	0.26			9				
本页合计								

2. 问题：

(1)用手工方法根据设计要求计算表格中各个空白列的值(目的是掌握各数据间的关系)。

(2)写出各个空白计算列的 EXCEL 表达式,用 EXCEL 表格计算。

3. 分析与回答：

主要分析用 EXCEL 电子表格计算应注意的问题和解决方法。

(1)形成 EXCEL 错行表格,可以通过错行将相邻两行合并实现。如图 3-11 所示。

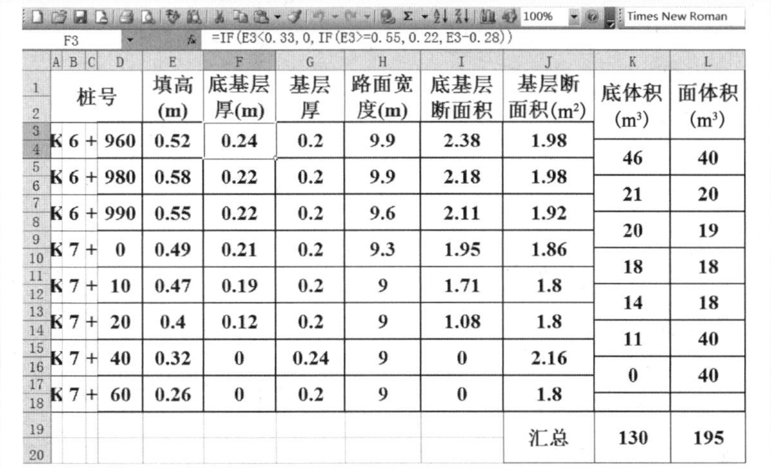

桩号				填高(m)	底基层厚(m)	基层厚	路面宽度(m)	底基层断面积	基层断面积(m²)	底体积(m³)	面体积(m³)
K	6	+	960	0.52	0.24	0.2	9.9	2.38	1.98	46	40
K	6	+	980	0.58	0.22	0.2	9.9	2.18	1.98	21	20
K	6	+	990	0.55	0.22	0.2	9.6	2.11	1.92	20	19
K	7	+	0	0.49	0.21	0.2	9.3	1.95	1.86	18	18
K	7	+	10	0.47	0.19	0.2	9	1.71	1.8	14	18
K	7	+	20	0.4	0.12	0.2	9	1.08	1.8	11	40
K	7	+	40	0.32	0	0.24	9	0	2.16	0	40
K	7	+	60	0.26	0	0.2	9	0	1.8		
									汇总	130	195

图 3-11　旧路面改造 EXCEL 计算表格截屏图

(2)解决桩号的可运算问题,可以通过将桩号分为 4 个独立的 EXCEL 列来实现桩号公里列和百米列数据能单独计算,从而实现桩号跨公里计算,并将桩号内的 4 列竖直表格线设置为不可见。参见图 3-11。

(3)根据"填高"分析如何实现 EXCEL 的 IF 函数自动计算"底基层厚度"和"基层厚度",以底基层为例,画 EXCEL 的 IF 函数实现的逻辑框图。参见图 3-12。

(4)写出"底基层厚度"和"底基层体积"计算列的 EXCEL 表达式。

条件函数的语法规定 IF(条件表达式,成立"表达式",否则"表达式"),表达式可以是函数,所以 IF 函数内可以嵌套多个 IF 函数。

底基层厚度以 F3 为例,单击 F3 单元格,输入" = IF(E3 <0.33,0,IF(E3 > =0.55,0.22,E3 -0.28))"。

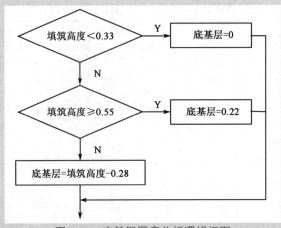

图 3-12 底基层厚度分析逻辑框图

底基层体积,单击 K4 单元格,输入"= ROUND((I3 + I5)/2 * (B5 * 1000 + D5 − (B3 * 1000 + D3)),0)"。以上表格计算的计量结果,就是按照路面结构层宽度以"顶面宽度"为准的净值规定。

(四)桥梁涵洞工程的计量

桥梁涵洞工程计量的计量子目(细目)最多,计量工作量较大较繁琐,要将工程量清单中的子目对应到具体工程部位,例如同是 C30 混凝土,不同部位的单价有较大差异。下面主要讨论基坑开挖土石方的"净值"(图 3-13 和图 3-14)、桥梁附属结构钢筋等计量问题。

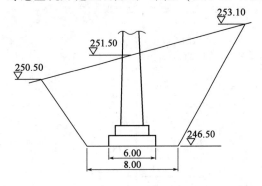

图 3-13 桥墩开挖设计图(尺寸单位:m)

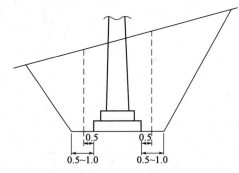

图 3-14 桥墩开挖计量图(尺寸单位:m)

1.桥梁墩台基坑开挖的土石方净值

桥墩设计图纸的土石方开挖数量如图 3-13 所示,但是计量需按照《公路工程招标文件》(2009 年版)技术规范 404.04 的 1.(1)或 2018 年版的工程量清单计量规则 404 节规定:

基础挖方应按下述规定,取用底、顶面间平均高度的棱柱体体积,分别按干处、水下及土、石,以立方米计量。干处挖方与水下挖方是以经监理人认可的施工期间实测的地下水位为界线。在地下水位以上开挖的为干处挖方;在地下水位以下开挖的为水下挖方。

基础底面、顶面及侧面的确定应符合下列规定:

(1)基础挖方底面:按图纸所示或监理人批准的基础(包括地基处理部分)的基底高程线计算。

(2)基础挖方顶面:按监理人批准的横断面上所标示的原地面线计算。

（3）基础挖方侧面：按顶面到底面，以超出基底周边 0.5m 的竖直面为界。

因此，桥梁墩台基础挖方应按上述规定，取用底、顶面间平均高度的棱柱体体积，作为桥梁工程基坑开挖的"净值"，以立方米进行计量。具体参见图3-14。

某桥梁工程一个墩的基础的尺寸为 6.00m×9.00m，其开挖设计图如图3-13所示（底面积尺寸为 8.00m×11.00m），设计院按照棱台体积计算的图纸数量约为730m³。土石方挖方的单价为 55 元/m³。

根据上述图形和数据，按照计量的方法和规范的要求，完成该结构物的基础开挖计量数量和支付费用是：

（1）土石方计量的数量 = (6+1)×(9+1)×(251.5−246.5) = 7×10×5 = 350m³。如果没有中间点高程，则可用基坑地表四周高程的算术平均值。

（2）土石方的计量金额 = (6+1)×(9+1)×(251.5−246.5)×55 = 350×55 = 19250 元。

2. 桥涵结构物台背回填的规定

台后路基填筑及锥坡填土在第 204 节内计量与支付。

锥坡及台前溜坡填土，按图纸要求施工，经监理人验收的压实体积，以立方米计量。

结构物台背回填按压实体积，以立方米计量，计价中包括：挖运、摊平、压实、整型等一切与此有关的作业费用。

对于挡土墙结构物的基础开挖、运输与回填等有关作业，均作为承包人应做的附属工作，不另行计量与支付（2009 年版技术规范 209.06 或 2018 年版工程量清单计量规则 209 节规定）。

3. 桥梁上部结构都是 C30 混凝土防止子目（细目）混淆的处理

（1）410-2-b　　　C30 混凝土（下部）　　　　　　444.30 元/m³

（2）410-7-d　　　现浇 C30 混凝土（上部盖、底梁）　528.90 元/m³

（3）410-9-a　　　C30 混凝土（上部空心板）　　　467.65 元/m³

（4）410-15-a　　 现浇 C30 混凝土（上部排架）　　431.83 元/m³

可见同为 C30 混凝土单价差异很大，在计量过程中极易套错子目。因此，合同管理人员计量时应认真翻阅图纸，避免产生不该发生的差错。采用计量台账是防止混淆的好办法。

4. 桥梁附属结构钢筋

按技术规范的计量规定，作为附属结构钢筋只包含：路缘石、人行道、防撞墙、栏杆、护栏、桥头搭板、枕梁、抗震挡块、制作垫块等构造物，其所有钢筋均作为附属结构钢筋。

5. 桥梁工程的计量台账

桥梁工程子目很多，相似的子目也很多，尤其不同部位相似子目极易产生错误，如上面的第3点。计量台账方式可以提高效率和正确率。目前业主为了有效控制工程造价，在承包人进入现场后，要求提交 0 号台账；在没有工程变更的情况下以 0 号台账的数量为准。

（五）隧道工程的计量

隧道工程计量涉及面很广，例如，隧道洞身开挖土石方的计算，开挖中的超挖，弃方远运，锚杆计算,格栅拱架或刚拱架的链接钢筋,锁脚锚杆,喷射混凝土,衬砌混凝土,隧道塌方处理的计量,不同围岩级别的隧道开挖、喷射混凝土、锚杆、二次衬砌等计量应按照图 3-15 中衬砌类型的桩号长度进行计量等。以下主要讨论隧道土石方开挖中超挖虽然属于超"净值"却又属于"合同另有规定"计量。

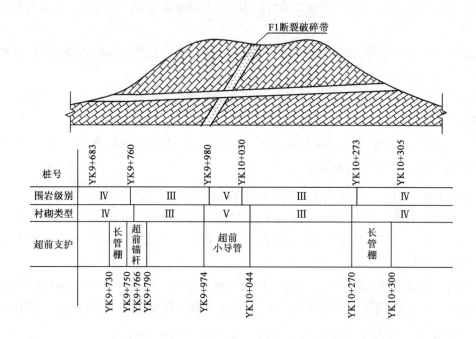

图 3-15　某工程右线隧道纵断面图

1. 隧道工程土石方开挖的计量

(1)依据《公路工程国内招标文件范本》(2003 年版)的超挖计量

《公路工程国内招标文件范本》(2003 年版)57.1 计量方法规定,工程的计量应以净值为准,除非合同对部分工程另有规定。

作为合同组成的技术规范 505.06 中对隧道的超挖作了超"净值"可以计量的规定:

洞内开挖土石方符合图纸所示或监理工程师指示,按隧道设计横断面加允许平均超挖量计得的土石方工程量。

以图 3-16 和表 3-16 为例来理解这个规定。"设计横断面的土石方数量"就是表 3-16 中"洞身开挖"的 131.24m³,是属于"净值"数量,而"允许超挖量"可以通过表 3-16 中"超挖回填混凝土"的 5.64m³ 来理解(即隧道洞身的允许超挖量)。但规范规定是"允许平均超挖量",有"平均"两个字,所以以"允许平均超挖量"要比 5.64m³ 的"允许超挖量"少点。具体的"平均允许超挖量"可以根据技术规范 503.09 中的表 503-4 对各类围岩拱部超挖、边墙和仰拱允许超挖平均值来确定,参见表 3-17。以图 3-16 的 V 级围岩即旧 II 类围岩为例(旧标准 I 类 = 新 VI 级,旧 VI 类 = 新 I 级,新标准级值越高围岩越差),允许的平均超挖厚度为 100mm,隧道的开挖周长约为 43.6m,则允许的平均超挖量约为 4.36m³。

设计图中隧道每延米工程数量表

表 3-16

工 程 名 称		单 位	数 量	备 注
超前支护(φ25 中空注浆锚杆)		m	48.75	
洞身开挖		m³	131.24	含仰拱开挖
初期支护	C20 喷射混凝土	m³	6.89	
	φ25 中空注浆锚杆	m	157.50	
		根	45.00	
	垫板	套	45.00	
	格栅拱架	榀	1.25	
	φ6.5 钢筋网	kg	74.62	
二次衬砌	C25 混凝土拱墙	m³	20.69	含 1/2 预留变形量
	C25 混凝土仰拱	m³	6.54	
	Ⅰ级钢筋	kg	566.37	
	Ⅱ级钢筋	kg	1613.54	
防水层		m²	27.49	
仰拱回填(C10 片石混凝土)		m³	13.64	
超挖回填混凝土(C25 混凝土)		m³	5.64	

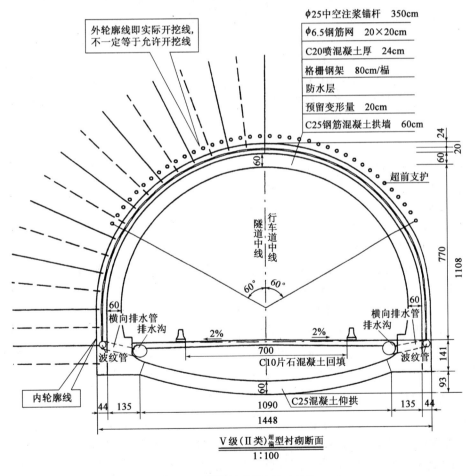

图 3-16　隧道结构图(尺寸单位:cm)

隧道洞身开挖检查项目(表503-4)　　　　　　　　　　表3-17

项次	检查项目		规定值或允许偏差	检查方法
1	拱部超挖(mm)	破碎岩,土(Ⅰ、Ⅱ类围岩)	平均100,最大150	每20m用尺量1个断面
		中硬岩,软岩(Ⅲ~Ⅴ类围岩)	平均150,最大200	
		硬岩(Ⅵ类围岩)	平均100,最大200	
2	宽度(mm)	每侧	+100,−0	每20m用尺量,每侧1处
		全宽	+200,−0	
3	边墙、仰拱、隧底超挖(mm)		平均100	每20m用水准仪沿中线检查1处

参见图3-17,洞身开挖103.05元/m^3,隧道超挖金额约为4.36×103.05 = 449.30元/m,如果合同标段约有3km长的隧道,则承包人就能多获得约134万元。因此,作为合同管理人员应系统地掌握技术知识和管理知识。

(2)《公路工程招标文件》(2009年版)的超挖计量

《公路工程招标文件》(2009年版)对隧道的超挖可以计量的规定更加细致明确,而且超挖可以计量的数量比《公路工程国内招标文件范本》(2003年版)更大。《公路工程招标文件》(2009年版)的公路工程专用条款17.1.2规定,工程的计量应以净值为准,除非项目专用合同条款另有约定。工程量清单中各个子目的具体计量方法按本合同文件技术标准中的规定执行。

因此,《公路工程招标文件》(2009年版)公路工程专用条款17.1.2可以理解为,技术规范规定的计量方法的数量就是"净值",而隧道"超挖"的设计允许值就属于"净值"内。交通运输部2009年版的技术规范503.10(1)规定:

洞内开挖土石方符合图纸所示(包括紧急停车带、车行横洞、人行横洞以及监控、消防设施的洞室)或监理人指示,按隧道内轮廓线加允许超挖值[设计给出的允许超挖值或《公路隧道施工技术规范》(JTG F60—2009)按不同围岩级别给出的允许超挖值]后计算土石方。另外,当采用复合衬砌时,除给出的允许超挖值外,还应考虑加上预留变形量。按上述要求计得的土石方工程量,不分围岩级别,以立方米计量。

按照上述规定,还是以图3-16为例,内轮廓线就是设计横断面的界限,其数量就是设计图纸数量为131.24m^3,允许超挖值至少是设计图中的5.64m^3;如果按照《公路隧道施工技术规范》(JTG F60—2009)规定得允许超挖值与表3-17相似(将隧道围岩的类别改为新标准级别),则要选用允许的最大偏差,至少是150mm,同样的隧道横断面计算所得允许超挖至少是6m^3以上,则增加的费用由134万元至少增加为174万元。

(3)《公路工程招标文件》(2018年版)超挖和预留变形量均不予计量

2018年版工程量清单计量规则503-1-a洞身开挖规定:①依据图纸所示成洞断面(不计允许超挖值及预留变形量的设计净断面)计算开挖体积,不分围岩级别,只区分为土方和石方,以立方米为单位计量;②含紧急停车带、车行横洞、人行横洞以及设备洞室的开挖。

2.隧道超挖回填的衬砌混凝土不能计量

《公路工程招标文件》(2009年版)技术规范504.08规定,洞身衬砌的拱部(含边墙),按实际完成并经验收的工程量,分别以不同级别混凝土和坞工,以立方米计量。任何情况下,衬砌厚度超出图纸规定轮廓线的部分,均不以计量。2018年版工程量清单计量规则504-1-b规定:依据图纸所示位置及尺寸,按图示混凝土体积分不同强度等级以立方米为单位计量。

3. 隧道工程计量形象进度图(图3-17)

细目名称	单位	单价			
格栅拱架、浅/偏503-4-a/b	榀	2632.53	40\第4期		
超前锚杆503-1-a	m	78.36	160\第4期		
洞身土石方开挖503-1-a	m³	103.05	2954\第4期	4241\第4期	
C20喷射混凝土503-3-a	m³	703.52	160\第4期	240\第4期	
φ25中空注浆径向锚杆503-3-b	m	43.16	4000\第4期	3360\第4期	
挂网Ⅰ级钢筋503-3-d	kg	4.24	2240\第4期	2400\第4期	
洞身衬砌C25混凝土504-1-a含仰拱	m³	288.37			
洞身衬砌Ⅰ级钢筋504-1-b含仰拱	kg	3.51			
洞身衬砌Ⅱ级钢筋504-1-c含仰拱	kg	3.66			
仰拱铺底C10片石混凝土504-2-b	m³	186.13			
防水排水EVA复合防水卷材505-1-e	m²	41.79			
φ50弹簧排水软管505-1-f	m	28.57			
SM-413型橡塑排水板505-1-g	m	27.98			
φ100HDPE单壁波纹管505-1-h	m	19.63			
BW型橡胶止水带505-1-j	m	39.49			
300g/m²无纺布505-1-h	m	11.31			
洞内路面混凝土504-4-b	m²	56.35			
洞内路面找平层C10混凝土504-4-c	m²	41.82			
围岩级别			Ⅵ级	Ⅳ级	Ⅲ级
里程桩号			K21+400　　K21+440　　K21+500		

图3-17　隧道工程计量形象图(洞身部分)

　　为了防止隧道工程计量出现差错,尤其是防止遗漏计量或重复计量,采用隧道工程计量形象图可以做到直观和全面;反斜线前是计量的工程量,后是计量的期数;长斜线上方表示隧道上台阶施工的计量,长斜线下方表示隧道下台阶施工的计量,此图表示下台阶还未施工。

(六)支付

1.公路工程支付的分类

(1)按照时间分类

按照时间分类,可分为前期支付、期中(中期)支付、交工结算、最终结清。

①前期支付:主要是预付款支付,预付款有两种,即开工(动员)预付和材料预付款,是由业主提供给承包人的无息款项,按一定条件支付并扣回。其他是保险费支付、保函手续费等。

②期中(中期)支付:主要是工程进度款,按月支付,即按本月完成的工程价值及其他有关款项进行综合支付,由监理人出具业主签发的期中支付证书来实施。但是,该月的支付金额应达到合同金额的一定百分比才能支付,否则结转到下个月一并计算。

期中其他可支付的内容有:暂列金额,计日工,材料设备预付款,保留金,索赔,价格调整,

逾期付款利息等。

③交工结算:在项目完工或基本完工,监理人出具由业主签发交工证书后办理的支付工作。

④最终结清:在缺陷责任期结束后,监理人出具由业主签发缺陷责任终止证书后,办理的最后一次支付工作。

(2)按照支付内容分类

按照支付内容分类,可分为清单支付(也称为基本支付)和合同支付(也称为清单外支付,附加支付)。

(3)按工程内容分类

按工程内容分类,可分为土方工程、路基工程、路面工程、桥涵工程等。

(4)按合同执行情况分类

根据合同执行是否顺利,监理人要进行正常支付和合同终止的支付两类。

2.各种款项支付时间和内容的规定

(1)预付款的支付和扣回的规定

17.2.1 预付款

预付款包括开工预付款和材料、设备预付款。具体额度和预付办法如下:

(1)开工预付款的金额在项目专用合同条款数据表中约定。在承包人签订了合同协议书且承包人承诺的主要设备进场后,监理人应在当期进度付款证书中向承包人支付开工预付款。

承包人不得将该预付款用于与本工程无关的支出,监理人有权监督承包人对该项费用的使用,如经查实承包人滥用开工预付款,发包人有权立即向银行索赔履约保证金,并解除合同。

(2)材料、设备预付款按项目专用合同条款数据表中所列主要材料、设备单据费用(进口的材料、设备为到岸价,国内采购的为出厂价或销售价,地方材料为堆场价)的 百分比支付。其预付条件为:

a.材料、设备符合规范要求并经监理人认可;

b.承包人已出具材料、设备费用凭证或支付单据;

c.材料、设备已在现场交货,且存储良好,监理人认为材料、设备的存储方法符合要求。

则监理人应将此项金额作为材料、设备预付款计入下一次的进度付款证书中。在预计竣工前3个月,将不再支付材料、设备预付款。

17.2.3 预付款的扣回与还清[《公路工程招标文件》(2018 年版)重新约定]

(1)开工预付款在进度付款证书的累计金额未达到签约合同价的30%之前不予扣回,在达到签约合同价30%之后,开始按工程进度以固定比例(即每完成签约合同价的1%,扣回开工预付款的2%)分期从各月的进度付款证书中扣回,全部金额在进度付款证书的累计金额达到签约合同价的80%时扣完。

(2)当材料、设备已用于或安装在永久工程之中时,材料、设备预付款应从进度付款证书中扣回,扣回期不超过3个月。已经支付材料、设备预付款的材料、设备的所有权应属于发包人。(注:具体工程最好约定3个月内如何扣回)

【例题3-5】

1.背景资料:

某工程签约合同总价为2000万元,开工预付款为合同总价的10%在第1月全额支付,并约定记入进度款的百分比(实际工程中一般不计入)。表3-18是承包人每个月实际支付完成的工程进度款(实际完成量可能超过或少于签约合同价,本题实际完成进度款总额1950万元)。合同约定按照《公路工程标准施工招标文件》(2009年版)的17.2.3规定扣回相应的开工预付款。

承包人每月实际支付完成的工程进度款 表3-18

月份	1	2	3	4	5	6	7	8	9
实际完成的进度款(万元)	100	150	250	300	400	300	300	100	50

2.问题:

(1)开工预付款的金额为多少?

(2)开工预付款的起扣月是第几月?

(3)计算从起扣月开始每个月应扣回的金额。

3.分析与回答:

(1)开工预付款金额 $=2000 \times 10\% = 200$ 万元

(2)开工预付款的起扣月是第3个月。

因为第2个月的累计支付 $=200(开工预付款) + 100 + 150 = 450$ 万元 $< 30\% \times 2000 = 600$ 万元

第3个月的累计支付 $=450 + 250 = 700$ 万元 > 600 万元, $700/2000 = 35\%$

(3)计算从起扣月开始每个月应扣回的金额。

第3个月的开工预付款扣回 $= [(700-600)/2000] \times 2 \times 200 = 20$ 万元,累计700万元,35%。

第4个月的开工预付款扣回 $= (300/2000) \times 2 \times 200 = 60$ 万元,累计1000万元,50%。

第5个月的开工预付款扣回 $= (400/2000) \times 2 \times 200 = 80$ 万元,累计1400万元,70%。

到第6个月的累计支付 $=1400 + 300 = 1700$ 万元,累计85% $> 80\%$。

所以第6个月的开工预付款扣回 $= 200 - 20 - 60 - 80 = 40$ 万元

计算过程也可参考表3-19。

计 算 表 表3-19

月份	1	2	3	4	5	6	7	8	9
实际完成的进度款(万元)	100	150	250	300	400	300	300	100	50
未扣预付款的累计(万元)	200+100	450	700	1000	1400	1700			
未扣预付款的累计(%)	15	22.5	35	50	70	85			
开工预付款扣回(万元)	0	0	20	60	80	40	0	0	0
预付款累计扣回(万元)	0	0	20	80	160	200	0		
实际财务支付(万元)	200+100	150	230	240	320	260	300	100	50
实际财务支付累计(万元)	300	450	680	920	1240	1500	1800	1900	1950
实际支付累计百分数(%)	15	22.5	34	46	62	75	90	95	97.5

说明:"在进度付款证书的累计金额未达到签约合同价的30%之前不予扣回。全部金额在进度付款证书的累计金额达到签约合同价的80%时扣完。"中的"付款证书的累计金额",应该正确理解为不含各种扣款的应付款金额。如果累计金额一旦包含扣款,从计算表中可以发现在第6月全部预付款已经扣回后实际的财务支付累计才达到75%,完全违背了到累计80%时全部扣回预付款的约定。分析计算表第4行和第9行第6月的百分数也不难理解,85%和75%相差的10%正好就是预付款总额为签约合同价的10%。同理,在计算开工预付款扣回时,每月的质保金(保留金)也不应扣除。

(2)工程进度款支付的规定

17.3.1　付款周期

付款周期同计量周期。

17.3.2　进度付款申请单

承包人应在每个付款周期末,按监理人批准的格式和专用合同条款约定的份数,向监理人提交进度付款申请单,并附相应的支持性证明文件。除专用合同条款另有约定外,进度付款申请单应包括下列内容:

(1)截至本次付款周期末已实施工程的价款;

(2)根据第15条应增加和扣减的变更金额;

(3)根据第23条应增加和扣减的索赔金额;

(4)根据第17.2款约定应支付的预付款和扣减的返还预付款;

(5)根据第17.4.1项约定应扣减的质量保证金(编者注:《公路工程招标文件》(2018年版)17.4.1项改为每个支付周期不扣质保金);

(6)根据合同应增加和扣减的其他金额。

17.4.1　交工验收证书签发后14天内,承包人应向发包人缴纳质量保证金。质量保证金可采用银行保函或现金、支票形式,金额应符合项目专用合同条款数据表的规定。采用银行保函时,出具保函的银行须具有相应担保能力,且按照发包人批准的格式出具,所需费用由承包人承担。

质量保证金采用现金、支票形式提交的,发包人应在项目专用合同条款数据表中明确是否计付利息以及利息的计算方式。

17.3.3　进度付款证书和支付时间(图3-18)

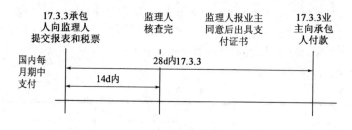

图3-18　期中支付时间图

17.3.5　农民工工资保证金(《公路工程招标文件》(2018年版)增加内容)

(1)为确保施工过程中农民工工资实时、足额发放到位,承包人应按照项目专用合同条款约定的时间和金额缴存农民工工资保证金。

(2)农民工工资保证金可采用银行保函或现金、支票形式。采用银行保函时,出具保函的银行须具有相应担保能力,且按照发包人批准的格式出具,所需费用由承包人承担。

(3)农民工工资保证金的扣留条件、返还时间按照项目专用合同条款的约定执行。

17.5.1　交工付款申请单

(1)承包人向监理人提交交工付款申请单(包括相关证明材料)的份数在项目专用合同条款数据表中约定;期限:交工验收证书签发后42天内。

(2)监理人对竣工付款申请单有异议的,有权要求承包人进行修正和提供补充资料。经监理人和承包人协商后,由承包人向监理人提交修正后的竣工付款申请单。

17.5.2 交工(竣工)付款证书及支付时间(图3-19)

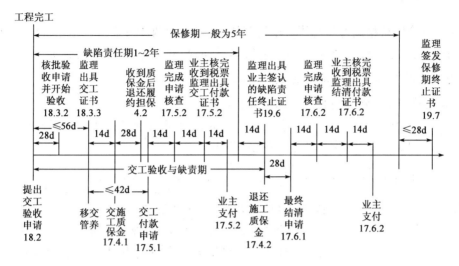

图3-19 各类支付时间图

(4)最终结清的规定

17.6.1 最终结清申请单

(1)承包人向监理人提交最终结清申请单(包括相关证明材料)的份数在项目专用合同条款数据表中约定;期限:缺陷责任期终止证书签发后28天内。

最终结清申请单中的总金额应认为是代表了根据合同规定应付给承包人的全部款项的最后结算。

(2)发包人对最终结清申请单内容有异议的,有权要求承包人进行修正和提供补充资料,由承包人向监理人提交修正后的最终结清申请单。

17.6.2 最终结清证书和支付时间(图3-19)

3.公路工程施工关键时间点进度图

公路工程施工关键点时间进度图参见图3-20。

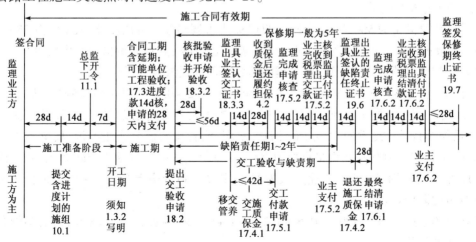

图3-20 《公路工程招标文件》(2018年版)公路工程施工合同有效期内关键时间点进展图

(七)价格调整

公路工程合同价格调整是总体价格的调整,一般包含两个方面。一是物价波动引起的合同价格的调整,二是后继法规变动引起的合同价格的调整。具体的合同条款是16.1和16.2。

1.物价波动引起的合同价格的调整(16.1款)

(1)采用价格指数调整价格差额(16.1.1项)

因人工、材料和设备等价格波动影响合同价格时,根据投标函附录中的价格指数和权重表约定的数据,按以下公式计算差额并调整合同价格。

$$P = P_0 \left[a_0 + \left(a_1 \times \frac{A_{t1}}{A_{01}} + a_2 \times \frac{B_{t2}}{B_{02}} + a_3 \times \frac{C_{t3}}{C_{03}} + \cdots + a_n \times \frac{U_{tn}}{U_{0n}} \right) \right] \qquad (3-2)$$

式中:

P_0——第17.3.3项、第17.5.2项和第17.6.2项约定的付款证书中承包人应得到的已完成工程量的金额;此项金额应不包括价格调整,不计质量保证金的扣留和支付,也不计预付款的支付和扣回;第15条约定的变更及其他金额已按现行价格计价的,也不计在内;

a_0——不调部分的权重($= 1 - a_1 - a_2 - a_3 - \cdots - a_n$);

a_1、a_2、a_3、$\cdots$、a_n——各可调因子的变值权重(即可调部分的权重)为各可调因子在投标函投标总报价中所占的比例;

A_{t1}、B_{t2}、C_{t3}、$\cdots$、U_{tn}——各可调因子的现行价格指数,指第17.3.3项、第17.5.2项和第17.6.2项约定的付款证书相关周期最后一天的前42d的各可调因子的价格指数(编者注:是提出进度款支付申请的前14d,因为从提交支付申请到支付要28d);

A_{01}、B_{02}、C_{03}、$\cdots$、U_{0n}——各可调因子的基本价格指数,指基准日期的各可调因子的价格指数。

以上价格调整公式中的各可调因子、定值和变值权重,以及基本价格指数及其来源在投标函附录价格指数和权重表中约定。价格指数应首先采用有关部门提供的价格指数,缺乏上述价格指数时,可采用有关部门提供的价格代替。

(2)调价公式的应用

①某工程合同价为500万元,合同价的60%为可调部分。可调部分,人工费占35%,材料费55%,其余占10%。结算时,人工费价格指数增长10%,材料费价格指数增长20%,其余未发生变化。按照调值公式法计算,该工程的结算工程价款为多少万元?

答:$500 \times (0.4 + 0.6 \times 0.35 \times 1.1 + 0.6 \times 0.55 \times 1.2 + 0.6 \times 0.1 \times 1) = 543.5$ 万元

②某公路工程,合同价4000万元,合同工期270天。合同条款约定:工程进度款按月支付,工程质保金按月进度款的5%扣留,钢材、水泥、沥青按调值公式法调价,权重系数分别为0.2、0.1、0.1,其中钢材基期价格指数为100。6月份完成的进度款为800万元,开工预付款扣回200万,6月份钢材的现行价格指数为110,其余材料价格无变化。按照调值公式法列式计算6月份的调价款。

答:6月份的应付款 $= 800 \times (0.6 + 0.2 \times 1.1 + 0.1 \times 1 + 0.1 \times 1) = 816$ 万元,调价金额不扣质保金和预付款。

6月份的调价款 $= 816 - 800 = 16$ 万

2.后继法规变化引起的合同价款调整(16.2款)

在基准日后,因法律变化导致承包人在合同履行中所需要的工程费用发生除第16.1款约定以外的增减时,监理人应根据法律、国家或省、自治区、直辖市有关部门的规定,按第3.5款商定或确定需调整的合同价款。

该条款的重点在于,如果后继法规造成价格增减属于16.1款的价差调整范围,就不能按此条款16.2办理。例如国家规定增加工资,因为已经按照16.1款的价差补助了或者调价公式的当期指数值增大(增加工资势必引起劳动力价格指数的增长),所以不能再使用16.2款,否则就重复调整合同价格了。对于2012年2月14日财政部和安全监管总局联合下发的《企业安全生产费用提取和使用管理办法》提高了公路工程安全生产费用的提取标准,公路工程由原来的1%提高到1.5%。因此,基准日期在2012年2月14日以前,同时还未完工的公路工程施工项目,根据公路工程专用合同条款第16.2款,将工程量清单100章的102-3子目中安全生产费由原来按照1%合同价所列的费用,在考虑工程的具体情况和工程合同工期的剩余时间等因素后,按照1.5%新标准进行适当调整。

五、其他相关合同条款规定

施工质量管理条款和施工进度管理条款在第六章工程索赔中具体讨论。施工的保险和担保参见第四章和第一章相关内容。工程变更申请和价格确定的相关规定参见第五章。

练习题●

一、单项选择题(每题1分,只有1个选项最符合题意)

1.根据《招标投标法》的规定,招标人、中标人订立背离合同实质性内容的协议的,(　　　)。

    A.责令改正　　　　B.罚款　　　　C.赔偿损失　　　　D.依法给予行政处分

2.属于必须招标范围的建设项目,其施工单项合同估算价在(　　　)以上的,必须招标。

    A.3000万元　　　B.1000万元　　　C.500万元　　　D.200万元

3.联合体中标的,联合体各方应当(　　　)与招标人签订合同。

    A.分别　　　　　　　　　　　B.共同

    C.推选1名代表　　　　　　　D.由承担主要责任的公司

4.《招标投标法》规定,投标人不得以低于成本的报价竞标。这里的成本是指(　　　)。

    A.投标人的平均成本　　　　　B.标底中估计的成本

    C.个别企业的成本　　　　　　D.报价最低的投标人的成本

5.在下列关于开标的有关规定中,正确的是(　　　)。

    A.开标过程应当记录

    B.开标应在投标有效期至少30天前进行

    C.开标应由公证机构主持

    D.开标应在投标文件截止时间之后尽快进行

6.在下列表述中,正确的是(　　　)。

    A.对投标人报价进行评审时应当依据标底

    B.招标人可以完全按自己的意愿确定中标人

C.评标的评审和比较等过程必须保密

D.招标人与投标人可就投标价格以外的内容进行谈判

7.某工程项目标底是900万元人民币,投标时甲承包商根据自己企业定额算得成本是800万元人民币。刚刚竣工的相同施工项目的实际成本是700万元人民币。则甲承包商投标时的合理报价最低应为( )。

A.700万元 B.800万元 C.900万元 D.1000万元

8.某施工项目招标,招标文件开始出售的时间为3月20日,停止出售的时间为3月30日,提交招标文件的截止时间为4月25日,评标结束的时间为4月30日,则投标有效期开始的时间为( )。

A.3月20日 B.3月30日 C.4月25日 D.4月30日

9.甲、乙两个同一专业的施工单位分别具有该专业二、三级企业资质,甲、乙两个单位的项目经理数量合计符合一级企业资质要求。甲、乙两单位组成联合体参加投标则该联合体资质等级应为( )。

A.一级 B.二级 C.三级 D.暂定级

10.在项目评标委员会的成员中,无须回避的是( )。

A.投标人主要负责人的近亲属 B.项目主管部门的人员

C.项目行政监督部门的人员 D.招标人代表

11.某必须招标的建设项目,共有三家单位投标,其中一家未按招标文件要求提交投标保证金,则关于对投标的处理是否重新发包,下列说法中,正确的是( )。

A.评标委员会可以否决全部投标,招标人应当重新招标

B.评价委员会可以否决全部投标,招标人可以直接发包

C.评价委员会必须否决全部投标,招标人应当重新招标

D.评价委员会必须否决全部投标,招标人可以直接发包

12.某建设项目招标,采用经审的最低投标价法评标,经评审的投标价最低的投标人报价1020万元,扣除暂列金额后评标价1010万元,评标结束后该投标人向招标人表示可以再降低报价,新报价1000万元,与此对应的评标价为990万元,则双方订立的合同价应为( )。

A.1020万元 B.1010万元 C.1000万元 D.990万元

13.某建设工程采用招标方式选择承包人,则关于该建设工程招投标过程中的各行为,下列说法中,正确的是( )。

A.虽然投标邀请书的对象是明确的,但仍属要约邀请

B.投标人购买招标文件,属要约行为

C.投标人参加现场考察,属要约行为

D.评标委员会推荐中标候选人,属承诺行为

14.某项目2008年3月1日确定了中标人,2008年3月8日发出了中标通知书,2008年3月12日中标人收到了中标通知书,则签订合同的日期应该不迟于( )。

A.2008年3月16日 B.2008年3月31日

C.2008年4月7日 D.2008年4月11日

15.关于建设工程施工承包联合体的说法,正确的是( )。

A.联合体属于非法人组织

B.联合体的资质等级就高不就低

C.联合体各方独立承担相应的责任

D.联合体的成员可以对同一工程单独投标

16.某建设工程施工项目招标文件要求中标人提交履约担保,中标人拒绝提交,则应(　　)。

A.按中标无效处理　　　　　　　　B.视为放弃投标

C.按废标处理　　　　　　　　　　D.视为放弃中标项目

17.某工程2004年签合同,2004年相对于2003年的材料综合物价指数为110%,2005年相对于2003年的材料综合物价指数为132%。计算2005年1000万元材料费的实际结算价为(　　)万元。

A.1100　　　　　B.1200　　　　　C.1320　　　　　D.1420

18.某工程2003年签合同,2004年相对于2003年的材料综合物价指数为110%,2005年相对于2003年的材料综合物价指数为132%。计算2005年1000万元材料费的实际结算价为(　　)万元。

A.1100　　　　　B.1200　　　　　C.1320　　　　　D.1420

19.某工程2003年签合同,2004年相对于2003年的材料综合物价指数为110%,2005年相对于2004年的材料综合物价指数为132%。计算2005年1000万元材料费的实际结算价为(　　)万元。

A.1100　　　　　B.1320　　　　　C.1420　　　　　D.1452

二、多项选择题(每题2分,每题的备选项中,有2个或2个以上符合题意,至少有1个错项。错选,本小题不得分;少选,所选的每个选项得0.5分)

1.招标投标活动的公开原则,要求(　　)要公开。

A.招标活动的信息　　B.投标人的情况　　C.开标的程序、评标的标准和程序

D.中标的结果　　E.评标委员会成员

2.交通部推荐的施工项目评标方法有(　　)。

A.合理低价法　　　　B.双信封法　　　　C.评委投票表决法

D.综合评估法　　　　E.经评审的最低评标价法

3.某项目招标中,招标文件要求投标人提交投标保证金,招标人不退还投标保证金的情形有(　　)。

A.中标人拒绝签订合同

B.投标人在投标截止日前撤回投标文件

C.中标人拒绝提交履约保证金

D.投标人拒绝招标人延长投标有效期要求

E.投标人在投标有效期内撤销投标文件

4.某建设项目招标,评标委员会由二位招标人代表和三名技术、经济等方面的专家组成,这一组成不符合《招标投标法》的规定,则下列关于评标委员会重新组成的作法中,正确的有(　　)。

A.减少一名招标人代表,专家不再增加

B.减少一名招标人代表,再从专家库中抽取一名专家

C. 不减少招标人代表,再从专家库中抽取一名专家

D. 不减少招标人代表,再从专家库中抽取二名专家

E. 不减少招标人代表,再从专家库中抽取三名专家

5. 下列关于投标保证金说法,正确的有( )。

A. 投标人应当按照招标文件的要求提交投标保证金

B. 投标保证金是投标文件的有效组成部分

C. 投标保证金的担保形式,应在招标文件中规定

D. 投标保证金应当在投标截止时间前送达

E. 投标保证金的金额一般由双方约定

6. 下面关于项目招标的说法错误的是( )。

A. 施工单项合同估算价在200万元人民币以上的项目必须招标

B. 个人投资的项目不需要招标

C. 施工主要技术采用特定专利的项目可以招标

D. 涉及所有安全的项目必须招标

E. 符合工程招标范围,材料采购单项合同估算价在100万元人民币以上的项目必须招标

三、计算题

1. 某旧路面上铺筑新路面,根据设计图应保证面层为7cm,水泥稳定碎石基层为20cm(至少有20cm),级配碎石底基层设计为25cm。路基高程与路面顶面设计高程之差为填筑高度;考虑到施工的整体性和结构强度不允许出现小于5cm的结构层,所以基层厚度变化为20～25cm之间,底基层厚度应根据原地面的高度调整为0或5～30cm之间,但不允许出现小于5cm的底基层,填筑高度过大时用隧道洞渣回填到离路面顶设计线52cm处,但是不允许洞渣回填小于5cm。请用手工计算表3-20中其他空白列的数值。如果用EXCEL表格计算,请写出表格中最左边列中对应的行号和最上面的行中相应的列号,并写出"底基层厚度"和"底基层体积"、"基层厚度"和"基层体积"计算列的EXCEL表达式。

计 算 结 果 表 表3-20

桩号	填高	底基层厚	基层厚	路面宽度	底基层横断面面积	基层横断面面积	底基层体积	基层体积
QZK6+960	0.25			9.9				
YHK6+980	0.27			9.9				
K6+990	0.29			9.6				
K7+0	0.32			9.3				
HZK7+10	0.48			9				
K7+20	0.50			9				
K7+40	0.53			9				
K7+60	0.62			9				
本页合计								

2. 某新建一级公路长 3km,路面宽度 15m,采用单价合同。合同中路基开挖土石方量为 20000m³,综合单价为 20 元/m³,且规定实际工程量增加或减少超过 25% 时可以调整单价,其增加部分的单价调整为 18 元/m³,减少后剩余部分单价调整为 22 元/m³。经监理人计量,施工单位实际完成的路基开挖土石方量为 14500m³。请计算施工单位土石方实际的支付金额。如果施工单位实际土石方数量是 15100m³,土石方实际的支付金额是多少? 对于两者实际金额的差异,从理论角度评价此种调价的方法缺陷。请比较交通部 2003 年版 52.2 款"工程实际数量超过或少于工程量清单中所列数量的 25%,则该支付子目的单价应予以调整"表示中"实际数量少于清单数量的 25%"与上述"减少后剩余部分"的不同点,以及相对应的工程量是多少。如果数量增加两种调价表示对调整单价部分有区别吗?

参见图 3-3 和图 3-4,当土石方单价 20 元/m³ 的构成是可变成本 14 元、固定成本 5 元、利润 1 元时,如果从工程技术经济的量本利角度只调整"少于清单数量 25%"的那部分,没有施工的工程量中固定成本的费用是多少? 可以考虑其利润吗? 为什么?

从上述事例,启示合同当事人在制定或阅读估量单价合同调整单价规则时,是否应当注意规则的经济合理性和正确理解合同条款的重要性?

参见图 3-3,如果施工单位生产的越多亏本越多,其单价斜率与成本斜率是什么关系?

第四章
工程施工的风险与保险

第一节 ▶ 工程风险的概念和责任

一、风险的概念与风险的分类

(一)风险的概念

风险(Risk)的概念有多种表述,本教材的概念表述为:风险是指在给定的情况下和特定的时间内,那些实际发生结果与主观预期目标之间的差异。也就是说产生风险的事件,都存在着不确定的因素,这些不确定因素则是产生风险的原因;对于产生风险的不确定因素可以通过分析,并预测其发生概率,和未来很可能会产生的损失,进行规避或控制等,即通过风险管理来实现风险的防范。

(二)工程项目风险的概念

工程项目风险是指那些在项目实施过程中实际发生结果与预期目标的差异。工程项目风险实质上是工程项目的费用目标、工期目标、质量目标、安全目标与项目的实际费用、实际工期、实际质量、安全情况可能出现差异,即可能出现灾难性事件或不满意的结果。

(三)风险量的定义

风险的两个基本要素:风险因素发生的不确定性,风险发生所带来的损失。这两个要素就是衡量风险大小的指标——风险量。

风险量的表述方式:

$$R = f(p, q) \tag{4-1}$$

式中:R——风险量;

p——风险事件可能发生的概率;

q——风险的损失值;

f——风险函数。

对于风险量,两个自变量缺一不可,应综合衡量。

(四)风险的分类

1. 按照风险的危害程度分

(1)极端严重的风险(特殊风险):主要是公路专业合同条款第21.1.1项提及的战争、地震等。是发生概率极低但是损失极大的风险,一旦发生可能将致使合同当事人破产或倒闭。

(2)严重危害的风险:施工中桥梁主体结构垮塌,隧道坍塌、涌水、瓦斯爆炸、人员众多伤亡;经济类通货膨胀引起人工费和材料费猛涨,利率、税率、汇率剧烈变化等。

(3)一般危害的风险:可以返工、维修、改进的工程质量问题等。

2. 按照风险责任的承担方分

按照风险责任的承担方,风险可分为:发包人的风险、承包人的风险、监理人的风险。

🌐 二、工程参与方的风险责任

工程施工中产生众多风险,本着合同的公平原则,对于工程施工中的风险一般是采用风险共担和分担相结合的原则。尤其应熟知施工各参与方所承担的具体风险。

(一)发包人承担的风险责任

《公路工程招标文件》(2009年版和2018年版)的公路专用合同条款中已经明确规定了发包人的风险,如果这类风险发生并造成工程损害,承包人有义务负责对损坏的工程进行修复,但是所产生的费用应由发包人承担。主要有以下几种情况:

(1)合同条款的21.1.1项中规定,地震、海啸、火山爆发、泥石流、暴雨(雪)、台风、龙卷风、水灾等自然灾害;战争、骚乱、暴动、核反应、辐射或放射性污染,空中飞行物体降落或非发包人或承包人责任造成的爆炸、火灾,瘟疫等社会性突发事件都属于不可抗力的风险。

(2)工程还未办理正常交工验收,发包人提前使用造成工程的损害或损坏。

(3)工程变动带来的风险、合同缺陷造成的风险、恶劣气候条件和地下障碍物造成的风险、后继法规变化造成的风险等,一般由业主承担。

(4)经济方面的风险。例如,通货膨胀的风险,在合同条款16.1款规定,合同价格调整费用由业主承担。

某些不可抗力的风险是由发包人和承包人共同承担的。例如,因不可抗力引起或将引起工期延误,发包人要求赶工的,由此增加的赶工费用由发包人承担;承包人施工设备的损坏由承包人承担;暴雨等恶劣气候原因造成停工损失的,发包人只赔时间不赔钱。

(二)承包人承担的风险责任

(1)承包人自己所使用的材料、工程的缺陷、施工技术和方法不完善、临时工程坍塌等造成工程损害,应由承包人自费负责修复。

(2)承包人对整个工程的照管责任,责任期从工程开工开始一直到交工证书签发后移交给发包人照管为止。

(3)承包人对于单价的报价风险、材料和设备的采购风险、施工工艺和技术风险、工程进度与质量风险、由承包人设计的部分工程因设计不当造成工程损害的风险、因内部管理不善造成打架斗殴骚乱等风险。这些风险应由承包人负责承担。

(三)监理人承担的风险责任

在施工过程中,由于某些监理人员业务能力不强或疏忽大意等过失,判断错误或下错指令而造成工程损失或停工损失。虽然这种情况是监理人作为施工合同第三人代为履行的过错,属于非承包人责任造成,应由业主承担赔偿责任;但是业主可以根据监理合同追究监理人的赔偿责任。

根据合同条款第13.5.2和13.5.3项,由于监理人失职或其他原因,怀疑已经检验合格的隐蔽工程存在质量问题,要求揭开重新检验,当检验结果仍然合格情况下,虽然由业主承担赔偿责任;但是业主同样可以追究监理人的责任,赔偿业主损失。

三、未经交工验收业主提前使用造成工程损坏的风险案例

(一)案例简介

2002年6月,某施工单位(下称承包人)承建某建设单位(下称发包人)酒店装修工程,2002年9月工程竣工。但未经竣工验收,发包人的酒店即于2002年10月中旬开张。2002年11月,双方签订补充协议,约定发包人提前使用工程,承包人不再承担任何责任,发包人应于12月支付50万元工程款并对总造价委托审价。

2003年4月,承包人起诉发包人,要求其按约定支付工程欠款和结算款。但发包人(被告)在法庭上辩解并反诉称:承包人(原告)施工工程存在质量问题,并要求被告支付工程质量维修费及维修期间营业损失。

诉讼过程中,酒店的平顶突然下塌,发包人自行委托修复,导致原告施工工程量无法计算。

因此,本案的争议焦点是:未经签证的增加工作量如何审价鉴定? 工程质量问题是施工原因还是使用不当造成的? 未经竣工验收,工程的质量责任应由谁承担?

(二)法院判决

一审法院按原告、被告申请分别委托对原装修工程进行造价鉴定、质量整改方案及费用鉴定。最初鉴定结论为:审价鉴定单位称,对于原告施工中增加的40余万工程款因被告不确认,故不予审价;质量鉴定单位称,施工不符合图纸规范需整改部分的费用为49万余元。

2005年8月,一审法院依据鉴定报告判决被告支付工程款(不包括被告未确认的工程量),同时判决原告(反诉被告)承担全部的质量修理费49万余元及赔偿营业损失15万元。原告不服提起上诉,二审法院以事实不清为由裁定撤销一审判决,发回重审。

重审法院最终判决被告支付工程款(包括被告未确认的工程量),同时判决原告(反诉被告)酌情承担12万元修复费用和5万元营业损失。主要判决依据是:"双方在施工过程中未就隐蔽工程验收、竣工验收等做好相关记录,现场制作安装与设计图纸也不符,但被告未经验收就使用了工程;故可认为双方实际变更了工程内容,就工程造价应当按照施工现场实际状况按实结算"。"本案结合反诉原告事先没有进行监理,又未经验收使用,自行变动装潢结构的过错责任,以及双方在补充协议中明确反诉被告不再承担任何责任的约定,酌情认定反诉被告

应当承担的整改修复和赔偿营业损失的责任"。

(三)案件胜诉的关键点

作为原审、重审案件原告的代理人,根据相关法律及司法解释的规定抓住主要焦点,一再强调未经验收擅自使用工程的后果,请求法院对被告未签证、不同意增加的部分工程造价重新予以复核鉴定,最终得到法院支持。主要代理观点如下:

(1)对审价鉴定报告的异议。系争工程是改建项目,且施工图纸的不完善,导致变更频繁而增加了近40余万元的工程款,这完全符合施工常规,没有增加反而是不正常的。被告在实际使用时从未提出异议,原告代理人认为:审价鉴定单位应到现场核实,只要施工现场客观存在及功能需要必然发生的工程量必须予以结算工程款。法院采纳了该意见,指定审价单位与承发包人一起到现场核对。经再次现场核对复审,审价单位出具了补充鉴定报告,结论为40余万元增加工程量中被告应支付17万余元,另有24万余元已隐蔽使用现场难以核实,但原告认为已经使用难以核对,被告应对该使用部分承担举证不能的责任,法院认同了该观点并酌情判定被告承担24万元中的16万元。

(2)对质量鉴定结论的异议。鉴定报告所列质量问题,不能证明承包人工程竣工当时的工程质量,因为工程未经验收被告已使用二年再予鉴定,因此司法鉴定的工程并非承包人竣工时的新工程,期间不能排除发包人在使用过程中擅自变更工程、不适当使用工程及人为因素导致的质量问题,被告不能举证因承包人施工不当导致质量问题,承包人不应承担工程质量修复费用。

(四)本案的启示

重审法院的判决表明:第一,擅自使用后不影响原工程实际工程量的结算;第二,未经验收使用的工程质量问题主要由发包人自行承担。同时体现了最高人民法院关于《建设工程施工合同司法解释的理解与适用》第十三条规定的精神,即发包人未经竣工验收擅自使用工程,因无法证明承包人最初交给发包人的建筑产品的原状,应承担举证不能的法律后果是:①发包人难以以未予签证或现场发生变更为由拒付原工程实际发生的工程款;②发包人难以向承包人主张质量缺陷免费保修的责任;③发包人不能向承包人主张已使用部分工程质量缺陷责任,只能自行承担修复费用。

第二节 ＞ 风险管理与工程保险

一、工程风险管理

(一)风险管理的概念

风险管理是指社会经济单位通过对风险的辨识、鉴定和分析以最小的风险成本取得最大安全保障的一种科学管理活动。风险管理是一个识别和度量项目风险,制订、选择和管理风险处理方案的过程。

风险管理的目标就是降低风险出现的概率和减少风险的危害程度,使工程质量、费用、进度、安全等目标得以实现。

(二)风险管理的程序

1. 风险识别(辨识)

风险识别是风险管理的第一步,而且是最重要的一步。其目的是通过对影响工程项目实施过程的各种因素进行分析,寻找可能的风险因素,也就是说,需要确定项目究竟有什么样的风险,即风险因素归类。工程项目的风险因素和承担主体参见表4-1。

工程项目的风险因素和风险承担主体 表4-1

风险类型	风险因素	风险主要承担主体
政治风险	政府政策、民众意见、意识形态的变化、宗教、法规、战争、恐怖活动、暴乱	业主、承包人、供应商、设计人、监理人
环境风险	环境污染、许可证、民众意见、国内/社团的政策、环境法或规则或社会习惯	业主、承包人
计划风险	许可要求、政策和惯例、土地使用、社会经济影响、民众意见	业主
市场风险	需求、竞争、经营陈旧化、顾客满意程度、时尚	业主、承包人、设计人、监理人
经济风险	财政政策、税制、物价上涨、利率、汇率	业主、承包人
融资风险	破产、利润、保险、风险分担	业主、承包人、供应商
自然风险	不可预见的地理条件、气候、地震、火灾或爆炸、考古发现	业主、承包人
项目风险	采购策略、规范标准、组织能力、施工经验、计划和质量控制、施工程序、劳力和资源、交流和文化	业主、承包人
技术风险	设计充分、操作效率、安全性、施工方案等	业主、承包人
人为风险(组织风险)	错误、无能力、疏忽、疲劳、交流能力、文化、缺乏安全、故意破坏、盗窃、欺骗、腐败	业主、承包人、设计人、监理人
安全风险	规则、危险物质、冲突、倒塌、洪水、火灾或爆炸	业主、承包人

工程项目风险识别是一个连续的过程。因为项目实施是一个发展过程,情况在不断地变化,风险因素当然也就不会一成不变。即使某一项目刚进行一次大规模的风险识别工作,但是过不了多久,旧的风险可能消失或减少,新的风险可能出现。

2. 风险分析

风险分析的目的,简单地说就是确定风险量。因此,风险分析主要包含几个方面的内容:

(1)对识别出来的风险因素尽可能量化,估算风险事件发生的概率。

(2)估计风险因素后果的大小,即损失量大小,同时确定各风险因素的大小以及轻重缓急顺序。

(3)对风险出现的时间和影响范围进行分析和估计,并在分析的基础上形成风险清单,为风险对策提供各种行动路线和方案。

3. 风险评估(评价)

风险评估就是对风险事件后果进行评价,并确定不同风险的严重程度顺序;其重点是综合考虑各种风险因素对项目总体目标的影响,确定对风险应采取什么样的应对措施,并评估各种处理措施的成本。也就是综合考虑风险成本效益。

风险评估方法有定量和定性两种。进行风险评价时，还要提出防止、减少、转移或消除风险损失的初步办法。并将其列入风险管理阶段要进一步考虑的各种方法中。实践中，风险识别、风险分析和风险评估绝非互不相关，常常互相重叠，需要反复交替进行。

4. 风险防范对策（有的称为风险响应）

在完成风险分析与评估后，采取必要的应对措施来避免风险发生或减少风险造成的损失。风险防范对策有四种方式——回避、控制、自留、转移。

（1）风险回避

如果风险发生的概率很高，而且损失很大，又没有其他有效的对策来降低这种风险时，选择放弃就是风险回避。回避是一种消极的风险对策。

（2）风险控制

风险控制可以分为风险减轻和风险分散。风险减轻（也称为损失控制）和风险分散是一种积极的风险对策。主要从两个方面入手，一是降低风险事件发生的概率；二是减少发生的损失量。风险减轻和分散是风险防范的主要对策，是风险管理的重点内容，并落实具体控制风险的措施。

（3）风险自留

风险自留就是将风险留给自己来承担，可分为计划自留和非计划自留。风险自留是一种建立在风险评估基础上的财务技术，主要依靠项目参与主体自己的财力去弥补财务上的损失。因此，必须对项目的风险有充分的认识，对损失有较精确地评估。

（4）风险转移

风险转移有两种，一是非保险转移也称为合同转移，例如，担保、工程分包、合同条款约定转移；二是保险转移，保险险种有建筑工程一切险、安装工程一切险、第三方责任险、人身伤害险等。

5. 执行风险决策与检查监控

在确定风险对策后，编制应急计划，制订风险管理（控制）计划，确定保险的范围和额度，根据风险评价结果提出规避风险的建议方案等。

在计划或方案实施后检查实施情况，比较以上风险管理的四步骤，检查有无漏项等。

无论采用什么样的风险控制措施，都很难将风险完全消除，而且原有的风险消除后还可能产生新的风险，因此，在项目实施的过程中，定期对风险进行监控是必不可少的工作，其目的是考察各种控制风险措施产生的实际效果，确定风险减少的程度，监视残留风险的变化情况，进而考虑是否需要调整风险管理计划以及是否启动相应的应急措施等。

二、保险与保险索赔的规定

（一）保险概述

1. 保险的法律概念

《中华人民共和国保险法》（以下简称《保险法》）规定，保险是指投保人根据合同约定，向保险人支付保险费，保险人对于合同约定的可能发生的事故因其发生所造成的财产损失承担赔偿保险金责任，或者当被保险人死亡、伤残、疾病或者达到合同约定的年龄、期限时承担给付保险金责任的商业保险行为。

保险是一种受法律保护的转移风险、消化损失的法律制度。因此,风险的存在是保险产生的前提。但保险制度上的风险具有损失发生的不确定性,包括发生与否的不确定性、发生时间的不确定性和发生后果的不确定性。

2. 保险合同

保险合同是指投保人与保险人约定保险权利义务关系的协议。投保人是指与保险人订立保险合同,并按照保险合同负有支付保险费义务的人。保险人是指与投保人订立保险合同,并承担赔偿或者给付保险金责任的保险公司。

保险合同在履行中还会涉及被保险人和受益人。被保险人是指其财产或者人身受保险合同保障,享有保险金请求权的人,投保人可以作为被保险人。受益人是指人身保险合同中由被保险人或者投保人指定的享有保险金请求权的人,投保人、被保险人可以作为受益人。保险合同一般是以保险单的形式订立的。保险合同分为财产保险合同、人身保险合同。

(1)财产保险合同

财产保险合同是以财产及其有关利益为保险标的的保险合同。在财产保险合同中,保险合同的转让应当通知保险人,经保险人同意继续承保后,依法转让合同。

在合同的有效期内,保险标的的危险程度显著增加的,被保险人应当按照合同约定及时通知保险人,保险人可以按照合同约定增加保险费或者解除合同。施工中向保险公司投保的建筑工程一切险和安装工程一切险即为财产保险合同。

(2)人身保险合同

人身保险合同是以人的寿命和身体为保险标的的保险合同。投保人应向保险人如实申报被保险人的年龄、身体状况。投保人于合同成立后,可以向保险人一次支付全部保险费,也可以按照合同规定分期支付保险费。人身保险的受益人由被保险人或者投保人指定。保险人对人身保险的保险费,不得用诉讼方式要求投保人支付。

(二)保险索赔

对于投保人而言,保险的根本目的是发生灾难事件时能够得到补偿,而这一目的必须通过索赔来实现。

1. 投保人等进行保险索赔须提供必要的有效的证明

保险事故发生后,依照保险合同请求保险人赔偿或者给付保险金时,投保人、被保险人或者受益人应当向保险人提供其所能提供的与确认保险事故的性质、原因、损失程度等有关的证明和资料。

这就要求投保人在日常管理中应当注意证据的收集和保存。当保险事件发生后,更应注意证据收集,有时还需要有关部门的证明。索赔的证据一般包括保单、建设工程合同、事故照片、鉴定报告以及保单中规定的证明文件。

2. 投保人等应当及时提出保险索赔

投保人、被保险人或者受益人知道保险事故发生后,应当及时通知保险人。这与索赔的成功与否密切相关。因为,资金有时间价值,如果保险事件发生后很长时间才能取得索赔,即使是全额赔偿也不足以补偿自己的全部损失。而且,时间过长还会给索赔人的取证或保险人的理赔增加很大的难度。

3. 计算损失大小

保险单上载明的保险财产全部损失,应当按照全损进行保险索赔。保险单上载明的保险财产没有全部损失,应当按照部分损失进行保险索赔。但是,财产虽然没有全部毁损或者灭失,但其损坏程度已达到无法修理,或者虽然能够修理但修理费将超过赔偿金额的,也应当按照全损进行索赔。如果一个建设工程项目同时由多家保险公司承保,则应当按照约定的比例分别向不同的保险公司提出索赔要求。

三、建设工程保险的主要种类和投保权益

建设工程活动涉及的法律关系较为复杂,风险较为多样。因此,建设工程活动涉及的险种也较多。主要包括:建筑工程一切险(包括附加第三者责任险)、安装工程一切险(包括附加第三者责任险)、机器损坏险、机动车辆险、建筑职工意外伤害险、勘察设计责任保险、工程监理责任保险等。

(一)建筑工程一切险

建筑工程一切险是承保各类民用、工业和公用事业建筑工程项目,包括道路、桥梁、水坝、港口等,在建造过程中因自然灾害或意外事故而引起的一切损失的险种。因在建工程抗灾能力差,危险程度高,一旦发生损失,不仅会对工程本身造成巨大的物质财富损失,甚至可能殃及邻近人员与财物。因此,随着各种新建、扩建、改建的建设工程项目日渐增多,许多保险公司已经开设这一险种。

建筑工程一切险往往还加保第三者责任险。第三者责任险是指在保险有效期内因在施工工地上发生意外事故造成在施工工地及邻近地区的第三者人身伤亡或财产损失,依据保险合同转由保险人承担的经济赔偿责任的保险。应注意第三者责任险对第三者的界定以及相关的排除规定,例如工程施工中的第三者责任险,对第三者有特殊约定。第三者一般是指保险合同的当事人投保人和保险人(即第一人、第二人)之外的其他人,但是不包括与工程施工有关的人员。这样,监理人员、质量监督局人员等都被排除于第三者之外。

1. 投保人与被保险人

2013 年,住建部、国家工商行政管理局颁布的《建设工程施工合同(示范文本)》中 18 条规定,工程开工前,发包人应当为建设工程办理保险,支付保险费用。《公路工程标准施工招标文件》(2009 年版)的 100 章中规定工程一切险和第三者责任险的保险费由发包人支付。

建筑工程一切险的被保险人范围较宽,在工程进行期间,所有对该项工程承担一定风险的有关各方(即具有可保利益的各方),均可作为被保险人。如果被保险人不止一家,则各家接受赔偿的权利以不超过其对保险标的的可保利益为限。被保险人具体包括:①业主或工程所有人;②承包商或者分包商;③技术顾问,包括业主聘用的建筑师、工程师及其他专业顾问。

2. 保险责任范围

保险人对下列原因造成的损失和费用负责赔偿:①自然事件,指地震、海啸、雷电、飓风、台风、龙卷风、风暴、暴雨、洪水、水灾、冻灾、冰雹、地崩、山崩、雪崩、火山爆发、地面下陷下沉及其他人力不可抗拒的破坏力强大的自然现象;②意外事故,指不可预料的以及被保险人无法控制

并造成物质损失或人身伤亡的突发性事件,包括火灾和爆炸。

3. 除外责任

保险人对下列各项原因造成的损失不负责赔偿:①设计错误引起的损失和费用;②自然磨损、内在或潜在缺陷、物质本身变化、自燃、自热、氧化、锈蚀、渗漏、鼠咬、虫蛀、大气(气候或气温)变化、正常水位变化或其他渐变原因造成的保险财产自身的损失和费用;③因原材料缺陷或工艺不善引起的保险财产本身的损失以及为换置、修理或矫正这些缺点错误所支付的费用;④非外力引起的机械或电气装置的本身损失,或施工用机具、设备、机械装置失灵造成的本身损失;⑤维修保养或正常检修的费用;⑥档案、文件、账簿、票据、现金、各种有价证券、图表资料及包装物料的损失;⑦盘点时发现的短缺;⑧领有公共运输行驶执照的,或已由其他保险予以保障的车辆、船舶和飞机的损失;⑨除非另有约定,在保险工程开始以前已经存在或形成的位于工地范围内或其周围的属于被保险人的财产的损失;⑩除非另有约定,在本保险单保险期限终止以前,保险财产中已由工程所有人签发完工验收证书或验收合格或实际占有或使用或接收的部分。

4. 第三者(方)责任险

建筑工程一切险如果加保第三者责任险,保险人对下列原因造成的损失和费用,负责赔偿:①在保险期限内,因发生与所保工程直接相关的意外事故引起工地内及邻近区域的第三者人身伤亡、疾病或财产损失;②被保险人因上述原因支付的诉讼费用以及事先经保险人书面同意而支付的其他费用。

5. 赔偿金额

保险人对每次事故引起的赔偿金额以法院或政府有关部门根据现行法律裁定的应由被保险人偿付的金额为准,但在任何情况下,均不得超过保险单明细表中对应列明的每次事故赔偿限额。在保险期限内,保险人经济赔偿的最高赔偿责任不得超过本保险单明细表中列明的累计赔偿限额。

6. 保险期限

建筑工程一切险的保险责任自保险工程在工地动工或用于保险工程的材料、设备运抵工地之时起始,至工程所有人对部分或全部工程签发完工验收证书或验收合格,或工程所有人实际占用或使用或接收该部分或全部工程之时终止,以先发生者为准。但在任何情况下,保险期限的起始或终止不得超出保险单明细表中列明的保险生效日或终止日。

(二)安装工程一切险

安装工程一切险是承保安装机器、设备、储油罐、钢结构工程、起重机、吊车以及包含机械工程因素的各种安装工程的险种。由于科学技术日益进步,现代工业的机器设备已进入电子计算机操控的时代,工艺精密、构造复杂,技术高度密集,价格十分昂贵。在安装、调试机器设备的过程中遇到自然灾害和意外事故的发生都会造成巨大的经济损失。安装工程一切险可以保障机器设备在安装、调试过程中,被保险人可能遭受的损失能够得到经济补偿。

安装工程一切险往往还加保第三者责任险。安装工程一切险的第三者责任险,负责被保险人在保险期限内,因发生意外事故,造成在工地及邻近地区的第三者人身伤亡、疾病或财产损失,依法应由被保险人赔偿的经济损失,以及因此而支付的诉讼费用和经保险人书面同意支付的其他费用。

1. 保险责任范围

保险人对因自然灾害、意外事故(具体内容与建筑工程一切险基本相同)造成的损失和费用,负责赔偿。

2. 除外责任

其除外责任与建筑工程一切险的第②、⑤、⑥、⑦、⑧、⑨、⑩相同,不同之处主要是:①因设计错误、铸造或原材料缺陷、工艺不善引起的保险财产本身的损失以及为换置、修理或矫正这些缺点错误所支付的费用;②由于超负荷、超电压、碰线、电弧、漏电、短路、大气放电及其他电气原因造成电气设备或电气用具本身的损失;③施工用机具、设备、机械装置失灵造成的本身损失。

3. 保险期限

安装工程一切险的保险责任自保险工程在工地动工或用于保险工程的材料、设备运抵工地之时起始,至工程所有人对部分或全部工程签发完工验收证书或验收合格,或工程所有人实际占有或使用接收该部分或全部工程之时终止,以先发生者为准。但在任何情况下,安装期保险期限的起始或终止不得超出保险单明细表中列明的安装期保险生效日或终止日。

安装工程一切险的保险期内,一般应包括一个试车考核期。试车考核期的长短一般根据安装工程合同中的约定进行确定,但不得超出安装工程保险单明细表中列明的试车和考核期限。安装工程一切险对考核期的保险责任一般不超过3个月,若超过3个月,应另行加收保险费。安装工程一切险对于旧机器设备不负考核期的保险责任,也不承担其维修期的保险责任。

【例题 4-1】

1. 背景资料:

2006 年 3 月 7 日,某养殖公司与某财产保险公司签订了《建筑工程一切险保险合同》,保险项目为该养殖公司的围堤工程,投保金额为 3485000 元,事故绝对免赔额为 50000 元;保险期限自 2006 年 3 月 16 日中午 12 时起至 2006 年 5 月 5 日中午 12 时止。双方在合同第 13 条还特别约定:物质损失部分每次事故赔偿限额为 500000 元。2006 年 3 月 11 日,该养殖公司交付保险公司保险费 12455 元。

在保险期间,该围堤工程施工于 2006 年 4 月 15 日、4 月 30 日因海上出现大风天气,导致两次海损事故发生,造成一定经济损失。在理赔过程中,双方就损失赔偿问题未达成一致意见。该养殖公司起诉到人民法院。2007 年 6 月 15 日,一审法院依法委托某工程咨询管理公司对两次海损工程量进行了司法鉴定,同年 7 月 31 日得出鉴定结论:两次海损损毁的工程量合计 26525.25m³。若按照双方提供的工程承包合同单价 41 元/m³ 计算,则海损部分的工程造价为 1087535.25 元。原告支付了鉴定费 80000 元。

2. 问题:

被告是否应当赔偿损失,赔偿额应当是多少?

3. 分析与回答:

一审法院认为,市气象预警中心的气象资料证实,2006 年 4 月 15 日、4 月 30 日的最大风速为 8 级。按照双方所签订的保险条款的规定,两次海损均属人力不可抗拒的破坏力强大的自然现象所致,属于保险责任的范围,被告应按照保险合同的约定承担保险赔偿责任。同时,法院对两次海损工程量司法鉴定报告书认定程序合法,对该鉴定报告予以采信。根据鉴定结论,2006 年 4 月 15 日第一次海损给原告造成的损失为 266336 元,减去绝对免赔额 50000 元,被告应赔偿 216336 元;2006 年 4 月 30 日,第二次海损造成的损失为 821199.25 元,因双方约定了物质损失部分每次事故赔偿限额为 500000 元,故被告应赔偿损失 500000 元。2007 年 12 月 16 日,法院依法判决:被告赔偿原告 2006 年 4 月 15 日海损损失 216336 元;赔偿原告 2006 年 4 月 30 日海损损失 500000 元;案件受理费 18118 元,其他费用 4670 元,共计 22788 元,由原告担负 11394 元,被告担负 11394 元;鉴定费 80000 元,由被告担负。

(三)建筑职工意外伤害险

2011年修改的《建筑法》第48条规定,建筑企业应当依法为职工办理工伤保险并缴纳工伤保险费。鼓励企业为从事危险作业的人员办理意外伤害保险。该条修改了1998年《建筑法》原48条"建筑施工企业必须为从事危险作业的职工办理意外伤害保险"的强制性规定。

因此,工伤保险是强制性保险,意外伤害保险则属于法定鼓励性险,其使用范围是施工现场从事危险作业的特殊群体,即在施工现场从事高处作业、深基坑作业、爆破作业等危险性较大的施工人员。尽管这部分人员已经参加了工伤保险,但法律鼓励建筑企业再为其办理意外伤害保险,使他们能够比其他职工依法获得更多的权益保障。

《建设工程安全生产管理条例》第38条规定,施工单位应当为施工现场从事危险作业的人员办理意外伤害保险。意外伤害保险费由施工单位支付。实行施工总承包的,由总承包单位支付意外伤害保险费。意外伤害保险期限自建设工程开工之日起至竣工验收合格止。由于2003年的该条例38条是根据1998年《建筑法》的48条强制性规定而设定,当2011年《建筑法》修改了第48条强制性规定后,2003年《建设工程安全生产管理条例》的第38条规定的"应当"强制性就自然失效了。

工伤保险与建筑意外伤害保险有很大不同。工伤保险是社会保险的一种,实行实名制,并按工资总额计提保险费,较适用于企业的固定职工。职工个人不缴纳工伤保险费。用人单位应当按照本单位职工工资总额乘以单位缴纳费率之积按时缴纳工伤保险费。建筑意外伤害保险则是一种法定的非强制性商业保险,通常是按照施工合同额或建筑面积计提保险费,针对施工现场从事危险作业的特殊群体,较适合施工现场作业人员流动性大的行业特点。

1. 建筑意外伤害保险范围、保险期限和最低保险金额

建筑意外伤害保险范围应覆盖工程项目。保险期限应涵盖工程项目开工到工程竣工验收合格之日。提前竣工的,保险责任自行终止。工程延长工期的,应当办理保险顺延手续。各地建设行政主管部门要结合本地区实际情况,确定合理的最低保险金额。最低保险金额要能够保障施工伤亡人员得到有效的经济补偿。施工企业办理此项保险时,投保的保险金额(投保额)不得低于最低保险金额。

2. 建筑意外伤害保险的保险费和费率

建筑意外伤害保险费应当列入建安工程费用。保险费由施工企业支付,企业不得向员工摊派。该保险费率提倡差别费率和浮动费率。差别费率可与工程规模、类型、项目风险程度和施工现场等因素挂钩。浮动费率可与施工企业安全业绩、安全生产管理状况等因素挂钩。好的下浮差的上浮,以激励投保企业安全生产的积极性。

3. 建筑意外伤害保险的投保

施工企业应在工程项目开工前,办理完投保手续。鉴于工程施工工作调动频繁、用工流动性大,投保应实行不记名和不计人数的方式。工程项目有分包的由总包企业统一办理,分包单位合理承担投保费用。投保人办理投保手续后,应将投保的有关信息以布告形式张贴于施工现场,告知被保险人。

4. 建筑意外伤害保险的索赔

建筑意外伤害保险应规范和简化索赔程序,搞好索赔服务。各地建设行政主管部门要积

极创造条件,引导企业在发生意外事故后即向保险公司提出索赔,使施工伤亡人员能够得到及时、足额的赔付。对企业和项目负责人隐瞒不报、不索赔的;要严肃查处。

(四)保险经纪人和保险代理人

《保险法》规定,保险代理人是根据保险人的委托,向保险人收取佣金,并在保险人授权的范围内代为办理保险业务的机构或者个人。保险经纪人是基于投保人的利益,为投保人与保险人订立保险合同,提供中介服务,并依法收取佣金的机构。

保险代理人与保险经纪人的最大区别是:保险代理人是受保险公司的委托,为该保险公司推销保险产品。保险经纪人则是受投保人(保险客户)的委托,根据客户的风险情况,为其设计保险方案、制订保险计划,横向比较各保险公司的保险条款优劣,帮助投保人选择适当的保险公司。形象一些说,如果保险业是销售柜台的话,保险代理人就像是站在一个特定产品前的专职推销员,而保险经纪人则是帮助顾客选购产品的秘书或顾问。他不偏向于任何一个产品,而是完全根据顾客需求,选择同类产品中最适合消费者的那一款。有关资料表明,60%的风险是通过保险方式进行规避的,其余风险则需要通过非保险的方式进行管理。保险经纪公司作为衔接保险公司与保险客户的中间环节,可以为客户提供专业的、全方位的保险咨询服务,代表客户与保险公司谈判,协助客户办理投保与索赔工作,最大限度地保障投保人的利益。

【例题4-2】

1.背景资料:

2008年10月10日,某施工单位与某保险公司签订了《建筑工程一切险及第三者责任险》,保险项目为建筑工程(包括永久和临时工程及材料),投保金额为3.07亿元。保险期限自2008年10月10日0时起至2011年4月22日24时止。双方在保险合同中对各种自然灾害引起的物质损失绝对免赔额分别作了限定,并特别约定:物质损失部分每次事故赔偿限额人民币300万元。2008年10月15日施工单位一次性缴纳了保险费130余万元。

2009年7月29日,该地区遭遇特大暴雨,山洪暴发,致使施工区域内山体塌方,施工便道被冲毁,大量桩基被埋,抗滑桩垮塌,部分施工材料被冲走,工地受损严重。施工单位经估算,预计损失金额为256万余元。保险公司接到报案后,聘请了某保险公估公司对事故现场进行实地勘察,先后出具了两次损失统计表,其定损金额均与施工单位实际受损情况存在很大差异。施工单位提出异议,对受损金额不予认可,故全权委托某保险经纪公司为其保险顾问。

2.问题:

保险经纪公司如何发挥保险顾问作用?

3.分析与回答:

保险经纪公司按照损失勘查记录进行了分析,经核算后,认为公估公司出具的损失统计表中对计算单价均作了20%的折扣,此做法是没有依据的。根据保险会司所出示的保险条款第12条第2款的规定:"全部损失或推定全损以保险财产损失前的实际价值考虑。"第13条第1款规定:"保险金额等于或高于应保险金额时,按实际损失计算赔偿,最高不超过应保险金额。"由于计算单价在工程承包合同的工程量清单中是固定的,因此应以实际价值进行估算。最终,保险公司按照保险合同的约定,在扣除不足额投保率、免赔额等因素后,共计支付赔款139万余元。

🌐 四、公路工程保险的具体规定和保险索赔处理

(一)工程保险(20.1款)

除专用合同条款另有约定外,承包人应以发包人和承包人的共同名义向双方同意的保

险人投保建筑工程一切险、安装工程一切险。其具体的投保内容、保险金额、保险费率、保险期限等有关内容在专用合同条款中约定。

《公路工程招标文件》(2018年版)公路工程施工合同专用条款对本款约定为:

建筑工程一切险的投保内容:为本合同工程的永久工程、临时工程和设备及已运至施工工地用于永久工程的材料和设备所投的保险。

保险金额:工程量清单第100章(不含建筑工程一切险及第三者责任险的保险费)至700章的合计金额。

保险费率:在项目专用条款数据表中约定。

保险期限:开工日起直至本合同工程签发缺陷责任期终止证书止。(注:即合同工期 + 缺陷责任期)

承包人应以发包人和承包人的共同名义投保建筑工程一切险。建筑工程一切险的保险费由承包人报价时列入工程量清单100章内。发包人在接到保险单后,将按照保险单的费用直接向承包人支付。

请注意《标准施工招标文件》(2007年版)条款中两个关键点:一是,投保人为发包人和承包人双方共同联名;二是,保险人(保险公司)需双方同意。实际施工中由于经常是发包人指定保险公司,承包人养成习惯在工程开工后一直等待发包人确定保险人,而没有去办理保险,此时正好发生了自然灾害对工程造成损失。在这种情况下当事人双方都有一定的责任。因此当事人应尽快协商确定保险人,抓紧办理工程保险避免不必要的损失。《公路工程招标文件》(2018年版)对保险人没有具体限定。

(二)人员工伤事故的保险(20.2款)

1.承包人员工伤事故的保险(20.2.1项)

承包人应依照有关法律规定参加工伤保险,为其履行合同所雇用的全部人员,缴纳工伤保险费,并要求其分包人也进行此项保险。

2.发包人员工伤事故的保险(20.2.2项)

发包人应依照有关法律规定参加工伤保险,为其现场机构雇用的全部人员,缴纳工伤保险费,并要求其监理人也进行此项保险。

(三)人身意外伤害险(20.3款)

(1)发包人应在整个施工期间为其现场机构雇用的全部人员,投保人身意外伤害险,缴纳保险费,并要求其监理人也进行此项保险。(20.3.1项)

(2)承包人应在整个施工期间为其现场机构雇用的全部人员,投保人身意外伤害险,缴纳保险费,并要求其分包人也进行此项保险。(20.3.2项)

(四)第三者责任险(20.4款)

(1)第三者责任系指在保险期内,对因工程意外事故造成的、依法应由被保险人负责的工地上及毗邻地区的第三者人身伤亡、疾病或财产损失(本工程除外),以及被保险人因此而支付的诉讼费用和事先经保险人书面同意支付的其他费用等赔偿责任。(20.4.1项)

(2)在缺陷责任期终止证书颁发前,承包人应以承包人和发包人的共同名义,投保第

20.4.1项约定的第三者责任险,其保险费率、保险金额等有关内容在专用合同条款中约定。

《公路工程招标文件》(2018年版)对第20.4.2项补充如下:

第三者责任险的保险费由承包人报价时列入工程量清单100章内。发包人在接到保险单后,将按照保险单的费用直接向承包人支付。

(五)其他保险(20.5款)

除专用合同条款另有约定外,承包人应为其施工设备、进场的材料和工程设备等办理保险。

《公路工程招标文件》(2018年版)本项约定为:

承包人应为其施工设备等办理保险,其投保金额应足以现场重置。办理本款保险的一切费用均由承包人承担,并包括在工程量清单的单价及总额价中,发包人不单独支付。

(六)对各项保险的一般要求(20.6款)

1.保险凭证(20.6.1项)

承包人应在专用合同条款约定的期限内向发包人提交各项保险生效的证据和保险单副本,保险单必须与专用合同条款约定的条件保持一致。

《公路工程招标文件》(2018年版)本项约定为:

承包人向发包人提交各项保险生效的证据和保险单副本的期限:开工后56天内。

2.保险合同条款的变动(20.6.2项)

承包人需要变动保险合同条款时,应事先征得发包人同意,并通知监理人。保险人作出变动的,承包人应在收到保险人通知后立即通知发包人和监理人。

3.持续保险(20.6.3项)

承包人应与保险人保持联系,使保险人能够随时了解工程实施中的变动,并确保按保险合同条款要求持续保险。

《公路工程招标文件》(2018年版)本项补充:

在整个合同期内,承包人应按合同条款保证足够的保险额。

4.保险金不足的补偿(20.6.4项)

保险金不足补偿损失的(包括免赔额和超过赔偿限额的部分),应由承包人和(或)发包人按合同约定负责补偿。

5.未按约定投保的补救(20.6.5项)

(1)由于负有投保义务的一方当事人未按合同约定办理保险,或未能使保险持续有效的,另一方当事人可代为办理,所需费用由对方当事人承担。

(2)由于负有投保义务的一方当事人未按合同约定办理某项保险,导致受益人未能得到保险人的赔偿,原应从该项保险得到的保险金应由负有投保义务的一方当事人支付。

《公路工程招标文件》(2018年版)本项(2)目细化为:

(2)由于负有投保义务的一方当事人未按合同约定办理某项保险,或未按保险单规定的条件和期限及时间向保险人报告事故情况,或未按要求的保险期限进行投保,或未按要求投保足够的保险金额,导致受益人未能或未能全部得到保险人的赔偿,原应从该项保险得到的保险金应由负有投保义务的一方当事人支付。

6. 报告义务(20.6.6 项)

当保险事故发生时,投保人应按照保险单规定的条件和期限及时向保险人报告。

(七)京津塘高速公路保险合同实例

京津塘高速公路××合同段保险合同

被保险人:京津塘高速公路××合同段××工程公司和京津塘高速公路××市公司(以下简称甲方)

保险人:中国人民保险公司北京分公司国外业务部(以下简称乙方)

兹经甲乙双方商定,就京津塘高速公路××合同段保险事宜达成以下协议:

一、承保工程项目:京津塘高速公路×号合同××段。

二、承保险别:建筑工程一切险及第三者责任险。

1. 责任范围:按照中国人民保险公司的建筑工程一切险条款和建筑工程第三者责任险条款。

2. 特种风险:由于地震、海啸、洪水、暴雨和风暴造成的巨灾损失,保险公司按照中保额的80%进行赔偿。

三、保险期限:自 1987 年 12 月 23 日自 1990 年 6 月 22 日

四、保险金额:人民币壹亿肆千陆佰拾伍万贰仟玖佰玖拾肆元整(¥146,952,994 元即投保额)

五、费率和保费。

1. 道路工程为¥110,855,782　　费率 0.30%　　保费¥332,567.35　　免赔额¥5,000.00

2. 桥梁工程为¥21,543,510　　费率 0.45%　　保费¥96,945.80　　免赔额¥5,000.00

3. 房建工程为¥14,553,702　　费率 0.3%　　保费¥43,661.12　　免赔额¥5,000.00

第三者责任险总额赔偿限额¥100 万元,每次事故赔偿限额¥10 万,每次事故免赔额¥250 元,费率 0.35%,保费¥3500.00。

保费总额为人民币肆拾柒万陆千陆佰柒拾肆元贰角柒分(¥476,674.27 元)。

保费定于 1988 年 11 月 1 日一次性支付。

司法管辖权:中华人民共和国境内。

六、索赔。

发生本保险合同承保的损失事故后,甲方应通知乙方到事故现场勘查检验,并提供必要的有效证明单据,以便确定损失金额和作为索赔的依据。当事故调查清楚,索赔单证齐全,赔付方案商定后一个月内,乙方将赔付款给甲方

七、其他说明。

如果由于变更设计、修改工程承包内容或延长工期等原因引起保险合同内容变更,甲方应及时通知乙方,双方商定后,由乙方出具批单、批改保单或合同的变更部分,并按照规定增减保险费,批单与本合同具有同等的法律效力。

八、争议。

甲乙双方之间的一切有关本保险的争议应通过友好协商解决。如果协商不能达成协议,可申请仲裁或向法院提出诉讼。

九、本合同用中英文书就,正本一式贰份,副本一式肆份。甲乙双方各执正本一份,副本两份为凭。本合同自签字之日起生效。

甲方:签字(盖章)　　　　　　乙方:签字(盖章)

1988 年 4 月 4 日

京津塘高速公路保险合同的签约时间比保险期限的开始时间还晚的原因,是因为原来的施工合同没有工程保险内容,后来通过变更方式补充了施工合同的保险内容,然后再补办了该保险合同。京津塘高速公路施工合同对保险进行变更的具体内容参见第二章中的合同变更事例。

【例题4-3】

1.背景资料:

某公路大桥项目第100章到700章不含保险费的合计金额为8000万元,承包人的施工机械设备的购置费为3500万,已经折旧1000万元。根据合同相关规定,该工程分别办理了:发包人要求投保额6000万元桥梁工程的建筑工程一切险和附加第三者责任险,一切险的费率为0.45%;投保额2500万元承包人自己施工机械设备的建筑工程一切险,费率为0.9%;不记名团体人身意外伤害险的保险费=8000×0.35%=28万元,一次事故赔偿不超过100万元,同时最高限额是死亡60万元/人,重伤20万元/人,轻伤5万元/人。

工程所在地区,因连降暴雨,发生严重的山洪灾害,使正在施工的桥梁工程遭受如下损失:

(1)一大部分施工临时栈桥和脚手架被冲毁,估计损失为300万元。

(2)一座临时仓库被狂风吹倒,使库存水泥等材料被暴雨冲走,估计损失80万元。

(3)洪水冲走和损坏一部分施工机械设备,其损失为50万元。

(4)临时房屋工程设施倒塌,造成人员伤亡损失为15万元。

(5)工程被迫停工20天,造成人员窝工和机械设备闲置损失达60万元。

2.问题:

(1)计算工程6000万元的保险费,其投保人是谁?其被保险人是谁?

(2)承包人对其施工机械设备投保有哪些错误?保险费是多少?

(3)发包人承担的风险损失有哪几项?共计多少?能从保险公司处获得赔偿多少?

(4)承包人承担的风险损失有哪几项?共计多少?能从保险公司处获得赔偿多少?

(5)承包人的所有损失中通过保险赔偿弥补后的不足部分有哪些?根据交通运输部2018年版合同条款20.6.4项规定应如何处理?

3.分析与回答:

(1)计算工程6000万元的保险费=6000×0.45%=27万元,其投保人是发包人和承包人,其被保险人是发包人和承包人。

(2)承包人对其施工机械设备投保错误在于投保额不该扣错折旧1000万元,按照20.5款的规定,重置成本就是施工机械设备购置费3500万元。所以保险费=3500×0.9%=31.5万元。承包人投保的险种名称没有错,是建筑工程一切险,但内容和保险额度与工程险不同。

(3)发包人承担的风险损失有(1)、(2)项。共计380万元。能从保险公司处获得赔偿为380×6000/8000=285万元。

(4)承包人承担的风险损失有(3)、(4)、(5)项。共计125万元。能从保险公司处获得赔偿为50+15=65万元,根据保险合同保险公司不承担60万元灾害造成的停工损失。

(5)承包人的所有损失中通过保险赔偿弥补后的不足部分有:380-285=95万元,60万元。根据交通运输部2018年版合同条款20.6.4规定,应按照合同约定处理,依据《合同法》的公平原则,95万元损失是发包人承担的风险,投保额6000万元不足8000万元是发包人要求的,所以这个损失应该由发包人承担;而60万元的停工损失,根据合同规定,恶劣气候只赔时间不赔钱,因此,如果自然灾害停工造成工程工期的延误则可以顺延工期,但是60万元的费用由承包人自己承担。

练习题

一、单项选择题(每题 1 分,只有 1 个选项最符合题意)

1. 有关风险量的论述正确的是(　　　)。

    A. 发生的概率越大风险越大　　　　　　B. 风险量是发生概率和损失量的相加关系

    C. 损失量越大风险越大　　　　　　　　D. 风险量是发生概率和损失量的相乘关系

2. 建设工程项目风险可分为组织风险、经济与管理风险、工程环境和技术风险,下列风险因素中属于组织风险的是(　　　)。

    A. 安全管理人员的能力　　　　　　　　B. 人身安全控制计划

    C. 引起火灾和爆炸的因素　　　　　　　D. 工程施工方案

3. 建设工程项目风险可分为组织风险、经济与管理风险、工程环境风险和技术风险等,下列风险因素中属于技术风险的是(　　　)。

    A. 事故防范计划　　　　　　　　　　　B. 现场防火设施

    C. 工程设计文件　　　　　　　　　　　D. 一般技工的能力

4. 下列工程项目风险管理中,属于风险识别阶段的工作是(　　　)。

    A. 分析各种风险的损失量　　　　　　　B. 分析各种风险因素发生的概率

    C. 确定风险因素　　　　　　　　　　　D. 对风险进行监控

5. 下列关于建筑工程一切险的保险金额说法错误的是(　　　)。

    A. 保险金额是指保险人承担赔偿或者给付保险金责任的最高限额

    B. 保险金额可以超过保险标的的保险价值

    C. 超过保险价值的,超过的部分无效

    D. 建筑工程一切险的保险金额按照不同的保险标的确定

6. 根据《建设工程安全生产管理条例》的规定,建设工程意外伤害保险的期限(　　　)。

    A. 自保险合同生效之日起至保险合同解除止

    B. 自施工合同订立之日起至施工合同履行完毕止

    C. 自实际施工之日起至竣工结算完毕止

    D. 自工程开工之日起至竣工验收合格止

7. 下列工程项目风险管理工作中,属于风险分析评估阶段的是(　　　)。

    A. 确定风险因素　　　　　　　　　　　B. 确定各风险的风险量和风险等级

    C. 编制项目风险识别报告　　　　　　　D. 对风险进行监控

8. 如果工程保险的免赔额低,赔偿限额高则保险费率应(　　　)。

    A. 相应提高　　　　B. 相应降低　　　　C. 较多　　　　　　D. 较少

9. 下列属于强制性保险的是(　　　)。

    A. 建筑工程一切险　　　　　　　　　　B. 第三者责任险

    C. 工伤保险　　　　　　　　　　　　　D. 意外伤害保险

10. 按照我国保险制度,建筑工程一切险(　　　)。

    A. 投保人应以双方名义共同担保　　　　B. 由承包人投保

    C. 包含职业责任险　　　　　　　　　　D. 包含人身意外伤害险

二、多项选择题(每题 2 分,每题的备选项中,有 2 个或 2 个以上符合题意,至少有 1 个错项。错选,本小题不得分;少选,所选的每个选项得 0.5 分)

1. 施工建筑工程一切险的被保险人包括( )。

    A. 业主   B. 设计人员   C. 承包商

    D. 监理工程师   E. 贷款银行

2. 某安装工程项目于 2005 年 2 月 15 日开工,合同约定的竣工日期是同年 6 月 30 日。实际竣工日期为 7 月 1 日,并于 7 月 15 日投入使用。试车考核期从 7 月 15 日开始,其间在 8 月 20 日至 9 月 20 日因故停止运行,9 月 21 日恢复。则下列关于该项目投保的安装工程一切险保险期限的说法中,正确的有( )。

    A. 试车考核期的保险责任至 10 月 15 日

    B. 试车考核期的保险责任至 11 月 15 日

    C. 维修期应从 6 月 30 日开始算

    D. 维修期应从 7 月 15 日开始算

    E. 保险责任可以拖延至 3 年的维修期满日

3. 根据《建设工程安全生产管理条例》,关于意外伤害保险的说法,正确的有( )。

    A. 意外伤害保险为强制保险且有效

    B. 被保险人为从事危险作业人员

    C. 受益人可以不是被保险人

    D. 保险费由分包单位支付

    E. 保险期限由施工企业根据实际自行确定

三、思考题

1. 保险费、保险金和保险额(投保额)在概念上有什么区别。

2. 投保人和被保险人以及受益人的联系和区别是什么?

第五章
工程变更

第一节 ➤ 工程变更的内容和程序

订立工程施工合同时,作为合同当事人的发包人和承包人尽可能将工程施工中的所有内容在施工合同中做了明确约定;但是,工程建设周期长、工艺复杂,施工过程受到各种无法预料事件的干扰和影响,试图订立一个完美无缺的工程施工合同是不可能的。因此,为了保障合同双方当事人的利益,在合同履行过程中针对合同不完善的情况或各种无法预料的情况在协商一致的情况下,对合同的内容进行调整,这就是工程变更。作为合同变更一部分的工程变更,在概念和具体操作方面与《合同法》中的合同变更既有联系又有区别;而设计变更作为工程变更的主要内容,又有一套更加严格的规定。所以,本章主要讨论公路工程变更的概念、内容和程序以及对工程造价的影响。

🌐 一、工程变更的范围和内容以及相关规定

(一)工程变更的起因

工程变更的起因主要有六个方面:发包人对工程提出新的要求;设计不合理;工程环境发生变化;新技术和新知识的应用需要;政府部门的干预;承包人的失误。

(二)工程变更的范围和内容

工程变更的内容一般包括四个方面:设计变更、进度计划变更、新增工程、施工条件变更(未能预见的现场条件或不利的自然条件,表现在施工中遇到了与图纸或招标文件有本质差异的现场条件,或发生不可抗力的事件;例如,无法合理预见的地下水、地质断层等)。《标准施工招标文件》(2007年版)15.1款变更的具体范围和内容如下:

除专用合同条款另有约定外,在履行合同中发生以下情形之一,应按照本条规定进行变更。

(1)取消合同中任何一项工作,但被取消的工作不能转由发包人或其他人实施,由于承包人违约造成的情况除外(注:《公路工程招标文件》(2018年版)增加内容)。例如,经调查某山区人口逐渐减少,故将原有两座相距较近的跨线桥合并,取消了一座跨线桥。

(2)改变合同中任何一项工作的质量或其他特性。例如,将某水库地区原来的沥青路面

变更为水泥混凝土路面。属于设计变更。

（3）改变合同工程的基线、标高、位置或尺寸。例如，降低原来的公路坡度、标高调整等；优化桥梁设计减少桥梁的跨度等。属于设计变更。

（4）改变合同中任何一项工作的施工时间或改变已批准的施工工艺或顺序。例如，因征地拆迁的影响不得不改变某些地段的施工顺序。

（5）为完成工程需要追加的额外工作。例如，增加一个出入口或服务区等。请注意"为完成本工程"是追加的前提条件，这点是与合同变更的最大的区别，详细内容在工程变更与合同变更的联系区别中论述。

（三）工程变更的执行

在履行合同过程中，经发包人同意，监理人可按第15.3款约定的变更程序向承包人作出变更指示，承包人应遵照执行。没有监理人的变更指示，承包人不得擅自变更。（15.2款）

15.3.3　变更指示

（1）变更指示只能由监理人发出。

（2）变更指示应说明变更的目的、范围、变更内容以及变更的工程量及其进度和技术要求，并附有关图纸和文件。承包人收到变更指示后，应按变更指示进行变更工作。

🌐 二、工程变更的程序

（一）工程变更的提出（15.3.1项）

（1）在合同履行过程中，可能发生第15.1款约定情形的，监理人可向承包人发出变更意向书。变更意向书应说明变更的具体内容和发包人对变更的时间要求，并附必要的图纸和相关资料。变更意向书应要求承包人提交包括拟实施变更工作的计划、措施和竣工时间等内容的实施方案。发包人同意承包人根据变更意向书要求提交的变更实施方案的，由监理人按第15.3.3项约定发出变更指示。

（2）在合同履行过程中，发生第15.1款约定情形的，监理人应按照第15.3.3项约定向承包人发出变更指示。

（3）承包人收到监理人按合同约定发出的图纸和文件，经检查认为其中存在第15.1款约定情形的，可向监理人提出书面变更建议。变更建议应阐明要求变更的依据，并附必要的图纸和说明。监理人收到承包人书面建议后，应与发包人共同研究，确认存在变更的，应在收到承包人书面建议后的14天内作出变更指示。经研究后不同意作为变更的，应由监理人书面答复承包人。

（4）若承包人收到监理人的变更意向书后认为难以实施此项变更，应立即通知监理人，说明原因并附详细依据。监理人与承包人和发包人协商后确定撤销、改变或不改变原变更意向书。（编者注：工程变更的提出参见图5-1）

（二）公路工程设计变更程序

增加的15.3.4规定，设计变更程序应执行《公路工程设计变更管理办法》的相关规定。

（三）公路工程变更程序条款的理解和工程变更程序框图

（1）一旦发生合同条款15.1的工程变更，监理人应向承包人发变更指示。

(2)如果可能发生工程变更,则变更的提出人可以是监理人(代表发包人)或承包人。

(3)由监理人提出变更的,监理人向承包人发"变更意向书"说明具体变更内容和时间要求;承包人提交实施方案(包括拟实施变更的计划、措施和施工时间);发包人审批后监理人发变更指示。

(4)承包人从图纸和文件中发现需要变更的情形时,向监理人提出书面变更建议(包括变更依据、图纸和说明);监理人收到后与发包人共同研究,在14天内发工程变更指示。

(5)工程变更程序框图如图5-1所示。

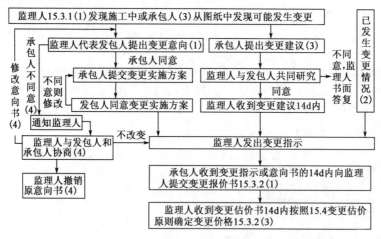

图5-1 工程变更程序框图

🌐 三、公路工程设计变更的相关规定

属于合同条款15.1中公路设计变更的,还要遵照交通运输部更具体的规定。

(一)公路设计变更原则

公路工程设计变更应当符合国家有关公路工程强制性标准和技术规范的要求,符合公路工程质量和使用功能的要求,符合环境保护的要求。公路水运建设工程设计变更应当尊重原设计,保持设计文件的稳定性和完整性。

(二)公路设计变更条件

(1)保持原设计标准质量,可以降低投资或者节省土地。

(2)由于规划调整,需求、功能变化,建设环境条件变化,必须变更设计方案。

(3)由于地质、水利、文物等方面的原因或者其他不可预见因素,必须变更设计方案。

(4)保持原设计标准质量,投资得到控制,有利于解决特殊的技术问题。

(5)投资得到控制,有利于改善行车条件、路容景观、提高使用寿命或者节省工程的维修、养护费用。

(6)投资得到控制,有利于采用新材料、新技术、新工艺、新设备,有利于提高工程质量标准、提高功效和促进技术进步。

(7)施工图文件有错误、疏漏或者设计明显不合理。

(8)其他经批准确需进行设计变更的情况。

参见江苏省公路水运建设工程设计变更管理办法第 7 条的规定。

(三)公路工程设计变更的分类

《公路工程设计变更管理办法》第 5 条规定,公路工程设计变更分为重大设计变更、较大设计变更和一般设计变更。

1. 重大设计变更

有下列情形之一的属于重大设计变更:

(1)连续长度 10km 以上的路线方案调整的。

(2)特大桥的数量或结构形式发生变化的。

(3)特长隧道的数量或通风方案发生变化的。

(4)互通式立交的数量发生变化的。

(5)收费方式及站点位置、规模发生变化的。

(6)超过初步设计批准概算的。

2. 较大设计变更

有下列情形之一的属于较大设计变更:

(1)连续长度 2km 以上的路线方案调整的。

(2)连接线的标准和规模发生变化的。

(3)特殊不良地质路段处置方案发生变化的。

(4)路面结构类型、宽度和厚度发生变化的。

(5)大中桥的数量或结构形式发生变化的。

(6)隧道的数量或方案发生变化的。

(7)互通式立交的位置或方案发生变化的。

(8)分离式立交的数量发生变化的。

(9)监控、通信系统总体方案发生变化的。

(10)管理、养护和服务设施的数量和规模发生变化的。

(11)其他单项工程费用变化超过 500 万元的;

(12)超过施工图设计批准预算的。

3. 一般设计变更

一般设计变更是指除重大设计变更和较大设计变更以外的其他设计变更。

(四)公路工程设计变更的申请材料

参考《江苏省公路水运建设工程设计变更管理办法》。

(1)申请开展设计变更的勘察设计应当提交的材料:

①设计变更勘察设计申请表。

②设计变更的调查核实情况、合理性论证情况。

③省交通运输主管部门要求提交的其他相关材料。

(2)报审设计变更文件时应当提交的材料:

①设计变更文件报审表。

②设计变更说明。

③设计变更的勘察设计图纸及原设计相应图纸。

④设计变更工程量、投资变化对照清单和分项概、预算文件。

(五)公路工程设计变更审批程序

《公路工程设计变更管理办法》第6、7、8条规定:

(1)公路工程重大、较大设计变更实行审批制。

(2)重大设计变更由交通部负责审批。较大设计变更由省级交通主管部门负责审批。

(3)项目法人(注:即发包人或业主或建设单位)负责对一般设计变更进行审查,并应当加强对公路工程设计变更实施的管理。

(六)公路工程设计变更审批时限

《公路工程设计变更管理办法》第15条规定,设计变更文件的审批应当在20日内完成。无正当理由,超过审批时间未对设计变更文件的审查予以答复的,视为同意。需要专家评审的,所需时间不计算在上述期限内。审批机关应当将所需时间书面告知申请人。

第二节 ▶ 工程变更的估价

公路工程变更对工程造价产生重大影响,严重的会超出概算,也是目前工程审计的重点对象。因此,不仅在设计、施工过程中严格控制工程变更的发生,更重要的是控制工程变更对工程造价的影响。工程变更的估价既需要专业技术又需要工程造价知识,作为工程管理者需要系统地考虑工程变更涉及的方方面面问题,才能确定出合理的变更价格,而且符合法律和合同规定,经得起审计部门的最终认定。合同条款的15.3.2规定了工程变更的估价程序,15.4规定了工程变更的估价原则或方法,15.5规定了承包人提出合理化建议应给予的奖励,15.6、15.7、15.8规定了暂列金额、计日工、暂估价的使用。

🌐 一、工程变更的估价程序

15.3.2 变更估价(图5-1)

(1)除专用合同条款对期限另有约定外,承包人应在收到变更指示或变更意向书后的14天内,向监理人提交变更报价书,报价内容应根据第15.4款约定的估价原则,详细开列变更工作的价格组成及其依据,并附必要的施工方法说明和有关图纸。

(2)变更工作影响工期的,承包人应提出调整工期的具体细节。监理人认为有必要时,可要求承包人提交要求提前或延长工期的施工进度计划及相应施工措施等详细资料。

(3)除专用合同条款对期限另有约定外,监理人收到承包人变更报价书后的14天内,根据第15.4款约定的估价原则,按照第3.5款商定或确定变更价格。

🌐 二、公路工程变更的估价原则和方法

(一)变更的估价原则

除项目专用合同条款另有约定外,因变更引起的价格调整按照本款约定处理。

15.4.1　如果取消某项工作,则该项工作的总额价不予以支付。

15.4.2　已标价工程量清单中有适用于变更工作的子目的,采用该子目的单价。

15.4.3　已标价工程量清单中无适用于变更工作的子目,但有类似子目的,可在合理范围内参照类似子目的单价,由监理人按第3.5款商定或确定变更工作的单价。

15.4.4　已标价工程量清单中无适用或类似子目的单价,可在综合考虑承包人在投标时所提供的单价分析表的基础上,由监理人按第3.5款商定或确定变更工作的单价。

15.4.5　如果本工程的变更指示是因承包人过错、承包人违反合同或承包人责任造成的,则这种违约引起的任何额外费用应由承包人承担。

15.4.2~15.4.4是变更估价原则的核心内容,过去习惯称为变更定价三原则。

(二)变更估价的方法

(1)直接套用已有的工程量清单子目的单价。即15.4.2项的规定。

(2)间接套用已有的工程量清单的类似单价。即15.4.3项的规定。具体采用类似子目等量换算的方法。具体换算方法参见【例题5-1】不同厚度路面和【例题5-2】不同直径挖孔桩的间接套用。

(3)重新定单价。即15.4.4项的规定。具体方法是根据变更工程的施工方法参考工程量清单中单价分析表的价格数据,结合预算定额和编制办法进行重新定价。

(三)承包人的合理化建议

15.5.1　在履行合同过程中,承包人对发包人提供的图纸、技术要求以及其他方面提出的合理化建议,均应以书面形式提交监理人。合理化建议书的内容应包括建议工作的详细说明、进度计划和效益以及与其他工作的协调等,并附必要的设计文件。监理人应与发包人协商是否采纳建议。建议被采纳并构成变更的,应按第15.3.3项约定向承包人发出变更指示。

15.5.2　承包人提出的合理化建议缩短了工期,发包人按第11.6款的规定给予奖励。承包人提出的合理化建议降低了合同价格或者提高了工程经济效益的,发包人按项目专用合同条款数据表中规定的金额给予奖励。

【例题5-1】

1.背景资料:

某公路路面施工。原设计要求的规格为20cm厚度水泥稳定碎石基层,单价为48元/m^2。发包人考虑到未来交通量的增加和载重车辆超载因素,决定将结构层厚度变更为35cm。

2.问题:

(1)根据合同条款15.4.3变更估价原则,35cm的水泥稳定碎石基层单价为多少?

(2)按照这样的方法确定的单价,这个事例对合同当事人哪一方更不利?为什么?如果是变更为40cm厚度呢?

3.分析与回答:

(1)根据合同条款15.4.3变更估价原则,35cm的水泥稳定碎石基层单价为:

$(48 \div 20) \times 35 = 84$元/$m^2$,是根据同体积原理进行单价折算。

(2)按照这样的方法确定的单价,这个事例对合同当事人的承包人更不利。因为20cm厚度水泥稳定碎石基层用18~20t压路机只需铺一层,而35cm厚度时,根据技术规范要求分为两层铺筑。所以在同样的体积情况下,承包人铺筑的成本更高。如果变更为40cm厚度,承包人的成本与20cm厚度的成本基本相同,多劳多得对承包人没有不利;不过技术上要求在铺筑下基层后要养生7d才可铺筑上基层,对施工成本影响可忽略不计。所以采用已有类似单价估价是相对合理,不可能绝对准确。

【例题 5-2】

1. 背景资料:

某公路工程合同段中,桥梁工程的挖孔桩只有两种规格的直径,其单价分别是:1.3m 为 1280 元/m 和 1.8m 为 2348 元/m。施工中因线路改造新增一座桥梁,桥梁的基础工程为直径 1.5m 的挖孔桩。

2. 问题:

根据合同条款 15.4.3 变更估价原则,直径 1.5m 的挖孔桩单价为多少?

3. 分析与回答:

直径 1.3m,每立方米单价为 $1280 \div (3.14 \times 1.3^2 \div 4) = 1280 \div 1.327 = 964.58$ 元/m³。

直径 1.8m,每立方米单价为 $2348 \div (3.14 \times 1.8^2 \div 4) = 2348 \div 2.543 = 923.32$ 元/m³。

理论上可以假设在线性关系下,采用内插方法确定 1.5m 直径的每立方米单价:

$932.32 + (964.58 - 923.32) \times (1.8 - 1.5) \div (1.8 - 1.3) = 948.08$ 元/m³。

当然如果按照面积内插,1.5m 直径面积为 $3.14 \times 1.5^2 \div 4 = 1.766$ m²,单价内插为 949.68 元/m³;用面积加权平均每立方米单价为 $964.58 \times 1.327/3.87 + 923.32 \times 2.543/3.87 = 937.47$ 元/m³;或算数平均值为 944.01元/m³;三者相比于直径内插值相差不大,不过直径或面积内插更合理些。

直径 1.5m 的每米变更单价为 $948.08 \times 3.14 \times 1.5^2 \div 4 = 1674.31$ 元/m,相对合理就行。

三、暂列金额和暂估价的使用

(一)暂列金额

由于公路工程变更可能会进行一些工程量清单子目里没有具体列入的工程,而这些工作是监理人根据实际情况认为必须要做的。因此,对于这些可能施工的工程内容进行支付就需要设置一定的备用金,称为暂列金额。暂列金额是工程量清单中其他科目费的组成部分,其包含在合同总价中,供任何部分工程施工,或提供货物、材料、设备、服务,或不可预见事件的使用的一项金额,所以暂列金额可以看成是发包人的风险金额,是不一定发生的费用。参见第三章第二节的投标报价汇总表(表 3-6)。《公路工程招标文件》(2018 年版)对 15.6 款细化增加为 3 项。

15.6.1 暂列金额应由监理人报发包人批准后指令全部或部分地使用,或者根本不予动用。

15.6.2 对于经发包人批准的每一笔暂列金额,监理人有权向承包人发出实施工程或提供材料、工程设备或服务的指令。这些指令应由承包人完成,监理人应根据第 15.4 款约定的变更估价原则和第 15.7 款的规定,对合同价格进行相应调整。

15.6.3 当监理人提出要求时,承包人应提供有关暂列金额支出的所有报价单、发票、凭证和账单或收据,除非该工作是根据已标价工程量清单列明的单价或总额价进行的估价。

(二)暂估价(15.8 款)

暂估价是发包人在工程量清单中给定的用于支付必须发生,但暂时不能确定价格的材料、设备以及专业工程的金额,签约合同价包含暂估价。例如,在 400 章中的桥梁荷载试验,在本教材第二章第三节第三点中暂估价应用的公路跨越铁路交叉工程等。

15.8.1 发包人在工程量清单中给定暂估价的材料、工程设备和专业工程属于依法必须招标的范围并达到规定的规模标准的,由发包人和承包人以招标的方式选择供应商或分包人。发包人和承包人的权利义务关系在专用合同条款中约定。中标金额与工程量清单中所列的暂估价的金额差以及相应的税金等其他费用列入合同价格。

15.8.2 发包人在工程量清单中给定暂估价的材料和工程设备不属于依法必须招标的范围或未达到规定的规模标准的,应由承包人按第5.1款的约定提供。经监理人确认的材料、工程设备的价格与工程量清单中所列的暂估价的金额差以及相应的税金等其他费用列入合同价格。

15.8.3 发包人在工程量清单中给定暂估价的专业工程不属于依法必须招标的范围或未达到规定的规模标准的,由监理人按照第15.4款进行估价,但专用合同条款另有约定的除外。经估价的专业工程与工程量清单中所列的暂估价的金额差以及相应的税金等其他费用列入合同价格。

🌐 四、计日工(15.7 款)

(一)计日工使用确定人和性质

15.7.1 发包人认为有必要时,由监理人通知承包人以计日工方式实施变更的零星工作(即使用的场合)。其价款按列入已标价工程量清单中的计日工计价子目及其单价进行计算。

(二)计日工使用需提交的审批资料

15.7.2 采用计日工计价的任何一项变更工作,应从暂列金额中支付,承包人应在该项变更的实施过程中,每天提交以下报表和有关凭证报送监理人审批:

(1)工作名称、内容和数量。
(2)投入该工作所有人员的姓名、工种、级别和耗用工时。
(3)投入该工作的材料类别和数量。
(4)投入该工作的施工设备型号、台数和耗用台时。
(5)监理人要求提交的其他资料和凭证。

(三)计日工的支付

15.7.3 计日工由承包人汇总后,按第17.3.2项的约定列入进度付款申请单,由监理人复核并经发包人同意后列入进度付款。

参见第三章表3-2 劳务、表3-3 材料、表3-4 施工机械的计日工清单进行计量支付。

🌐 五、工程变更与《合同法》中合同变更的联系和区别

(一)工程变更与《合同法》中合同变更的联系

工程变更实质上属于合同变更,必须按照《合同法》第77条、78条规定,当事人协商一致,可以变更合同。法律、行政法规规定变更合同应当办理批准、登记等手续的,依照其规定。当事人对合同变更的内容约定不明确的,推定为未变更。

工程变更的发包人和承包人需协商一致才可变更,而且变更的内容要明确。对于设计变更则必须按照《建筑法》第58条规定,工程设计的修改由原设计单位负责,建筑施工企业不得擅自修改工程设计。对于公路工程设计变更合同条款15.3.4规定应执行《公路工程设计变更管理办法》的相关规定。

(二)工程变更与《合同法》中合同变更的区别

(1)工程变更的发包人和承包人需协商一致是通过合同条款15.1约定,一旦出现条款列

出工程变更的内容,承包人必须执行工程变更。双方当事人一旦签订合同就被认为双方已经协商一致了。而合同变更一般是在合同履行期间提出,并协商一致,而不是事先约定。

(2)合同中约定的工程变更内容,承包人必须按照15.2和15.3.3条款规定,监理人一旦发出变更指示,承包人应遵照执行没有讨价还价的余地。所以15.1款第(5)项限制为"为完成工程需要追加的额外工作"。而合同变更当事人追加工作只要双方同意,无其他限制。

(3)工程变更的定价权最终在发包人或代表发包人的监理人,监理人确定的变更价格还必须按照3.5条款经发包人批准。承包人不能因为对变更价格的不满意而拒绝工程变更,只能通过索赔或争议解决。正因为有如此规定,为了公平起见才有了15.1款第(5)项的限制,以防止发包人滥用工程变更最终定价权,任意扩大施工范围。而合同变更,当变更价格双方协商不一致时,一方可以不进行合同变更工作。

🌐 六、工程变更案例分析

[例题 5-3]

1.背景资料:

某厂房建设场地原为农田。按设计要求在厂房建造时,厂房地坪范围的耕植土应清除,基础必须埋在老土层以下2m处。为此,业主(甲方)在"三通一平"阶段就委托土方施工公司清除了耕植土并按要求换填压实到一定设计标高。故在施工招标文件中指出,施工单位(乙方)无须再考虑清除耕植土问题。然而,开工后施工单位在开挖基槽时发现,相当一部分基础开挖深度虽已达到设计标高,但仍未见老土,且在基础和场地范围内仍有一部分深层的耕植土和池塘淤泥等必须清除。

2.问题:

(1)在工程遇到地质条件与原设计所依据地质资料不符时,承包人应该怎么办?

(2)根据修改的设计图纸,基础开挖应加深加大。为此,承包人提出了变更工程价格和延长工期的要求,请问承包人的要求是否合理?为什么?

(3)对于工程施工中出现变更工程价格和工期的事件之后,甲乙双方需要注意哪些时效性问题?

(4)对合同中未规定的承包人义务,合同实施过程中又必须进行的工作,你认为如何处理?

3.分析与回答:

(1)承包人应按建筑工程变更处理,具体处理步骤如下:

第一步:根据建设工程施工合同文件的规定,在工程中遇到地质条件与设计所依据的地质资料不符时,承包人(乙方)应立即通知甲方,要求对原设计进行变更,并由甲方取得如下批准:

①超过设计标准和规模时,须经设计和规划部门审批。

②送原设计单位审查,取得相应的图纸和说明。

第二步:在建设工程施工合同文件规定的时间内,向甲方提出设计变更价款和工期顺延要求。甲方如果确认,则应调整合同;甲方若不同意,则应由甲方在合同规定的时间内,通知乙方就变更价格协商,如果协商不成,提请工程造价管理部门调解。双方对调解结果无异议,根据确定的变更价格修改合同价格;如果还有异议,按建设工程合同承包协议的争议处理方法(争议评审、仲裁或诉讼)处理。

(2)承包商的要求合理。因为工程地质条件的变化,是一个有经验的承包商不能合理预见的,属于业主风险。基础开挖加深加大必然增加费用和延长工期。

(3)在出现变更工程价款和工期事件之后,主要注意下列时效性问题:

①乙方提出变更工程价款和工期的时间。

②甲方确认的时间。

③甲、乙双方对变更工程价款和工期不能达成一致意见时的解决办法和时间。

(4)可按工程变更处理,具体处理步骤可参照问题(1)的答案。

编者注:此案例题是按照建设工程合同示范文本规定处理,与九部委《标准施工招标文件》(2007 年版)规定有差异。

练习题

一、单项选择题(每题 1 分,只有 1 个选项最符合题意)

1. 工程设计变更引起的新增工程量清单子目,其相应综合单价首先应由( )提出。

    A. 监理人   B. 承包人

    C. 发包人   D. 工程造价管理部门

2. 在工程合同条款中,往往规定工程数量变更超一定的范围后可以补偿,工程变更补偿范围通常以合同金额一定的百分比表示,百分比越大,则( )。

    A. 合同金额越高   B. 承包商利润越高

    C. 承包商的风险越大   D. 对承包商的补偿越多

3. 依据《合同法》对合同变更的规定,以下表述中正确的是( )。

    A. 不论采用何种形式订立的合同,履行期间当事人通过协商均可变更合同约定的内容

    B. 采用范本订立的合同,履行期间不允许变更合同约定的内容

    C. 采用格式合同的,履行期间不允许变更合同约定的内容

    D. 采用竞争性招标方式订立的合同,履行期间不允许变更合同约定的内容

4. 根据《标准施工招标文件》(2007 年版),不属于工程变更范围的是( )。

    A. 更改工程有关的高程、位置、尺寸   B. 业主需要追加的额外工作

    C. 减少合同中约定的工作量   D. 改变工程施工的时间和顺序

二、多项选择题(每题 2 分,每题的备选项中,有 2 个或 2 个以上符合题意,至少有 1 个错项。错选,本小题不得分;少选,所选的每个选项得 0.5 分)

根据施工企业要求对原工程进行变更的,说法正确的有( )。

A. 施工企业在施工中不得对原工程设计进行变更

B. 施工企业在施工中提出更改施工组织设计的须经监理人同意,延误的工期不予顺延

C. 监理人采用施工企业合理化建议所获得的收益,建设单位和施工企业另行约定分享

D. 施工企业擅自变更设计发生的费用和由此导致的建设单位的损失由施工企业承担,延误的工期不予顺延

E. 施工企业自行承担差价时,对原材料、设备换用不需经监理人同意

三、思考题

1. 工程变更的内容是什么?

2. 工程变更的程序有哪些具体过程?

3. 工程变更后估价有哪些原则或方法?

4. 暂估价和暂列金额的区别是什么?

5. 合同条款对计日工的使用有什么规定?

6. 工程变更和《合同法》中的合同变更有什么联系与区别?

7. 公路设计变更的原则是什么? 审查和审批有什么区别?

8. 属于公路较大设计变更的情况有哪些? 由谁负责审批?

第六章
工程索赔

第一节 ▶ 工程索赔概念和分类

一、工程索赔的概念

（一）索赔（Claim）的概念

索赔是遭受损害的一方向违约的对方或担负责任的对方索取赔偿或补偿，是一种正当行为。Claim 是提出主张或要求的含义。发包人不能按时完成征地拆迁提交现场属于违约行为，应赔偿承包人的损失；施工中发现文物化石等，使得承包人停工和保护文物而带来时间和费用损失，属于合同约定由发包人承担的责任或风险，发包人对承包人的损失应给予补偿。

九部委《标准施工招标文件》（2007 年版）的合同条款规定，工程索赔包括时间索赔和费用索赔；而且索赔是双向的，既存在承包人向发包人索赔，也存在发包人向承包人索赔。一般情况下，人们主要讨论和更多关注承包人向发包人索赔，也称为狭义索赔，主要是工程索赔。

工程施工还涉及商务索赔，主要是投保人的工程保险索赔，保险公司（保险人）负责理赔。

（二）索赔事件

索赔事件，又称为干扰事件，是指那些使实际情况与合同规定不符合，最终引起工期和费用变化的各类事件。简而言之，索赔事件是由索赔原因引起的事件。

（三）反索赔（Counter Claim）的概念

反索赔是对索赔方的反驳、反击或防止对方提出索赔，不让对方索赔成功或者完全成功。Counter 有反击、反驳的含义，Counter Claim 有反诉的含义。一般来说，索赔是双向的，反索赔也是双向的。

针对一方的索赔要求，反索赔的一方应以事实为依据，以合同为准绳，反驳和拒绝对方的不合理要求或索赔要求中的不合理部分。

对索赔报告或索赔文件的反击或反驳要点，一般可以从以下几个方面进行：

（1）索赔要求或报告的时限性。

（2）索赔事件的真实性。

（3）干扰事件的原因、责任分析。

（4）索赔理由分析。

（5）索赔证据分析。

（6）索赔值审核。

（四）索赔的依据

索赔是一种正当的权利要求，它是合同当事人之间一项正常的而且普遍存在的合同管理业务，是一种以合同和法律为依据的合情合理的行为。在施工合同中众多条款规定了当事人可以索赔的情况，而且合同法对违约行为应承担赔偿的责任进行了规定。索赔的依据，总体而言主要是三个方面，一是构成合同的各种合同文件，二是法律法规，三是工程建设惯例。

二、索赔的起因和分类

（一）索赔的起因

索赔可能由以下一个或几个方面的原因引起：

（1）合同对方违约，不履行或未能正确履行合同义务与责任。

（2）合同缺陷或错误，如合同条款不全、错误、矛盾等，设计图纸、技术规范错误等。

（3）工程变更，例如变更后废弃了原来已经在建的还未验收的合格工程，增加时间等。

（4）工程环境变化，包括法律、物价和自然条件的变化等。

（5）不可抗力因素，如恶劣气候条件、地震、洪水、战争状态等。

（二）索赔的分类

1. 按照索赔有关当事人分类

（1）承包人与发包人之间的索赔。

（2）承包人与分包人之间的索赔。

（3）承包人或发包人与供货人之间的索赔。

（4）承包人或发包人与保险人之间的索赔（属于商务索赔）。

2. 按照索赔目的和要求分类

（1）工期索赔，一般指承包人向业主或者分包人向承包人要求延长工期；如果发包人向承包人索赔工期是指将缺陷责任期延长，《标准施工招标文件》（2007 年版）19.3 款规定最长不超过 2 年。

（2）费用索赔，即要求补偿经济损失，调整合同价格（费用增加到合同中或扣除）。

所以《标准施工招标文件》（2007 年版）合同条款中一般表述为"承包人有权要求发包人延长工期和（或）增加费用"，表示承包人向发包人索赔。发包人索赔费用是对承包人扣款。

3. 按照索赔事件的性质分类

（1）工期延误索赔：当发包人未能及时提供施工条件，或者要求承包人暂时停工，造成工期延误,承包人有权向发包人索赔(工期或费用);如果工期延误影响到分包工程,则分包人向承包人索赔,承包人再向发包人索赔。

(2)工程加速索赔:如果发包人或监理人指示承包人加快进度造成的费用增加,费用补偿。

(3)工程变更索赔:工程变更引起超出变更工程计量和支付的额外损失部分,承包人可以向发包人提出索赔,如果仅仅是工程变更造成数量和费用增加在单价合同中是按照工程变更计量而不按索赔处理。变更工程量增加造成的时间增长可按工期索赔。工程变更的定价偏低可能引起费用补偿的索赔。涉及分包工程的,分包人通过承包人向发包人索赔。

(4)工程终止索赔:发包人的重大违约行为引起合同终止,承包人受到损失,承包人向发包人索赔;承包人重大违约行为引起合同终止,发包人受到损失,发包人向承包人索赔。

(5)不可预见的外部障碍或条件索赔:即施工期间在现场遇到一个有经验的承包人通常不能预见的外界障碍或条件,由此而造成索赔损失。

(6)不可抗力事件引起的索赔:根据《标准施工招标文件》(2007年版)21.1.1项和住建部《示范文本》(2013年版)17.3.2项,不可抗力事件发生导致承包人在建工程(含材料和工程设备)损失,通常应该由发包人承担,即承包人可以据此提出索赔。不过,不可抗力造成的停工损失,发包人一般不承担,由承包人自己承担。

(7)其他索赔:如货币贬值、汇率变化、物价变化、政策法令变化等原因引起的索赔。

4. 按照索赔的业务性质分类

(1)工程索赔,是指涉及工程项目建设中施工条件、施工技术、施工范围等变化所引起的索赔,一般发生频率高,索赔费用大,是本章讨论的重点。

(2)商务索赔,是指工程项目实施过程中的物资采购、运输、保管、保险等方面活动引起的索赔;由于供货商、运输公司等在数量上短缺、质量不符合要求,运输损坏或不按期交货等原因,给承包人造成损失时,承包人向供货商、运输公司等提出索赔。另外,作为被保险人的承包人和发包人与保险公司之间的索赔,也属于商务索赔。

5. 按照索赔依据分类

(1)合同规定的索赔,也称为合同内索赔,是指索赔涉及的内容在合同中能找到依据,发包人或承包人可以据此提出索赔要求。合同规定的索赔是本章重点讨论的内容。

(2)非合同规定的索赔,也称为合同外索赔,是指索赔涉及的内容在合同中没有专门的文字描述,但可以根据合同中的某些规定或法律的规定,推论出有一定索赔权的索赔。

(3)道义索赔,是指通情达理的发包人看到承包人为完成某项困难的施工,承受了额外损失,甚至承受重大亏损,出于善良的意愿给承包人适当的经济补偿。这种合同内和合同外都找不到依据的索赔,一般在以公有制为主体的工程项目施工中很难实现,即使发包人愿意给予承包人经济补偿,在工程项目审计时也不能同意这笔费用,最终还要扣回。不过在国际工程中可能实现。

6. 承包人向发包人索赔

在工程实践中,较多是承包人向发包人提出索赔。常见的工程施工索赔如下:

(1)因合同文件引起的索赔:文件组成或有效性、图纸或工程量清单等错误。

(2)有关工程施工的索赔:地质和人为障碍、变更数量或质量、额外试验或检验等。

(3)关于价款方面引起的索赔:拖延支付工程款、价格调整或大幅度通货膨胀等。

（4）关于工期引起的索赔：工期顺延、延误造成损失、赶工费用索赔。

（5）特殊风险和人力不可抗拒灾害的索赔：战争、动乱的地震等索赔。

（6）工程暂停、终止合同的索赔：非承包人原因临时停工或发包人违约终止合同。

（7）财务费用补偿的索赔：承包人的财务开支增大导致贷款利息等财务费用。

7. 发包人向承包人索赔

发包人可以向承包人索赔费用，包含利润或工期，即延长缺陷责任期。23.4 具体内容如下：

发生索赔事件后，监理人应及时书面通知承包人，详细说明发包人有权得到的索赔金额和（或）延长缺陷责任期的细节和依据。发包人提出索赔的期限和要求与第 23.3 款【承包人提出索赔的期限】的约定相同，延长缺陷责任期的通知应在缺陷责任期届满前发出。

监理人确定发包人从承包人处得到赔付的金额和（或）缺陷责任期的延长期。承包人应付给发包人的金额，可以从拟支付给承包人的合同价款中扣除，或由承包人以其他方式支付给发包人。（详见本章第四节第三点）

第二节 ▶ 索赔的程序和审批原则

🌐 一、索赔意向通知书

《标准施工招标文件》（2007 年版）23.1 款和住建部《示范文本》（2013 年版）19.1 款规定，在工程实施过程（即施工）中发生索赔事件以后，或者承包人发现索赔机会，首先要提出索赔意向，即在合同规定的 28d 内将索赔意向用书面形式及时通知发包人或者监理人，向对方表明索赔愿望、要求或者声明保留索赔权利。

索赔意向通知书要简明扼要地说明索赔事由发生的时间、地点、简单事实情况描述和发展动态、索赔依据和理由、索赔事件的不利影响等。具体参见图 6-1，即索赔程序第一步。

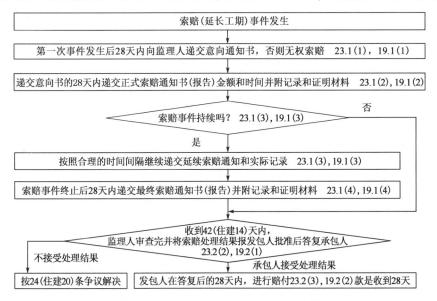

图 6-1 《标准施工招标文件》（2007 年版）和住建部 2013 年版的工程索赔程序图

二、索赔资料的准备

(一)索赔资料准备阶段的主要工作

(1)跟踪和调查索赔(干扰)事件,掌握事件产生的详细经过。

(2)分析索赔事件产生的原因,划清各方责任,确定索赔根据。

(3)损失或损害调查分析与计算,确定工期索赔和费用索赔值。

(4)搜集证据,获得充分而有效的各种证据。

(5)起草索赔通知书或报告(或称为索赔申请书),形成索赔文件。

(二)索赔证据

1.索赔证据的含义

索赔证据是当事人用来支持其索赔成立或/和索赔有关的证明文件和资料。

2.法律上可以作为证据使用的材料

可以作为证据使用的材料有七种:①书证;②物证;③证人证言;④视听材料;⑤被告人供述和有关当事人陈述;⑥鉴定结论;⑦勘验、检验笔录。

3.常见的工程索赔证据

常见的工程索赔证据有以下多种类型:

(1)各种合同文件,包括施工合同协议书及其附件、中标通知书、投标书、标准和技术规范、图纸、工程量清单、工程报价单或者预算书、有关技术资料和要求、施工过程中的补充协议等。

(2)工程各种往来函件、通知、答复等。

(3)各种会谈纪要。

(4)经过发包人或者监理人批准的承包人的施工进度计划、施工方案、施工组织设计和现场实施情况记录。

(5)工程各项会议纪要,特别是工地会议纪要。

(6)气象报告和资料,如有关温度、风力、雨雪的资料。

(7)施工现场记录,包括有关设计交底、设计变更、施工变更指令,工程材料和机械设备的采购、验收与使用等方面的凭证及材料供应清单、合格证书,工程现场水、电、道路等开通、封闭的记录,停水、停电等各种干扰事件的时间和影响记录等。

(8)工程有关照片和录像等。

(9)施工日记、备忘录等。

(10)发包人或者监理人签认的签证。

(11)发包人或者监理人发布的各种书面指令和确认书,以及承包人的要求、请求、通知书等。

(12)工程中的各种检查验收报告和各种技术鉴定报告。

(13)工地的交接记录(应注明交接日期,场地平整情况,水、电、路情况等),图纸和各种资料交接记录。

(14)建筑材料和设备的采购、订货、运输、进场、使用方面的记录、凭证和报表等。

（15）市场行情资料,包括市场价格、官方的物价指数、工资指数、中央银行的外汇比率等公布材料。

（16）投标前发包人提供的参考资料和现场资料。

（17）工程结算资料、财务报告、财务凭证等。

（18）各种会计核算资料。

（19）国家法律、法规、规章和政策性文件。

4. 索赔证据的基本要求

索赔证据应该具有:①真实性;②及时性;③全面性;④关联性;⑤有效性。

三、索赔文件的提交

提出索赔的一方应该在合同规定的时限内向对方提交正式的书面索赔通知书(或称为索赔报告)和相关资料。例如,《标准施工招标文件》(2007 年版)合同条款第 23.1 款和住建部《建设工程施工合同(示范文本)》(GF-2013-0201)第 19.1 款都规定,承包人必须在发出索赔意向通知后的 28 天内或经过监理人同意的其他合理时间内向监理人提交一份详细的索赔通知书和有关资料。如果干扰事件对工程的影响持续时间长,承包人则应按监理人要求的合理间隔(一般为 28 天),提交中间索赔报告,并在索赔事件影响结束后的 28 天内提交一份最终索赔通知书(报告),说明最终要求索赔的追加付款金额和(或)延长的工期,并附必要的记录和证明材料。否则将失去该事件请求补偿的索赔权利。参见图 6-1。索赔通知书和相关资料就构成为索赔文件。

索赔文件的主要内容包括以下几个方面:

1. 总述部分

概要论述索赔事件发生的日期和过程;承包人为该索赔事项付出的努力和附加开支;承包人的具体索赔要求。

2. 论证部分

论证部分是索赔报告的关键部分,其目的是说明自己有索赔权,是索赔能否成立的关键。

3. 索赔款项和(或)工期计算部分

如果说索赔报告论证部分的任务是解决索赔权能否成立,则款项和(或)工期计算是为解决能得多少款项和(或)多少工期延长。前者论证是定性,后者计算是定量。

4. 证据部分

要注意每个引用证据的效力或可信程度,对重要的证据资料最好附以文字说明,或附以确认件。证据的具体形式和内容,在上面的第二点已经详细论述。

四、索赔成立的前提条件和索赔审批原则

1. 索赔成立的前提条件

索赔的成立,应该同时具备以下三个前提条件:

（1）与合同对照,事件已造成了承包人工程项目成本的额外支出,或直接工期损失。

（2）造成费用增加或工期损失的原因,按合同约定不属于承包人的行为责任或风险责任。

（3）承包人按合同规定的程序和时间提交索赔意向通知和索赔报告(申请)。

以上三个条件必须同时具备,缺一不可,也是索赔审批的原则的具体体现。

2.索赔审批的原则

(1)损害事实原则。索赔事件一定造成了损失和危害,即索赔成立前提条件(1)。

(2)合同原则。索赔申请的理由应符合合同条款的规定;索赔事件发生后当事人要按照合同规定的索赔程序提出索赔意向和申请,承包人如果不提交索赔意向,监理人可以不受理索赔申请。即索赔成立前提条件的(2)和(3)。不过《公路工程招标文件》(2018年版)23.2款的第(2)项约定在索赔申请程序有欠缺时还能赔,仅以同期记录为限,但没有索赔意向一定不能赔。

五、索赔文件的审核

对于承包人向发包人的索赔请求,索赔文件首先应该交由监理人审核。监理人根据发包人的委托或授权,对承包人索赔的审核工作主要包括判定索赔事件是否成立和核查承包人的索赔计算是否正确、合理两个方面,并可在授权范围内作出判断:初步确定补偿额度,或者要求补充证据,或者要求修改索赔报告等。对索赔的初步处理意见要提交发包人。参见图6-1。

《公路工程招标文件》(2018年版)对23.2款的第(2)项作了细化补充:"如果承包人提出的索赔要求未能遵守第23.1(2)~(4)项规定,则承包人只限于索赔由监理人按当时记录予以核实的那部分款额外负担和(或)工期延长天数"。这说明只要提交了索赔意向书,没有后续的索赔程序过程也还能索赔,比九部委要求低,不过仅以监理人的同期记录为索赔依据,可能使索赔值大打折扣。

六、发包人审查

《标准施工招标文件》(2007年版)23.2款和住建部《示范文本》(2013年版)19.2款规定,对于监理人的初步处理意见,发包人需要进行审查和批准,然后监理人才可以答复承包人并出具有关证书。参见图6-1。

如果索赔额度超过了监理人权限范围,应由监理人将审查的索赔报告报请发包人审批,并与承包人谈判解决。

七、协商

对于监理人的初步处理意见,发包人和承包人可能都不接受或者其中的一方不接受,三方可就索赔的解决进行协商,达成一致,其中可能包括复杂的谈判过程,经过多次协商才能达成。

如果经过努力无法就索赔事宜达成一致意见,则发包人和承包人可根据合同约定选择采用仲裁或者诉讼方式解决。

第三节 ➤ 工期索赔和工程的进度管理

一、工期延误

(一)工期延误的相关概念

1.工期(Project Duration,工程的工期)

由于历史的原因,工期原泛指完成一件事情所需的时间。事情可大可小,小到一个工作

(或工序),大到一个工程项目或合同段。因此,以往人们常将工作所需的时间称为工期(Duration);而工程项目所需的时间,一般情况下称为"总工期"。但是,当今工程界的习惯是将工作所需花费的时间(Duration)称为工作持续时间,而将工程项目或合同段施工所需时间称为工期。本教材为避免工期一词带来的混乱,根据合同条款(《标准施工招标文件》(2007年版)第1.1.4.3目和住建部《示范文本》(2013年版)第1.1.4.3目)的规定,在谈及工期时都表示工程项目或合同段所需的时间,即过去人们习惯称之为总工期。

2. 工期的分类

(1)计算工期:根据计划或网络计划的时间参数计算出来的工期值,用 T_C 表示。

(2)要求工期:任务委托人即发包人所要求的工期,用 T_r 表示。如合同工期或指定工期。

(3)计划工期:根据要求工期和计算工期所确定的作为工程项目实施目标的工期,用 T_p 表示。

3. 工期延误的含义

工期延误,是指工程实施过程中任何一项或多项工作的实际完成日期迟于计划规定的完成日期(即工作延误),从而可能导致整个合同工期的拖延。

4. 工作延误和工期延误的关系

延误(Delay,即拖延或耽误)的概念要区分工作(工序)延误还是工期延误。根据网络计划原理工作(工序)延误一旦超过工作(工序)总时差一定造成工期延误。如果产生工期延误就要紧接着分析工作(工序)延误是谁的责任,非承包人的责任才可以向发包人索赔工期即顺延工期(或延长工期);如果是承包人自身原因则只能加快后续工作进度或调整后续计划。

(二)工期延误的分类

1. 按照工期延误的原因划分

(1)因发包人和监理人原因(即非承包人原因)引起的延误。有以下几种:①发包人未及时提供现场;②发包人未及时提供图纸;③发包人或监理人未能及时审批图纸、施工方案和计划;④发包人未及时支付款;⑤发包人未及时提供合同规定的材料和工程设备;⑥发包人的其他工程或其他承包人干扰导致工期延误;⑦发包人或监理人对关键工序验收的延误;⑧发布暂时停工令导致的延误;⑨工程变更导致的延误;⑩发包人或监理人提供的基本数据错误导致的延误。

(2)因承包人原因引起的延误。有以下几种:①施工组织不当出现窝工或停工待料等;②质量不合格的返工;③资源配置不足造成进度缓慢;④开工延误;⑤劳动生产率低;⑥分包人或供货商延误等。

(3)不可控制因素引起的延误。例如,自然灾害、特殊风险(战争、暴乱、恐怖)造成的延误,不利的外界障碍和工程条件造成的延误等。

2. 按照索赔要求和结果划分

按照承包人的索赔要求和可能得到的结果,工期延误分为可索赔延误和不可索赔延误。

(1)可索赔延误

可索赔延误是指非承包人原因引起的工期延误,包括发包人或监理人的原因和双方不可控制的因素引起的索赔。根据补偿的内容不同,可以进一步划分为三种情况:

①只可索赔工期的延误。例如,恶劣气候只赔时间不赔钱。

②只可索赔费用的延误。例如,可以索赔费用的延误,当延误没有超过总时差的情况。

③可索赔工期和费用的延误。例如,可以索赔费用的延误,当延误超过总时差的情况。

（2）不可索赔延误

不可索赔延误是指因承包人自己原因引起的延误,承包人不应向发包人提出索赔,而且应该采取措施赶工,否则应向发包人支付逾期交工违约金(即误期损害赔偿金)。

3.按照延误工作在工程网络计划的线路划分

延误的工作在关键线路上的称为关键工作的延误,一定会造成工期延误。延误的工作不在关键线路之上的称为非关键工作的延误。请注意,不能称之为发生在非关键线路上工作的延误,因为非关键线路是指不是最长的线路,其概念是肯定的,但是非关键线路上的工作是不肯定的概念,即可能指关键工作也可能指非关键工作。所以要用非关键工作延误的概念,而不要用非关键线路上工作的延误。非关键工作延误是否会造成工程工期的延误,取决于其工作总时差的大小和非关键工作延误时间的长短。如果该工作(或工序)延误时间少于其工作的总时差,不会造成工期延误,所以发包人(业主)一般不会给予工期顺延,但可能给予费用补偿;如果延误时间大于该工作的总时差,非关键工作就会转化为关键工作,从而可能成为可索赔延误。

4.按照延误事件之间的关联性划分(不含责任方)

（1）单一延误

单一延误,是指在某一延误事件从发生到终止的时间段内,没有其他延误事件的发生,该延误事件引起的延误称为单一延误。

（2）共同延误

当两个或两个以上的延误事件从发生到终止的时间完全相同时,这些事件引起的延误称为共同延误。共同延误的补偿分析比单一延误要复杂一些。当业主引起的延误或双方不可控制因素引起的延误与承包人引起的延误共同发生时,即可索赔延误与不可索赔延误同时发生时,可索赔延误就将变成不可索赔延误,这是工程索赔的惯例之一。

（3）交叉延误

当两个或两个以上的延误事件从发生到终止只有部分时间重合时,称为交叉延误。由于工程项目是一个较为复杂的系统工程,影响因素众多,常常会出现多种原因引起的延误交织在一起的情况,这种交叉延误的补偿分析更加复杂。

比较交叉延误和共同延误,不难看出,共同延误是交叉延误的一种特例。如果同一工作存在发包人和承包人的交叉延误,则处理原则是尽量少赔。参见下面例题6-1。

🌐 二、工期索赔的依据和条件

工期索赔,一般是指承包人依据合同对由于非承包人原因而导致的工期延误向业主提出的工期顺延要求。

（一）工期索赔的具体依据

承包人向发包人(业主)提出工期索赔的具体依据主要有:

（1）合同约定或双方认可的施工总进度规划。

（2）合同双方认可的详细进度计划。

（3）合同双方认可的对工期的修改文件。

（4）施工日志、气象资料。

（5）发包人（业主）或监理人的变更指令。

（6）影响工期的干扰事件。

（7）受干扰后的实际工程进度等。

（二）公路工程可以顺延工期的条件

《标准施工招标文件》（2007年版）第11.3款，发包人造成的工期延误中规定：在履行合同过程中，由于发包人的下列原因造成工期延误的，承包人有权要求发包人延长工期和（或）增加费用，并支付合理利润。需要修订合同进度计划的，按照第10.2款的约定办理。

（1）增加合同工作内容。

（2）改变合同中任何一项工作的质量要求或其他特性。

（3）发包人迟延提供材料、工程设备或变更交货地点的。

（4）因发包人原因导致的暂停施工。

（5）提供图纸延误。

（6）未按合同约定及时支付预付款、进度款。

（7）发包人造成工期延误的其他原因。

【例题6-1】

1. 背景资料：

承包人在某一关键工作面发生了如下原因的停工：

（1）6月20日到6月26日承包人设备故障；

（2）发包人（业主）本应6月24日交付的图纸直到7月10日才交给承包人；

（3）7月7日到7月12日工地上出现了该季节罕见的特大暴雨；

（4）由于暴雨造成运输道路的中断，发包人本应7月11日提供安装的工程设备，迟延到7月15日才交给承包人。

2. 问题：

如果停工损失2万元/天，利润损失2千元/天，承包人可以索赔工期和费用分别是多少？

3. 分析与回答：

利用横道图，将4种交叉延误绘制到同一个横道图上，如图6-2所示。

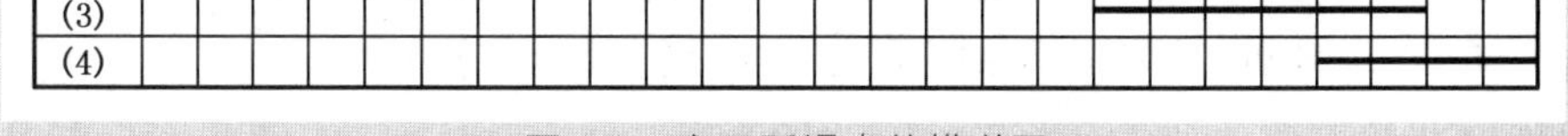

事件	20	21	22	23	24	25	26	27	28	29	30	1	2	3	4	5	6	7	8	9	10	11	12	13	14
(1)																									
(2)																									
(3)																									
(4)																									

图6-2 交叉延误事件横道图

（1）从6月20日开始画到6月26日，是不能索赔。

（2）该事件的停工横线绘制有点困难。要减小难度的简单方法是，先假设停工1天应如何表述和绘制。如果停工1天应表述为"原本6月24日交付的图纸直到6月25日才交给承包人"，而横线应画在24日的下方，所以该事件应从6月24日画到7月9日，既能赔时间又能赔费用。

（3）该事件的关键词是"该季节罕见"，正因为罕见才能索赔，如果正常下雨就不能索赔。该事件只能赔时间，不能赔费用。

（4）同理，从 7 月 11 日开始画到 7 月 14 日，既能赔时间又能赔费用。

索赔工期，从 6 月 27 日到 7 月 14 日共计 18 天。

索赔费用，事件（2）从 6 月 27 日到 7 月 6 日能赔 10 天，事件（4）从 7 月 13 到 14 日能赔 2 天，索赔费用共计 12 天，12×2.2＝26.4 万元。

（三）房屋建筑和市政工程可以顺延工期的条件[住建部《示范文本》(2013 年版) 7.5.1 项]

《建设工程施工合同(示范文本)》(GF-2013-0201)第 7.5.1 项规定，因发包人原因导致工期延误，经监理人确认，工期相应顺延。

在合同履行过程中，因下列情况导致工期延误和(或)费用增加的，由发包人承担由此延误的工期和(或)增加的费用，且发包人应支付承包人合理的利润：

（1）发包人未能按合同约定提供图纸或所提供图纸不符合合同约定的。

（2）发包人未能按合同约定提供施工现场、施工条件、基础资料、许可、批准等开工条件的。

（3）发包人提供的测量基准点、基准线和水准点及其书面资料存在错误或疏漏的。

（4）发包人未能在计划开工日期之日起 7 天内同意下达开工通知的。

（5）发包人未能按合同约定日期支付工程预付款、进度款或竣工结算款的。

（6）监理人未按合同约定发出指示、批准等文件的。

（7）专用合同条款中约定的其他情形。

因发包人原因未按计划开工日期开工的，发包人应按实际开工日期顺延竣工日期，确保实际工期不低于合同约定的工期总日历天数。因发包人原因导致工期延误需要修订施工进度计划的，按照第 7.2.2 项[施工进度计划的修订]执行。

三、工期索赔的分析和计算方法

（一）工期索赔的分析

工期索赔的分析包括延误原因分析、延误责任的界定、网络计划(CPM)分析、工期索赔的计算等。

（二）工期索赔的计算方法

1. 直接法

如果某干扰事件直接发生在关键线路上，造成工程工期的延误，可以直接将该干扰事件的实际干扰时间(延误时间)作为工期索赔值。具体见【例题 6-1】。

2. 比例分析法

如果某索赔事件仅仅影响某单项工程、单位工程或分部分项工程的工期，要分析其对工程工期的影响，可以采用比例分析法。

采用比例分析法时，可以按工程量的比例进行分析，工期索赔值也可以按照造价的比例进行分析。例如，原工程量 300 万 m³ 持续时间为 6 天，工程变更后工程量变为 400 万 m³，变更增加的工作持续时间 = (400 - 300) ÷ (300/6) = 2 天。

3. 网络分析法(用标号法进行计算)

其思路是:假设工程按照双方认可的工程网络计划确定的施工顺序和时间施工,当某个或某几个干扰事件发生后,网络中的某个工作或某些工作受到影响,使其持续时间延长或开始时间推迟(即工作延误),从而影响工程工期,则将这些工作受干扰后的新的持续时间或开始时间等代入网络中,重新进行网络分析和计算,得到的新工期超过原工期的时间就是干扰事件对工程工期的影响,也就是承包人可以提出的工期索赔值。求网络计划计算工期的方法有很多种,标号法是最简单的计算方法之一。网络计划计算工期用标号法的计算要点如下:

(1)起点节点设零。

(2)从小到大计算每个节点,计算时重复以下三个步骤,其中第①步认箭头最重要:

①认计算节点紧前的箭头符号。

②有几个箭头就相加几次,然后和取大。

③并记住所有最大值来自的箭尾号码。

(3)然后从终点节点开始根据所记节点的编号,倒着连接关键工序组成线路。

【例题 6-2】

1. 背景资料:

某公司承接了某道路的改扩建工程。合同工期为 121 天。工程中包含一段长 240m 的新增路线(含下水道 200m)和一段长 220m 的路面改造(含下水道 200m),另需拆除一座旧人行天桥,新建一座立交桥。工程位于城市繁华地带,建筑物多,地下管网密集,交通量大。

项目部组织有关人员编写了施工组织设计,其中进度计划如图6-3所示。

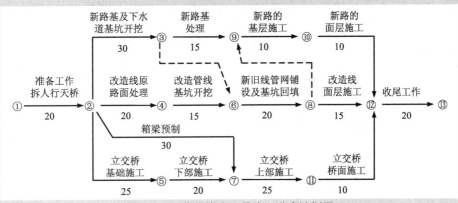

图 6-3　道路改扩建工程施工进度计划图

施工中,发生了如下导致施工暂停的事件:

事件1:在新增路线管网基坑开挖施工中,原有地下管网资料标注的城市主供水管和光电缆位于 - 3.0m 处,但由于标识的高程和平面位置的偏差,导致供水管和光电缆被挖断,使开挖施工暂停 14 天。

事件2:在改造路面中,由于摊铺机设备故障,导致施工中断 7 天。

2. 问题:

(1)求工程的计算工期,并指出关键线路。该进度计划可行否? 计划工期是多少?

(2)分析施工中先后发生的两次事件对该计划工期产生的影响。如果项目部提出工期索赔,应获得几天延长工期? 说明理由。

(3)如果停工损失 1 万元/天,施工单位可以索赔费用多少元?

3.分析与回答:

(1)标号法求得工程的计算工期为120天;关键线路为:①→②→⑤→⑦→⑪→⑫→⑬,即图中的双线。该进度计划可行,因为计算工期120天小于合同工期121天,没有违背合同要求。计划工期就是120天。如图6-4所示。

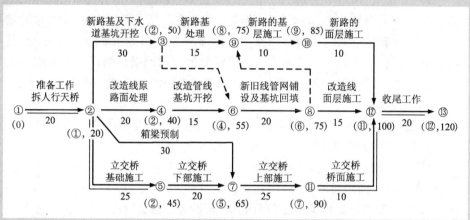

图6-4 道路改扩建工程网络计划标号法计算图

(2)两次事件对原计划工期的影响是:

将事件1停工14天增加到②→③工作中,30+14=44用标号法计算得该工程的新工期为124天,所以比原计划的工期120天拖延了4天。同理,将事件2的中断7天增加到⑧→⑫改造线面层施工工作中,15+7=22,再用标号法计算得新工期为126天比124天,再拖延2天。

如果承包人提出工期索赔,只能获得由于事件1导致的工期拖延补偿,不过只能延长工期3d。因为原有地下管网资料应由业主提供,并应保证资料的准确性,所以承包人应获得工期赔偿,预计的实际工程完成工期124天-合同工期121天=3天。而设备故障是承包人自身原因,所以不能获得延长工期批准。

(3)如果停工损失1万元/天,施工单位可以索赔费用14天×1万元/天=14万元;而不是4万元,因为停工损害是14天,每停工一天承包人就得多付出一天的窝工费。承包人的机械故障既不能赔时间也不能赔费用。

四、施工进度管理和工期索赔条款

(一)进度计划(《公路工程招标文件》(2018年版)第10条,住建部《示范文本》(2013年版)第7条的7.1~7.2)

1.合同进度计划(《公路工程招标文件》(2018年版)10.1款)

承包人应在签订合同协议书后的28天内,编制详细的施工进度计划和施工方案说明(注:类似于施工组织设计,具体内容项目专用条款规定)报送监理人。监理人在收到的14天内批复。经监理人批准的施工进度计划称合同进度计划,是控制合同工程进度的依据。承包人还应根据合同进度计划,编制更为详细的分阶段或分项进度计划,报监理人审批。进度图的形式为横道图和网络图,并应包括每月预计完成的工作量和形象进度。

2.年度施工计划(《公路工程招标文件》(2018年版)新增加10.3款)

承包人应在每年11月底前,根据已同意的合同进度计划或其修订的计划,向监理人提交两份格式和内容符合监理人合理规定的下一年度的施工计划,以供审查。该计划应包括本年度估计完成的和下一年度预计完成的分项工程数量和工作量,以及为实施此计划将采取的措施。

3.合同用款计划[《公路工程招标文件》(2018 年版)新增加 10.4 款]

承包人应在签订本合同协议书后 28 天之内,按招标文件中规定的格式,向监理人提交两份按合同规定承包人有权得到支付的详细的季度合同用款计划,以备监理人查阅。如果监理人提出要求,承包人还应按季度提交修订的合同用款计划。

(二)开工和交工(《公路工程招标文件》(2018 年版)第 11 条,住建部《示范文本》(2013 年版)第 7 条 7.3 ~ 7.9)

1.开工(《公路工程招标文件》(2018 年版)11.1 款)

11.1.1　监理人应在开工日期 7 天前向承包人发出开工通知。监理人在发出开工通知前应获得发包人同意。工期自监理人发出的开工通知中载明的开工日期起计算。承包人应在开工日期后尽快施工。

11.1.2　承包人应按第 10.1 款约定的合同进度计划,向监理人提交工程开工报审表,经监理人审批后执行。开工报审表应详细说明按合同进度计划正常施工所需的施工道路、临时设施、材料设备、施工人员等施工组织措施的落实情况以及工程的进度安排。

《公路工程招标文件》(2018 年版)第 11.1.2 项补充:

承包人应在分部工程开工前 14 天向监理人提交分部工程开工报审表,若承包人的开工准备、工作计划和质量控制方法是可接受的且已获得批准,则经监理人书面同意,分部工程才能开工。

2.交工(《公路工程招标文件》(2018 年版)11.2 款,此处竣工称为交工)

承包人应在第 1.1.4.3 目约定的期限内完成合同工程。实际交工日期在接收证书中写明。

(三)工期和费用索赔条款[《公路工程招标文件》(2018 年版)11.4 ~ 11.5]

11.3　发包人的工期延误

九部委 2007 年版第 11.3 款的具体规定,参见本节二、→(二)中的具体内容。

11.4　异常恶劣的气候条件

由于出现专用合同条款规定的异常恶劣气候的条件导致工期延误的,承包人有权要求发包人延长工期。

《公路工程招标文件》(2018 年版)本款补充:

异常气候是指项目所在地 30 年以上一遇的罕见气候现象(包括温度、降水、降雪、风等)。异常恶劣气候条件在项目专用合同条件中具体规定。

11.5　承包人的工期延误[《公路工程招标文件》(2018 年版)对本款细化]

(1)承包人应严格执行监理人批准的合同进度计划,对工作量计划和形象进度计划分别控制。除 11.3 款规定外,承包人的实际工程进度曲线应在合同进度管理曲线规定的安全区域之内。若承包人的实际工程进度曲线处在合同进度管理曲线规定的安全区域的下限之外时,则监理人有权认为本合同工程的进度过慢,并通知承包人应采取必要措施,以便加快工程进度,确保工程能在预定的工期内交工。承包人应采取措施加快进度,并承担加快进度所增加的费用。

(2)如果承包人在接到监理人通知后的 14 天内,未能采取加快工程进度的措施,致使实际工程进度进一步滞后,或承包人虽采取了一些措施,仍无法按预计工期交工时,监理人应立即通知发包人。发包人在向承包人发出书面警告通知 14 天后,发包人可按第 22.1 款终止对承包人的雇佣,也可将本合同工程中的一部分工作交由其他承包人或其他分包人完成。在不解除本合同规定的承包人责任和义务的同时,承包人应承担因此所增加的一切费用。

(3)由于承包人原因造成工期延误,承包人应支付逾期交工违约金。逾期交工违约金的计算方法在项目专用合同条款数据表中约定,时间自预定的交工日期起到交工验收证书中指明的接收:每逾期一天支付____元人民币(在项目专用合同条款中约定),时间自预定的竣工日期起到工程接收证书中写明的实际竣工日期止(扣除已批准的延长工期),按天计算。逾期交工违约金累计金额最高不超过签约合同价的 10%。发包人可以从应付或到期应付给承包人的任何款项中或采用其他方法扣除此违约金。(注:即发包人索赔)

承包人支付逾期交工违约金,不免除承包人完成工程及修补缺陷的义务。

如果在合同工作完工之前,已对合同工程内按时完工的单位工程签发了工程接收证书,则合同工程的逾期交工违约金,应按已签发工程接收证书的单位工程的价值占合同工程价值的比例予以减少,但本规定不应影响逾期交工违约金的规定限额。

(四)工期的提前和加班时间的规定[《公路工程招标文件》(2018 年版)11.6 ~ 11.7]

11.6 工期提前

发包人要求承包人提前竣工,或承包人提出提前竣工的建议能够给发包人带来效益的,应由监理人与承包人共同协商采取加快工程进度的措施和修订合同进度计划。发包人应承担承包人由此增加的费用,并向承包人支付专用合同条款约定的相应奖金。

《公路工程招标文件》(2018 年版)本款补充:

发包人不得随意要求承包人提前交工,承包人也不得随意提出提前交工的建议。如遇特殊情况,确需将工期提前的,发包人和承包人必须采取有效措施,确保工程质量。

如果承包人提前交工,发包人支付奖金的计算方法在项目专用合同条款数据表中约定,时间自交工验收证书中写明的实际交工日期起至预定的交工日期止,按天计算。但奖金最高限额不超过项目专用合同条款数据表中写明的限额。

11.7 工作时间的限制[加班时间要求,《公路工程招标文件》(2018 年版)新增 11.7 款]

承包人在夜间或国家规定的节假日进行永久工程的施工,应向监理人报告,以便监理人履行监理职责和义务。

本款规定不适用于习惯上或施工本身要求实行连续生产的作业。

(五)工程暂停引起工期和费用以及利润的索赔[《公路工程招标文件》(2018 年版)12 条]

详见本章第五节。

(六)发包人未能及时提供现场引起工期和费用以及利润的索赔[《公路工程招标文件》(2018 年版)2.3 款]

详见本章第五节。

第四节 ▷ 工程的费用索赔

一、索赔费用的组成

索赔费用的主要组成部分,与工程款的计价内容相似。按照我国现行规定,公路工程可以按照公路工程建筑安装工程费的分类进行计算(参见《公路工程基本建设项目概算预算编制办法》);房屋建筑和市政工程按照住建部的规定(参见建标〔2013〕44号《建筑安装工程费用项目组成》)。我国的这些规定,与国际上通行的做法还不完全一致。按国际惯例,一般承包人可索赔的具体费用内容如图6-5所示。

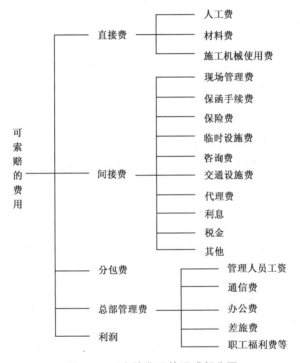

图6-5 可索赔费用的组成部分图

具体哪些内容可索赔,要按照各项费用的特点、条件进行分析论证。

(一)人工费

人工费包括施工人员的基本工资、工资性质的津贴、加班费、奖金以及法定的安全福利等费用。对于索赔费用中的人工费部分而言,人工费是指完成合同之外的额外工作所花费的人工用;由于非承包人责任的工效降低所增加的人工费用;超过法定工作时间的加班劳动;法定人工费增长以及非承包人责任工程延期导致的人员窝工费和工资上涨费等。

(二)材料费

材料费的索赔包括:由于索赔事项材料实际用量超过计划用量而增加的材料费;由于客观

原因材料价格大幅度上涨导致增加的费用;由于非承包人责任工程延期导致的材料价格上涨和超期储存的费用。材料费中应包括运输费、仓储费以及合理的损耗费用。

(三)施工机械使用费

施工机械使用费的索赔包括:由于完成额外工作增加的机械使用费;非承包人责任工效降低增加的机械使用费;由于业主或监理人原因导致机械停工的窝工费。窝工费的计算,如系租赁设备,一般按实际租金和调进调出费的分摊计算;如系承包人自有设备,一般按台班折旧费计算,而不能按台班费计算,因台班费中包括了设备使用费。

(四)分包费用

分包费用索赔指的是分包商的索赔费,一般也包括人工、材料、机械使用费的索赔。分包商的索赔应如数列入总承包人的索赔款总额以内。

(五)现场管理费

索赔款中的现场管理费是指承包人完成额外工程、索赔事项工作以及工期延长期间的现场管理费,包括管理人员工资、办公、通信、交通费等。

(六)利息

在索赔款额的计算中,经常包括利息。利息的索赔通常发生于下列情况:拖期付款的利息;错误扣款的利息。至于具体利率应是多少,在实践中可采用不同的标准,主要有这样几种规定:

(1)按当时的银行贷款利率。

(2)按当时的银行透支利率。

(3)按合同双方协议的利率。

(4)按中央银行贴现率加三个百分点。

(七)总部(企业)管理费

索赔款中的总部管理费主要指的是工程延期期间所增加的管理费。包括总部职工工资、办公大楼、办公用品、财务管理、通信设施以及总部领导人员赴工地检查指导工作等开支。这项索赔款的计算,目前没有统一的方法。在国际工程施工索赔中总部管理费的计算有以下几种。

(1)按照投标书中总部管理费的比例(3%~8%)计算:

$$\frac{总部}{管理费} = \frac{合同中总部管理费}{比率(\%)} \times \left(\frac{直接费}{索赔款额} + \frac{现场管理费}{索赔款额等} \right)$$

(2)按照公司总部统一规定的管理费比率计算:

$$总部管理费 = 公司管理费比率(\%) \times (直接费索赔款额 + 现场管理费索赔款额等)$$

(3)以工程延期的总天数为基础,计算总部管理费的索赔额,计算步骤如下:

$$\frac{该工程向总部}{上缴的管理费} = \frac{同期内公司}{总管理费} \times \left(\frac{该工程合同额}{同期内公司总合同额} \right)$$

$$该工程的每日管理费 = \frac{该工程向总部上缴的管理费}{合同实施天数}$$

$$索赔的总部管理费 = 该工程的每日管理费 \times 工程延期的天数$$

（八）利润

根据 FIDIC 条款、《标准施工招标文件》(2007 年版) 和住建部《示范文本》(2013 年版) 的规定，非承包人责任造成延误、工程暂停、图纸现场提交不及时、工程变更等可以考虑索赔利润。索赔利润的款额计算通常是与原报价单中的利润百分率保持一致。具体能索赔利润的合同条款参见表 6-1。

《公路工程招标文件》(2018 年版) 索赔时间和费用包含利润条款、附带 FIDIC 及住建部　表 6-1
《示范文本》(2013 年版) 条款

序号	《公路工程招标文件》(2018 年版) 条款内容和条款号	利润	FIDIC 条款	住建部《示范文本》(2013 年版)
1	业主不能及时提交图纸按 11.3 索赔　1.6.1	有	1.9　监理提交	1.6.1
2	在工程现场发掘出化石、文物或古迹　1.10.1	无	4.24	1.9
3	业主未能按期办妥永久占地的征用手续　2.3	有	2.1	2.1　有，2.4　无
4	监理人的指示不及时或过错引起的索赔　3.4.5	无	1.9	4.3
5	承包人为其他承包人提供方便或服务　4.1.8	无	2.3,4.6	
6	不利物质条件 (不可预见的外界障碍和自然条件)　4.11.2	无	4.12	7.6
7	发包人要求承包人提前交货所增加的费用　5.2.4	无		
8	发包人提供材料不符要求或变更交货或返工的索赔　5.2.6	有	4.20	16.1.1
9	发包人提供的基准资料不正确　8.3	有	4.7　监理人提供	7.4
10	发包人的工期延误含数量质量交货点变化暂停图纸付款延误　11.3	有	8.4　无费用	7.5.1,7.3.2
11	例外：异常恶劣的气候条件只赔时间不赔钱　11.4		8.4	7.7
12	发包人责任的暂时停工补偿　12.2 (程序条款 12.3)	有	8.9　无利润	7.8.1
13	发包人原因无法按时复工　12.4.2	有		7.8.5,16.1.1
14	发包人原因造成质量不合格　13.1.3	有	7.4,7.3	5.4.2
15	监理人重新剥开或钻孔检查　13.5.3；前提条款　13.5.1,13.5.2	有	7.4,7.3	5.3.3
16	发包人提供材料不合格，承包人的补救措施损失　13.6.2	有		8.5.3
17	非隐蔽工程或材料重新试验和检验　14.1.3	有	7.4,10.2,10.3	
18	超规定或重新检验或试验费用　14.4	无	7.4　有利润	9.3.3
19	发包人不及时付款的违约金　17.3.3,17.5.2,17.6.2	无		12.4,14.2,14.4
20	发包人原因造成缺陷责任期间工程损坏　19.2.3,19.2.4	有		
21	业主承担未能取得保险赔偿额的责任　20.6.4	无	18.1	18.6.1
22	损害是业主的风险责任，不可抗力各自承担自己部分　21.3	无	17.4 有，19.4	17.3
23	业主违约承包人行使暂时停工的权利　22.2.2 (不安抗辩)	有	16.1	16.1.2
24	发包人违约解除合同　22.2.3	有		16.1.3

序号	住建部《示范文本》(2013 年版) 条款内容	条款号
1	监理人检验干扰正常施工时不合格情况下可赔时间不赔费用的例外	5.2.3 *
2	暂估价合同签订的延误损失	10.7.3　有利润
3	法律变化引起的调整	11.2　可以赔工期
4	竣工验收	13.2.2
5	发包人要求在工程竣工前交付单位工程	13.4.2　有利润

二、索赔费用的计算方法

索赔费用的计算方法有：实际费用法、总费用法和修正的总费用法。

(一)实际费用法

实际费用法是计算过程索赔时最常用的一种方法。用实际费用法计算时,在直接费的额外费用部分的基础上,再加上应得的间接费和利润,即是承包人应得的索赔金额。

(二)总费用法

总费用法就是当发生多次索赔事件以后,重新计算该工程的实际总费用,实际总费用减去投标报价时的估算总费用,即为索赔金额,即:

$$索赔金额 = 实际总费用 - 投标报价估算总费用$$

不少人对采用该方法计算索赔费用持批评态度,因为实际发生的总费用中可能包括了承包人的原因,如施工组织不善而增加的费用;同时投标报价估算的总费用也可能为了中标而过低。所以这种方法只有在难以采用实际费用法时才应用。

(三)修正的总费用法

修正的总费用法是对总费用法的改进,即在总费用计算的原则上,去掉一些不合理的因素,使其更合理。修正的内容如下:①将计算索赔款的时段局限于受到外界影响的时间,而不是整个施工期;②只计算受影响时段内的某项工作所受影响的损失,而不是计算该时段内所有施工工作所受的损失;③与该项工作无关的费用不列入总费用中;④对投标报价费用重新进行核算:按受影响时段内该项工作的实际单价进行核算,乘以实际完成的该项工作的工程量,得出调整后的报价费用。

按修正后的总费用计算索赔金额的公式如下:

$$索赔金额 = 某项工作调整后的实际总费用 - 该项工作的报价费用$$

[例题 6-3]

某高速公路项目,由于发包人(业主)要求修改高架桥设计,监理人下令承包人工程暂停一个月。试分析在这种情况下,承包人可索赔哪些费用?

参考答案:可索赔如下费用:

(1)人工费:对于不可辞退的工人,索赔人工窝工费,应按人工工日成本计算;对于可以辞退的工人,可索赔人工上涨费。

(2)材料费:可索赔超期储存费用或材料价格上涨费。

(3)施工机械使用费:可索赔机械窝工费或机械台班上涨费。自有机械窝工费一般按台班折旧费索赔;租赁机械一般按实际租金和调进调出的分摊费计算。

(4)分包费用:是指由于工程暂停,分包商向总包索赔的费用。总包向业主索赔应包括分包商向总包索赔的费用。

(5)现场管理费:由于全面停工,可索赔增加的工地管理费。可按日计算,也可按直接成本的百分比计算。

(6)保险费:可索赔延长工期一个月的保险费,按保险公司保险费率计算。

(7)保函手续费:可索赔顺延一个月的保函手续费,按银行规定的保函手续费率计算。

(8)利息:可索赔延长工期一个月增加的利息支出,按合同约定的利率计算。

(9)总部管理费:由于全面停工,可索赔延期增加的总部管理费,可按总部规定的百分比计算。如果工程只是部分停工,监理人可能不同意总部管理费的索赔。

三、发包人向承包人的费用索赔

发包人(业主或建设单位)向承包人(施工单位)进行费用索赔的形式主要是扣款。根据《公路工程招标文件》(2009年版),发包人向承包人进行费用索赔的合同条款的主要内容有:

(一)逾期交工违约金(第11.5款第(3)项)

由于承包人原因造成工期延误,承包人应支付逾期交工违约金。逾期交工违约金的计算方法在项目专用合同条款数据表中约定,时间自预定的交工日期起到交工验收证书中指明的接收:每逾期一天支付_____元人民币(在项目专用合同条款中约定),时间自预定的竣工日期起到工程接收证书中写明的实际竣工日期止(扣除已批准的延长工期),按天计算。逾期交工违约金累计金额最高不超过签约合同价的10%。发包人可以从应付或到期应付给承包人的任何款项中或采用其他方法扣除此违约金。

承包人支付逾期交工违约金,不免除承包人完成工程及修补缺陷的义务。

(二)对承包人质量违约的索赔(5.4.1~5.4.2、13.6.1、19.2.4项)

承包人因质量问题拒绝返工或拒绝修复缺陷时,发包人可以雇佣他人来完成返工或修复,在施工阶段可以扣进度款,在缺陷责任期动用质量保证金;发包人雇佣他人的前提条件要结合5.4.1.和5.4.2。具体合同条款有:

5.4.1 监理人有权拒绝承包人提供的不合格材料或工程设备,并要求承包人立即进行更换。监理人应在更换后再次进行检查和检验,由此增加的费用和(或)工期延误由承包人承担。

5.4.2 监理人发现承包人使用了不合格的材料和工程设备,应即时发出指示要求承包人立即改正,并禁止在工程中继续使用不合格的材料和工程设备。

13.6.1 承包人使用不合格材料、工程设备,或采用不适当的施工工艺,或施工不当,造成工程不合格的,监理人可以随时发出指示,要求承包人立即采取措施进行替换、补救或拆除重建,直至达到合同要求的质量标准,由此增加的费用和(或)工期延误由承包人承担。如果承包人未在规定时间内执行监理人的指示,发包人有权雇佣他人执行,由此增加的费用和(或)工期延误由承包人承担(注:2009年版在施工阶段可动用质量保证金实现,而2018年版施工期无质保金只能通过扣进度款实现)。

19.2.4 承包人不能在合理时间内修复缺陷的,发包人可自行修复或委托其他人修复,所需费用和利润的承担,按第19.2.3项约定办理。(注:即缺陷责任期动用质量保证金)

(三)紧急情况下无能力或不愿进行抢救(22.1.6项)

在工程实施期间或缺陷责任期内发生危及工程安全的事件,监理人通知承包人进行抢救,承包人声明无能力或不愿立即执行的,发包人有权雇用其他人员进行抢救。此类抢救按合同约定属于承包人义务的,由此发生的金额和(或)工期延误由承包人承担。

(四)承包人违约被解除合同时发包人对担保的索赔

承包人违约被解除合同时,发包人对担保进行索赔涉及的条款有22.1.3和22.1.4项。

22.1.3 发包人因继续完成该工程的需要,有权扣留使用承包人在现场的材料、设备和临时设施。但发包人的这一行动不免除承包人应承担的违约责任,也不影响发包人根据合同约定享有的索赔权利。

22.1.4 合同解除后,发包人应按第23.4款的约定向承包人索赔由于解除合同给发包人造成的损失。当这些损失,用发包人所有扣留的材料、设备和临时设施来弥补仍然不足时,发包人可以对承包人的质量保证金以及预付款担保和履约担保提出索赔。

(五)发包人向承包人索赔的程序(23.4款)

参见本章第一节→二、→(二)→7.的具体内容。

第五节 ▶ 公路工程质量管理与索赔案例分析

一、施工质量管理条款与索赔的关系

工程质量管理是仅次于安全管理的重要任务,"百年大计,质量第一"是人们耳熟能详的准则,质量管理是施工管理的重点内容。工程质量管理主要涉及合同条款的第5条、第13条、第14条、第18条、第19条和技术规范的内容。从合同管理的角度重点讨论合同条款涉及的质量管理内容。

在目前的公路工程施工管理中,作为合同当事人一方的业主不直接管理承包人,而是委托监理人对承包人进行施工管理。监理人就是合同法总则中代为履行的第三人,监理人的任何过失对承包人来说都属于业主方的责任,监理人根据施工合同的约定代替业主方享有相关现场管理的权利,并履行相应职责,特别是现场质量管理方面。承包人是质量的自控主体,监理、业主、政府是监控主体,监控主体的任何检查、批准都不能解除自控主体的任何责任。

(一)工程质量标准和质量管理[《公路工程招标文件》(2018年版)第13条]

工程质量按照合同约定的质量标准执行。一般情况下,合同约定的技术规范标准有可能高于国家标准;当然也可以低于国家或行业标准,但是不得低于国家工程建设强制性标准。

由承包人原因造成工程质量达不到合同约定验收标准的,承包人应按照监理人要求返工直至符合合同要求并承担相应费用和时间的损失。

13.1.3 因发包人原因造成工程质量不到合同约定验收标准的,发包人应承担由于承包人返工造成的费用增加和(或)工期延误,并支付承包人合理利润。

承包人应按照要求设置机构、配备人员、机械设备,按照施工程序以及相关检验要求加强质量管理。

隐蔽工程的质量检验和索赔处理在本节的第二点的第(六)点讨论。施工阶段发包人雇佣他人保证质量处理的13.6.1在本章第四节→三、→(二)的内容已经讨论了。

13.6.2 由于发包人提供的材料或工程设备不合格造成的工程不合格,需要承包人采取措施补救的,发包人应承担由此增加的费用和(或)工期延误,并支付承包人合理利润。

(二)试验和检验(第 14 条还涉及第 5 条材料和工程设备的内容)

1. 材料、工程设备和工程的试验和检验(14.1 款)

14.1.2　监理人未按合同约定派员参加试验和检验的,除监理人另有指示外,承包人可自行试验和检验,并应立即将试验和检验结果报送监理人,监理人应签字确认。

14.1.3　监理人对承包人的试验和检验结果有疑问的,或为查清承包人试验和检验成果的可靠性要求承包人重新试验和检验的,可按合同约定由监理人与承包人共同进行。重新试验和检验的结果证明该项材料、工程设备或工程的质量不符合合同要求的,由此增加的费用和(或)工期延误由承包人承担;重新试验和检验结果证明该项材料、工程设备和工程符合合同要求,由发包人承担由此增加的费用和(或)工期延误,并支付承包人合理利润。

2. 现场材料试验(14.2 款)

14.2.1　承包人根据合同约定或监理人指示进行的现场材料试验,应由承包人提供试验场所、试验人员、试验设备器材以及其他必要的试验条件。

14.2.2　监理人在必要时可以使用承包人的试验场所、试验设备器材以及其他试验条件,进行以工程质量检查为目的的复核性材料试验,承包人应予以协助。

3. 现场工艺试验(14.3 款)

承包人应按合同约定或监理人指示进行现场工艺试验。对大型的现场工艺试验,监理人认为必要时,应由承包人根据监理人提出的工艺试验要求,编制工艺试验措施计划,报送监理人审批。

4. 试验和检验费用

根据《公路工程招标文件》(2018 年版)14.4 款,具体内容将在下面第二点索赔中讨论。

(三)交工验收[《公路工程招标文件》(2018 年版)第 18 条]

交工验收指承包人完成了全部合同工作后,发包人按合同要求进行的验收。国家验收是政府有关部门根据法律、规范、规程和政策要求,针对发包人全面组织实施的整个工程正式交付投运前的验收。

需要进行国家验收(注:交通运输部称为竣工验收)的,交工验收是国家验收的一部分。交工验收所采用的各项验收和评定标准应符合国家验收标准。发包人和承包人为交工验收提供的各项交工验收资料应符合国家验收的要求。

18.2　交工验收申请报告

当工程具备以下条件时,承包人即可向监理人报送交工验收申请报告:

(1)除监理人同意列入缺陷责任期内完成的甩项工程和缺陷修补工作外,合同范围内的全部单位工程以及有关工作,包括合同要求的试验、试运行以及检验和验收均已完成,并符合合同要求。

(2)竣工资料的内容:承包人应按照《公路工程竣(交)工验收办法》和相关规定编制竣工资料。竣工资料的份数在项目专用合同条款数据表中约定。

(3)已按监理人的要求编制了在缺陷责任期内完成的甩项工程和缺陷修补工作清单以及相应施工计划。

(4)监理人要求在交工验收前应完成的其他工作。

(5)监理人要求提交的交工验收资料清单。

18.3 验收(图6-6)

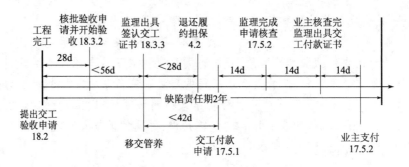

图6-6 公路工程交工验收图

监理人收到承包人提交的交工验收申请报告后,应审查申请报告的各项内容,并按以下不同情况进行处理。

18.3.1 监理人审查后认为尚不具备交工验收条件的,应在收到交工验收申请报告后的28天内通知承包人,指出在颁发接收证书前承包人还需进行的工作内容。承包人完成监理人通知的全部工作内容后,应再次提交交工验收申请报告,直至监理人同意为止。

18.3.2 监理人审查后认为已具备交工验收条件的,应在收到交工验收申请报告后的28天内提请发包人进行工程验收。

交工验收由发包人主持,由发包人、监理人、质监、设计、施工、运营、管理养护等有关部门代表组成交工验收小组,对本项目的工程质量进行评定,并写出交工验收报告报交通主管部门备案。承包人应按发包人的要求提交竣工资料,完成交工验收准备工作。

18.3.3 发包人经过验收后同意接收工程的,应在监理人收到交工验收申请报告后的56天内,由监理人向承包人出具经发包人签认的工程接收证书(交工证书)。发包人验收后同意接收工程但提出整修和完善要求的,限期修好,并缓发工程接收证书。整修和完善工作完成后,监理人复查达到要求的,经发包人同意后,再向承包人出具工程接收证书。

18.3.4 发包人验收后不同意接收工程的,监理人应按照发包人的验收意见发出指示,要求承包人对不合格工程认真返工重作或进行补救处理,并承担由此产生的费用。承包人在完成不合格工程的返工重作或补救工作后,应重新提交交工验收申请报告,按第18.3.1项、第18.3.2项和第18.3.3项的约定进行。

18.3.5 经验收合格工程的实际交工日期,以提交最终交工验收申请报告的日期为准,并在工程接收证书中写明。

18.3.6 发包人在收到承包人交工验收申请报告56天后未进行验收的,视为验收合格,实际交工日期以提交交工验收申请报告的日期为准,但发包人由于不可抗力不能进行验收的除外。

组织办理交工验收和签发交工验收证书的费用由发包人承担。但按照第18.3.4项规定达不到合格标准的交工验收费用由承包人承担。

18.7 竣工清场(注:交工清场,此处竣工公路工程称为交工)

18.7.1　除合同另有约定外,工程接收证书颁发后,承包人应按以下要求对施工场地进行清理,直至监理人检验合格为止。竣工清场费用由承包人承担。

(1)施工场地内残留的垃圾已全部清除出场;

(2)临时工程已拆除,场地已按合同要求进行清理、平整或复原;

(3)按合同约定应撤离的承包人设备和剩余的材料,包括废弃的施工设备和材料,已按计划撤离施工场地;

(4)工程建筑物周边及其附近道路、河道的施工堆积物,已按监理人指示全部清理;

(5)监理人指示的其他场地清理工作已全部完成。

18.7.2　承包人未按监理人的要求恢复临时占地,或者场地清理未达到合同约定的,发包人有权委托其他人恢复或清理,所发生的金额从拟支付给承包人的款项中扣除。

18.9　竣工文件[《公路工程招标文件》(2018年版)补充此款]

承包人应按照《公路工程竣(交)工验收办法》中的相关规定,在缺陷责任期内为竣工验收补充竣工文件,并在签发缺陷责任期终止证书之前提交。(注:此处竣工验收是国家验收)

(四)缺陷责任与保修责任[《公路工程招标文件》(2018年版)第19条]

19.1　缺陷责任期的起算时间

缺陷责任期自实际交工日期起计算。在全部工程交工验收前,已经发包人提前验收的单位工程,其缺陷责任期的起算日期相应提前。

19.2　缺陷责任

19.2.1　承包人应在缺陷责任期内对已交付使用的工程承担缺陷责任。

19.2.2　缺陷责任期内,发包人对已接收使用的工程负责日常维护工作。发包人在使用过程中,发现已接收的工程存在新的缺陷或已修复的缺陷部位或部件又遭损坏的,承包人应负责修复,直至检验合格为止。在缺陷责任期内,承包人应尽快完成在交工验收证书中写明的未完成工作,并完成对本工程缺陷的修复或监理人指令的修补工作。

19.2.3　监理人和承包人应共同查清缺陷和(或)损坏的原因。经查明属承包人原因造成的,应由承包人承担修复和查验的费用。经查验属发包人原因造成的,发包人应承担修复和查验的费用,并支付承包人合理利润。

19.2.4　是在缺陷责任期的动用质量保证金,参见本章第四节→三、→(二)的内容。

19.3　缺陷责任期的延长

由于承包人原因造成某项缺陷或损坏使某项工程或工程设备不能按原定目标使用而需要再次检查、检验和修复的,发包人有权要求承包人相应延长缺陷责任期,但缺陷责任期最长不超过2年。

19.5　承包人的进入权

任何一项缺陷或损坏修复后,经检查证明其影响了工程或工程设备的使用性能,承包人应重新进行合同约定的试验和试运行,试验和试运行的全部费用应由责任方承担。

缺陷责任期内承包人为缺陷修复工作需要,有权进入工程现场,但应遵守发包人的保安和保密规定。承包人在缺陷修复施工过程中,应服从管养单位的有关安全管理规定,由于承包人自身原因造成的人员伤亡、设备和材料的损毁及罚款等责任由承包人自负。

19.6　缺陷责任期终止证书

在约定的缺陷责任期,包括已经延长的期限终止后14天内,由监理人向承包人出具经发包人签认的缺陷责任期终止证书,并退还剩余的质量保证金。

19.7 保修责任

(1)保修期自实际交工日期起计算,具体期限在项目专用合同条款数据表中约定。保修期与缺陷责任期重叠的期间内,承包人的保修责任同缺陷责任。在缺陷责任期满后的保修期内,承包人可不在工地留有办事人员和机械设备,但必须随时与发包人保持联系,在保修期内承包人应对由于施工质量原因造成的损坏自费进行修复。

(2)在全部工程交工验收前,已经发包人提前验收的单位工程,其保修期的起算日期相应提前。

(3)工程保修期终止后28天内,监理人签发保修期终止证书。

(4)若承包人不履行保修义务和责任,则承包人应承担由于违约造成的法律后果,并由发包人将其违约行为上报省级交通主管部门,作为不良记录纳入公路建设时常信用信息管理系统。

二、公路工程索赔涉及的合同条款和索赔案例分析

(一)合同文件错误造成的索赔

《公路工程标准施工招标文件》(2018年版)公路工程专用合同条款1.4规定了合同文件的优先次序(参见第三章第五节第二点),这个规定就是为了当合同文件之间出现差错或不一致时如何正确理解并进行处理。再加上第1.5款规定,制备这些合同文件的费用由发包人承担,也就是说当合同文件出现差错或不一致时由发包人负责并承担责任。在工程实践中,合同文件错误最主要是图纸出现差错、前后矛盾或与技术规范不一致等。在处理这类索赔事件时,难度远大于合同条款中有明确约定的索赔事件。这类索赔应该从处理索赔的原则,承包人是否履行了复核图纸的义务,当事人应按照合同法的原则在出现索赔事件时履行告知义务和防止损失扩大义务,以及"费用"一词只包含成本不包含"利润"等方面来处理索赔事件。同时,要区分图纸错误仅仅造成工程本身返工或修改损失或者因错误产生附加工作的损失,还是因图纸错误需等待修改又引起暂停施工损失。所以此类索赔是综合索赔问题,而不是单一简单索赔。

处理此类索赔应注意的要点:

(1)承包人应履行图纸的复核义务,而且是有经验承包人无法判断的错误所造成的损失;承包人不能以图纸差错是发包人的责任,承包人只知道照图施工为理由而要求索赔。

(2)合同文件的错误需向监理人提出,在监理人或发包人作出解释后,承包人依据其解释进行施工的情况下所造成的损失才能索赔。

(3)只能赔偿按照错误图纸施工造成的损失部分,而且依据"费用"只包含成本的约定,这部分损失不赔偿利润。

(4)图纸错误后如果造成停工损失,则按照合同第12.2款和第11.3款第(4)项中"因发包人原因导致的暂停施工"进行索赔,此停工损失可以赔偿工期、费用和利润。

道路工程合同文件错误引起的索赔事例见【例题6-4】和【例题6-5】。

【例题 6-4】

1. 背景资料：

某一道路工程，本应有一座地下通道，但是原设计图纸中没有显示。监理人在工程项目接近完工时才发现这一错误，监理人根据设计方意见纠正了图纸的错误。地下通道工程按照工程量清单中对应子目的单价计量支付（相当于工程变更新增工程量），但是承包人需额外去外地购买相应材料，结果有一个负责地下工程的专业队伍被迫停工待料两个星期，而且在此期间没有其他工程可以施工。因此承包人按照合同规定的程序向监理人提出正式索赔通知。

2. 问题：

（1）承包人根据上述事件向监理人提出的索赔申请能否批准？为什么？

（2）上述事件除了办理索赔相关手续外，从合同管理角度还需要办理哪些手续？

（3）试分析上述事件中承包人有哪些损失？依据的合同哪些条款并能索赔哪些费用？增加的地下通道费用是属于索赔费用还是工程变更费用？

（4）上述索赔事件为什么归类于合同文件出错引起索赔，而不归类于工程变更引起索赔？

3. 分析与回答：

（1）承包人根据上述事件向监理人提出的索赔申请应批准。因为原图纸的错误是有经验承包人无法发现的，而且承包人已经遵循了索赔程序并符合合同依据，索赔成立。

（2）上述事件除了办理索赔相关手续外，从合同管理角度还需要办理工程变更相关手续。因为原图纸没有的工程内容必须通过工程变更手续增补，否则新增的地下通道工程量的计量支付将无合同依据。

（3）上述事件中承包人的损失有：①额外去外地采购材料的损失，同时少量采购成本比大批量采购的成本要大；②停工待料的损失，而且这些停工损失又无法化解或减少，因为背景资料反映工程项目接近完工，停工期间没有可施工的工程。

依据的合同 1.5 款索赔①增加的采购成本费用，不包括利润；依据的合同 12.2 和 11.3 款中"因发包人原因导致的暂停施工"可以索赔停工造成工期、费用和利润损失。

增加的地下通道费用是工程变更费用，按照相应子目在清单中计量并加入进度款支付。

（4）上述索赔事件归类于合同文件出错引起索赔，主要是因为要判断图纸的错误，是一个有经验的承包人应当发现的错误，还是无法发现。这是决定索赔能否成立的关键所在。

【例题 6-5】

某公路工程中图纸上给出的某一座管涵没有标注涵管的规格和尺寸。监理人于排水工程接近完工时发现这一错误，上报设计部门后改正了图纸错误，并指示承包人按照改正后图纸尺寸铺设管涵。这时承包人需去采购附加的管涵的涵管，并造成管涵施工队伍被迫停工一个月。在等待管涵运到工地的这段时间，无其他工作可做。承包人根据 1.5 款规定和索赔程序，提出这类错误是发包人的责任要求赔偿相关的损失。

监理人的批复：此项索赔不能批准。因为①图纸上没有注明规格和尺寸是有经验承包人应当发现的错误，承包人没有履行应尽的义务；②图纸上没有注明规格和尺寸的错误，可以在投标时或工程开工的初期就主动提出，由此造成的损失应由承包人承担责任。

（二）由于图纸提交不及时引起的索赔

由于图纸提交不及时引起的索赔，按照《公路工程招标文件》（2018 年版）合同条款 1.6.1 项和 11.3 款处理。

1.6.1 监理人在发出中标通知书之后 42 天内，向承包人免费提供由发包人或其委托的设计单位设计的施工图纸、技术规范和其他技术资料2份,并向承包人进行技术交底。承包人需要更多份数时,应自费复制。由于发包人未按时提供图纸造成工期延误的,按第11.3款约定办理。(注:即索赔)

在工程实践中,从合同法规定当事人要履行告知义务的原理出发,处理此类索赔事件应注意承包人是否尽了告知义务。如果承包人在应收到图纸的合理时间内没有收到所需要的图纸,承包人应主动告诉监理人(最终是通过发包人通知设计部门)尽快发出图纸并指出没有图纸会造成的损害。否则,承包人的索赔可能不被批准。

【例题6-6】

1. 背景资料:

某公路工程中有100座管涵工程,采用初步设计图纸招标。工程开工后监理人根据承包人提交的进度计划,提供了近期两个月需要施工的20座管涵的施工图设计阶段完成的施工详图。开工后不久,监理人收到承包人要求一个月内提供这100座管涵施工详图的通知,并指出没有收到100座管涵施工详图会造成工程延误的损害,承包人保留索赔这些损失的权利。

2. 问题:

承包人的索赔可以批准吗?为什么?

3. 分析与回答:

监理人审理后答复:虽然根据合同1.6.1项规定,监理人应该在开工后提供由设计单位在施工图设计阶段的施工详图,发包人未能按时提供图纸造成损害可以索赔,但是,同时提交100座管涵的施工详图要求不合理。因为根据承包人的进度计划,在近期两个月内,承包人预计完成管涵的施工进度不会超过已经提供的这20座管涵。因此,不会造成管涵工程的延误,也不会造成工程窝工的损害,所以不同意此索赔的要求。监理人接着又给承包人发出通知:以后会分批提供管涵的施工详图,使承包人在准备管涵施工前能收到相应管涵的施工详图。

(三)由于不利物质条件引起的索赔

由于不利物质条件引起的索赔涉及的合同条款有:4.10承包人现场勘查义务,4.11.1不利物质条件的定义,4.11.2不利物质条件引起索赔的处理。此类索赔不赔利润。

4.10　承包人现场查勘

4.10.1　发包人提供的本合同工程的水文、地质、气象和料场分布、取土场、弃土场位置等资料均属于参考资料,并不构成合同文件的组成部分,承包人应对自己就上述资料的解释、推论和应用负责,发包人不对承包人据此做出的判断和决策承担任何责任。[注:《公路工程招标文件》(2009年版)细化此项如此]

4.10.2　承包人应对施工场地和周围环境进行查勘,并收集有关地质、水文、气象条件、交通条件、风俗习惯以及其他为完成合同工作有关的当地资料。在全部合同工作中,应视为承包人已充分估计了应承担的责任和风险。

4.11　不利物质条件

4.11.1　不利物质条件,除专用合同条款另有约定外,是指承包人在施工场地遇到的不可预见的自然物质条件、非自然的物质障碍和污染物,包括地下和水文条件,但不包括气候条件。

4.11.2　承包人遇到不可预见的不利物质条件时,应采取适应不利物质条件的合理措施继续施工,并及时通知监理人。监理人应当及时发出指示,指示构成变更的,按第15条约定办理。监理人没有发出指示的,承包人因采取合理措施而增加的费用和(或)工期延误,由发包人承担。[注:《公路工程招标文件》(2018 年版)细化此项在第一句增加"不可预见"]

4.11.3 可预见的不利物质条件[注:《公路工程招标文件》(2018 年版)增加此项内容]

(1)对于项目专用合同条款中已经明确指出的不利物质条件,无论承包人是否有其经历和经验均视为承包人在接受合同时已预见其影响,并已在签约合同价中计入因其影响而可能发生的一切费用。

(2)对于项目专用合同条款未明确指出,但是在不利物质条件发生之前,监理人已经指示承包人有可能发生,但承包人未能及时采取有效措施,而导致的损失和后果均由承包人承担。

根据上述条款内容,4.11 中风险的分担划分为:能被有经验承包人所预见或察觉的任何风险,承包人都有责任去承担所花费的款项;未能预料到的风险,即使是有经验的承包人,也是发包人的责任去承担所花费的款项。不利的物质条件主要是指不利的非自然物质障碍(也称为外界障碍,人为障碍)和不利的自然物质条件。不利的人为障碍包括地下结构,如供水气热管道、电缆、废弃地基、暗渠等相似的结构物。不利的自然条件主要就是工程地质情况,通常指地面以下地质土层和岩层,还包括水文条件。

理论上采用 4.11 款的优点是:发包人可以得到承包人合理的投标报价。因为发包人承担了不可预见的风险,承包人就不需将不可预见的风险转嫁到投标报价中,对所有投标人的报价就更加公平。不过在工程实践中处理此类索赔事件很困难也很复杂,对于哪些属于不可预见的不利物质条件涉及很高深的工程技术问题,如何界定有经验承包人应当预见到的风险也是颇有争议的问题,同时承包人现场勘查义务中所罗列的情况使得大量施工现场不确定因素产生的风险都由承包人来承担,从而大大降低地此类索赔成立的可能性。

不过作为承包人,若要用第 4.11 款获得满意的索赔,必须在提交投标文件前,熟悉现场并获得所有能影响投标的风险资料。做到正确理解第 4.11 款,若是气候原因影响造成工期延误,根据 4.11.1 项"但不包括气候条件"的排除表示,并结合 11.4 款规定,推理出此类损失只能延长工期,不能赔偿费用。遇到不可预见的不利物质条件的索赔是只赔偿损失成本不赔偿利润。

为更好理解和应用 4.11 款,可以将不利的外界障碍和不利的自然条件细分为两个方面:

(1)当施工现场的水文地质条件与技术规范和图纸有实质性的不同情况时,可以将合同文件指明的施工现场条件与实际施工现场所遇到的情况相比较。常见的现场不利情况有:①施工中出现的土质可利用性与发包人提供的钻探资料相差很大;②图纸中没有显示该地段是地下水难以排除;③图纸中显示是土方地段实际开挖时却是岩石地段;④结构物基础位置的钻探资料显示是承载力良好的岩石,实际结果却是松软土质;⑤开挖后遇到了不少地下结构物废墟或管线等人为障碍物,而设计和勘察资料并未显示;⑥取土场或采石场不能生产出如同招标资料预计的合格材料,或实际生产出的材料中废料过多;⑦需要压实的路基土壤含水量比正常预料的含水量高得多。

(2)在施工承包合同中未作描述,但是作为有经验承包人也无法合理预见的非现场条件。例如,施工现场的地下水由于受某些化学工业排污的阻塞或污染,具有事先未知的强腐蚀性,造成承包人地下设备的损坏。一般来说,这种情况的索赔论证较复杂困难,但只要承包人将实际施工现场情况与招标文件预计的现场情景或一些工程正常现场条件相比较,如存在本质差异,就有权要求索赔。

【例题6-7】

某独立大桥工程,其水下基础采用钢筋混凝土沉井形式。承包人在沉井开挖下沉时,遇到了原招标钻探资料中未显示的倾斜岩层,使得沉井基础一边刃脚已经抵达到岩层上,而另一边仍然位于粗砂土中,且不停地抽水也无法排干沉井的水和泥沙,造成沉井严重倾斜并难以纠偏。经承包人上报监理人和发包人后,召集有关专家的专门咨询会议,确定采用煤矿矿井中的冷冻技术,对桥梁基础施行冷冻,封住地下水和泥沙,制止沉井继续偏斜,然后对刃脚先到达岩层一侧的岩石进行挖炸,直至所有的沉井刃脚下至岩层为止。该不可预见的地质条件使得沉井这一关键工作延误三个月才完成,又因为采用非常规施工技术使得承包人施工成本大大提高。因此承包人有权就此索赔事件提出工期和费用索赔。

此案例既涉及变更又涉及索赔,施工方案的改变按照工程变更办理手续,沉井基础处理的增加费用因清单中无法体现则按索赔处理。

(四)由于测量放线引起的索赔

由于测量放线引起的索赔涉及合同条款8.1构建施工控制网,8.2承包人进行施工测量,8.3发包人承担基准资料错误的索赔责任,8.4监理人和其他相关承包人免费使用施工控制网。

根据8.1.1规定,发包人通过监理人向承包人提供测量基准点、基准线和水准点及其书面资料。承包人应根据国家测绘基准、测绘系统和工程测量技术规范,按上述基准点(线)以及合同工程精度要求,测设施工控制网,并将施工控制网资料报送监理人审批。

根据8.2.2规定,监理人可以指示承包人进行抽样复测,当复测中发现错误或出现超过合同约定的误差时,承包人应按监理人指示进行修正或补测,并承担相应的复测费用。

根据8.3规定,发包人应对其提供的测量基准点、基准线和水准点及其书面资料的真实性、准确性和完整性负责。发包人提供上述基准资料错误导致承包人测量放线工作的返工或造成工程损失的,发包人应当承担由此增加的费用和(或)工期延误,并向承包人支付合理利润。承包人发现发包人提供的上述基准资料存在明显错误或疏忽的,应及时通知监理人。

处理此类索赔应注意,只有当发包人提供的正规测量的基准点(线)资料出错误时,承包人又按照错误的基准资料进行测量放线,结果造成了损失时才可以索赔。监理人提供的临时测量点或者承包人自己的测量点经监理人检查和批准的,即使出现差错,也不能索赔。因为监理人的任何检查批准都不能解除承包人的责任,承包人要为自己测量资料的正确性负责。监理人和发包人只对所提供的固定基准点等的正确负责,而对临时水准点等不承担责任。

【例题6-8】

1.背景资料:

某桥梁工程项目,先修桥,后修筑引道工程。桥梁工程完工后,测量时发现比预定的路线高程低了1m。原因是监理人的某一成员所给定的一个临时水准点高程低了1m。但是,当时承包人并没有将临时水准点的正式资料上报监理人批准,而监理人提供的正式固定基准点都是正确的。承包人以此提出索赔,要求赔偿修复返工的损失费用。

2.问题:

承包人的索赔可以批准吗?为什么?

3. 分析与回答：

监理人批复，索赔不成立。因为监理人提供的固定基准点资料正确。临时水准点的准确性由承包人自己负责，监理人只对提供的基准点准确负责。承包人自己承担修复的费用。

(五)由于超规定的试验和检验引起的索赔(无利润)

超规定试验和检验引起的索赔涉及交通运输部2018年版增加的第14.4款，具体内容如下：

(1)承包人应负责提供合同和技术规范规定的试验和检验所需的全部样品，并承担其费用。

(2)在合同中明确规定的试验和检验，包括无须在工程量清单中单独列项和已在工程量清单中单独列项的试验和检验，其试验和检验的费用由承包人承担。

(3)如果监理人所要求做的试验和检验为合同未规定的或是在该材料或工程设备的制造、加工、制配场地以外的场地进行的，则检验结束后，如表明操作工艺或材料、工程设备未能符合合同规定，其费用应由承包人承担，否则，其费用应由发包人承担。

(六)由于已经覆盖的隐蔽工程重新检验引起的索赔

根据合同第13.5.1项或第13.5.2项规定，工程隐蔽部位覆盖前承包人应先进行自检，然后通知监理人并附有自检记录和必要的检查资料。监理人应按时到场检查。经监理人检查确认质量符合隐蔽要求，并在检查记录上签字后，承包人才能进行覆盖。监理人检查确认质量不合格的，承包人应在监理人指示的时间内修整返工后，由监理人重新检查。承包人未通知监理人到场检查，私自将工程隐蔽部位覆盖的，监理人有权指示承包人钻孔探测或揭开检查，由此增加的费用和(或)工期延误由承包人承担。(注：即使重新检验合格也不能索赔)

根据合同第13.5.3项规定，监理人有权对已检验合格的工程重新检验，对已覆盖的隐蔽部位钻孔探测或揭开重新检验，承包人应遵照执行并在检验后重新覆盖恢复原状。经检验证明工程质量合格的，由发包人承担由此增加的费用和(或)工期延误，并支付承包人合理利润；经检验证明工程质量不合格的，损失由承包人承担。

具体索赔事件处理，可以参考【例题6-9】中事件3的索赔处理。

(七)由于化石、文物引起的索赔

由于化石、文物引起的索赔主要涉及合同条款1.10.1项，具体内容如下：

在施工场地发掘的所有文物、古迹以及具有地质研究或考古价值的其他遗迹、化石、钱币或物品属于国家所有。一旦发现上述文物，承包人应采取有效合理的保护措施，防止任何人员移动或损坏上述物品，并立即报告当地文物行政部门，同时通知监理人。发包人、监理人和承包人应按文物行政部门要求采取妥善保护措施，由此导致费用增加和(或)工期延误由发包人承担。

处理此类索赔应注意，在出现文物或化石后，承包人应采取有效合理的保护措施。承包人只有对文物采取了保护措施而造成额外费用付出的情况下才可以索赔，该额外付出的损失只赔成本不赔利润。文物出现后造成工程暂停施工的，按照第12.2款和第11.3款处理索赔，停工损失可考虑索赔合理利润。

【例题 6-9】

1.背景资料:

某高速公路工程 A 标段,长 10km,合同工期 2 年。业主与施工单位、监理单位分别签订了施工合同和监理合同,并于 2013 年 6 月正式开工。在工程进行中,出现以下事件。

事件 1:在桥台基础基坑开挖中发现地下文物,承包人及时采取措施保护了现场,立即通知了监理工程师和抄报业主,并执行了监理工程师"暂停施工、保护现场"的指令。因此承包人的工程进度受到影响并增加了费用。承包人向监理工程师提出了工程延期申请,并要求对停工损失和保护现场给予费用补偿。对承包人的申请,业主只同意延长工期,但是不同意增加费用,理由是:①施工单位已对现场进行考察,②不是业主过错或过失造成的,不能给予赔偿。

事件 2:施工中承包人建议采用某项新工艺,得到监理人的同意。但实施后,遇到一些困难,增加了费用,并耽误了工期,承包人以监理人同意为由,要求给予工期、费用补偿。

事件 3:在某桥下部结构已全部经过监理工程师质量验收、签字认可,并已开始进行上部结构施工后,上级监理机构怀疑该桥的桥墩存在质量问题,要求施工单位重新进行检测。检测结果质量仍然合格。为此承包人要求监理单位承担此项检测费用。

事件 4:在施工过程中,监理人经抽检发现部分水泥不合格。监理人要求承包人将不合格水泥从现场运走,重新购进合格产品。但承包人拒不执行监理人指示,以及在多次指示后仍然继续使用该批水泥进行施工,造成重大的质量隐患。

2.问题:

(1)针对事件 1,是否应批准承包人工期和费用补偿? 为什么?

(2)针对事件 2,是否应批准承包人工期和费用补偿? 为什么?

(3)针对事件 3,桥墩检测费用和修复费用应由谁承担? 为什么?

(4)在事件 4 中,你认为监理人应采取什么监理措施?

3.分析与回答:

(1)事件 1,应批准工期和费用的补偿。因为桥梁基坑挖出文物,需要对文物进行保护,而且因造成停工,而产生额外的费用支出,这些额外费用是业主所承担的风险责任。承包人的延长工期和费用索赔程序符合合同条款 23.1 和 23.2 规定,延长工期和费用索赔的原因和理由也符合合同条款 1.10.1。而业主的第①点理由是不成立的,虽然施工单位进行了现场考察,但是文物出现不属于有经验承包人无法预见的不利条件条款;业主引用的条款有错,该用 1.10.1 项文物条款而不是 4.11.2 项。业主的第②点理由也不正确,文物的出现虽然不是业主的过错和过失,但是这个风险是业主应担的,属于业主责任,应给予补偿。

(2)事件 2,不能批准工期和费用补偿。根据 3.1.3 项规定,承包人采用新工艺应该报监理人同意,但是监理人的同意,不能解除承包人的任何责任;由此造成的费用和工期增加应由承包人负责。

(3)事件 3,桥墩检测费用应由业主承担。因为根据合同 13.5.3 项,桥梁下部结构已经通过监理检验合格验收,作为上级监理机构有疑问时有权重新检验,承包人也应该接受重新检验;当重新检验合格时,由此发生的费用应由业主承担。承包人与业主是合同当事人,监理人作为业主代为履行的第三人,虽然是监理人的过失,但应由业主承担这笔费用。由业主与监理人之间的监理合同一般有约定,当监理人的行为给业主造成损失时,监理人应承担赔偿责任。因此,业主赔偿给承包人的这笔检测费,监理人要从监理费中给予业主一定比例的赔偿。

(4)在事件 4 中,监理人根据合同 5.4.2 项的规定,有权要求承包人从现场运走不合格的水泥重新购进合格的措施是正确的。但是,当承包人拒不执行监理人指示时,监理人按照合同 13.6.1 项第(2)目规定,应报告业主并建议业主雇用他人将不合格的水泥运出现场,即发包人动用质量保证金。对于承包人使用不合格水泥施工行为,应下达停工令,暂停施工,要求承包人立即改正,以免事态扩大造成更大的质量隐患。

(八)由于暂停施工引起的索赔

12.1 承包人暂停施工的责任

因下列暂停施工增加的费用和(或)工期延误由承包人承担:

(1)承包人违约引起的暂停施工;

(2)由于承包人原因为工程合理施工和安全保障所必需的暂停施工;

(3)承包人擅自暂停施工;

(4)承包人其他原因引起的暂停施工;

(5)现场气候条件导致的必要停工;

(6)项目专用合同条款约定的由承包人承担的其他暂停施工。

12.2 发包人暂停施工的责任

由于发包人原因引起的暂停施工造成工期延误的,承包人有权要求发包人延长工期和(或)增加费用,并支付合理利润。

12.3 监理人暂停施工指示

12.3.1 监理人认为有必要时,可向承包人作出暂停施工的指示,承包人应按监理人指示暂停施工。不论由于何种原因引起的暂停施工,暂停施工期间承包人应负责妥善保护工程并提供安全保障。

12.3.2 由于发包人的原因发生暂停施工的紧急情况,且监理人未及时下达暂停施工指示的,承包人可先暂停施工,并及时向监理人提出暂停施工的书面请求。监理人应在接到书面请求后的 24 小时内予以答复,逾期未答复的,视为同意承包人的暂停施工请求。

12.4 暂停施工后的复工

12.4.1 暂停施工后,监理人应与发包人和承包人协商,采取有效措施积极消除暂停施工的影响。当工程具备复工条件时,监理人应立即向承包人发出复工通知。承包人收到复工通知后,应在监理人指定的期限内复工。

12.4.2 承包人无故拖延和拒绝复工的,由此增加的费用和工期延误由承包人承担;因发包人原因无法按时复工的,承包人有权要求发包人延长工期和(或)增加费用,并支付合理利润。

12.5 暂停施工持续 56 天以上

12.5.1 监理人发出暂停施工指示后 56 天内未向承包人发出复工通知,除了该项停工属于第 12.1 款的情况外,承包人可向监理人提交书面通知,要求监理人在收到书面通知后 28 天内准许已暂停施工的工程或其中一部分工程继续施工。如监理人逾期不予批准,则承包人可以通知监理人,将工程受影响的部分视为按第 15.1(1)项的可取消工作。如暂停施工影响到整个工程,可视为发包人违约,应按第 22.2 款的规定办理。

12.5.2 由于承包人责任引起的暂停施工,如承包人在收到监理人暂停施工指示后 56 天内不认真采取有效的复工措施,造成工期延误,可视为承包人违约,应按第 22.1 款的规定办理。

【例题 6-10】

1.背景资料:

在一座桥梁的台背回填后进行桥头引道填土时,发现桥墩中的立柱出现裂缝。原因是地基基础产生不均匀沉陷。监理人于 4 月 1 日下令暂停有关桥梁工程和引道工程施工,4 月 15 日监理人又下令附近另一座桥梁暂停施工,因为该桥也可能产生地基沉陷问题。这两座桥的下部结构墩台都已经建成,上部结构预应力梁也已经预制完成,随时可以架设。6 月 15 日监理人应承包人的要求撤销暂停施工的指令,恢复施工,但未得到监理人的书面答复,到7月15日承包人正式书面通知监理人,表示根据合同12.5.1项的规定,认定发包人违约,索赔有关费用。包括:机械的空转费、架桥小组的闲置费、雇用值守的额外费用、没有桥头引道条件下架桥所需的附加设备费等。

2. 问题:

承包人的索赔可以批准吗?

3. 分析与回答:

监理人批复:各方一致认为,暂停施工是因为设计出错所致,且暂时停工超过56天,在承包人要求重新施工的28天之内,没有重新要求开工。根据合同条款第12.5.1项规定,承包人的索赔成立,应批准承包人索赔。

(九)由于发包人未及时提交现场引起工期和费用以及利润的索赔[《公路工程招标文件》(2018年版)2.3款]

2.3 提供施工场地

发包人应按专用合同条款约定向承包人提供施工场地,以及施工场地内地下管线和地下设施等有关资料,并保证资料的真实、准确、完整。

《公路工程招标文件》(2018年版)本款补充:

发包人负责办理永久占地的征用及与之有关的拆迁赔偿手续并承担相关费用。承包人在按第10条规定提交施工进度计划的同时,应向监理人提交一份按施工先后次序所需的永久占地计划。监理人应在收到此计划后的14天内审核并转报发包人核备。发包人应在监理人发出本工程或分部工程开工通知之前,对承包人开工所需的永久占地办妥征用手续和相关拆迁赔偿手续,通知承包人使用,以使承包人能够及时开工;此后按承包人提交并经监理人同意的合同进度计划的安排,分期(也可以一次)将施工所需的其余永久占地办妥征用及拆迁赔偿手续,通知承包人使用,以使承包人能够连续不间断地施工。由于承包人施工考虑不周或措施不当等原因而造成的超计划占地或拆迁等发生的征用和赔偿费用,应由承包人承担。

由于发包人未能按照本项规定办妥永久占地征用手续,影响承包人及时使用永久占地造成的费用增加和(或)工期延误应由发包人承担。由于承包人未能按照本项规定提交占地计划,影响发包人办理永久占地征用手续造成的费用增加和(或)工期延误由承包人承担。

《公路工程招标文件》(2018年版)2.3款补充内容的归纳:

(1)承包人按10条规定,在提交进度计划的同时,提交永久占地计划。

(2)监理收到永久占地计划的14天内审核并转报发包人核备。

(3)发包人在监理发出工程或分部工程开工通知(开工令)前,办妥相关征地等手续,以保证承包人及时开工和连续不间断的施工。

(4)如果由于发包人的原因,影响承包人及时使用永久占地,造成的费用增加和工期延误应由发包人承担。但是承包人未能按规定提交永久占地计划的,由承包人自己负责。

【例题6-11】

1. 背景资料:

某公路工程,由某施工总承包工程公司(以下简称承包人)中标并与业主签订了施工承包合同,工程工期为11月,即334天。承包人在第一次工地会议上提出施工组织设计及总体进度计划等文件,开工前分别经总监理工程师和业主审查、批准。施工中,由于业主办理的拆迁工作未按期完成,影响B分项工程比原计划推迟12天开工,造成承包人施工机械和人员窝工。为此承包人向总监理工程师提出书面索赔报告,要求赔偿因拆迁不及时引起无法按时提供施工场地造成的窝工损失和工程时间损失。总监理工程师核实后，认为情况属实，业主应负主要责任，应赔偿承包人的损失并顺延工期12天，于是就在承包人的书面索赔报告上签署"同意此索赔报告，请业主支付。"的意见后上报给业主。

2.问题：

(1)B分项工程有40天的总时差情况下总监理工程师对该事件的处理正确否，为什么？

(2)作为监理人应如何处理更合适？

3.分析与回答：

(1)总监理工程师对该事件的处理不正确。因为，B分项工程是非关键工作，有40天的总时差，B分项工程推迟12天不会使334天的工程工期增加；所以不应该批准工期索赔。

对于费用索赔，根据背景资料，不该给予费用赔偿。因为征地拆迁不及时情况下的索赔，按照交通运输部2009年版2.3款规定，要有一个重要的前提条件，就是承包人在提交工程进度计划的同时，应向监理人提交一份按施工先后次序所需的永久占地计划。可是根据背景资料，承包人没有提交永久占地计划，因此即使B分项工程推迟开工造成承包人机械和人员的窝工损失，依据合同条款2.3的规定，也不能索赔，承包人自己承担这部分损失。如果B分项工程延误值超过其总时差40天而造成工期延误(即工期超过334天)，超过的工期时间也不能索赔。

(2)作为监理人应该要求承包人尽快提交永久占地计划；同时B分项工程推迟开工期间，监理人应指示承包人将窝工的机械和人员调到合同内其他分项工程中使用，以减少承包人的损失。防止损失扩大是监理人的职责。

(十)由于不可抗力事件引起的索赔

由于不可抗力事件引起的索赔涉及合同的条款有：第21.1款的不可抗力的定义，第21.2款的不可抗力发生后告知义务，第21.3款不可抗力事件发生后各方风险共担的约定，第3.5款费用的确定。具体内容参见第七章不可抗力的有关部分。

(十一)由于发包人违约而解除合同的索赔

由于发包人违约而解除合同的索赔涉及合同的条款有第22.2款，发包人违约的情形，承包人有权暂时停工，发包人被解除合同的后果等。具体详细内容参见第七章相关部分。

练习题

一、单项选择题(每题1分，只有1个选项最符合题意)

1.在施工中如果遇到文物，承包人因停工损失或保护文物的费用提出索赔。这种索赔应归类于(　　)。

　　A.不利的外界障碍　　　　　　　　B.业主违约责任

　　C.不利的自然条件　　　　　　　　D.业主风险

2.建设工程中的反索赔是相对索赔而言的，反索赔的提出者(　　)。

　　A.仅限发包方　　　　　　　　　　B.仅限承包方

　　C.发包方或承包方均可　　　　　　D.仅限监理方

3.关于工期索赔，下列说法正确的是(　　)。

　　A.单一延误是可索赔延误　　　　　B.共同延误是不可索赔延误

C. 交叉延误可能是可索赔延误　　　　　D. 非关键工作延误是不可索赔延误

4. 下列工程资料中,可以作为承包人向业主索赔的依据是( )。

A. 履行中发包人和承包人洽商形成的协议　B. 承包人和分包人签订的分包合同

C. 承包人安全交底会议纪要　　　　　D. 承包人技术交底纪要

5. 非承包人原因导致非关键工作的延误,如延误时间小于该项工作的总时差,则此项延误的补偿是( )。

A. 业主既应给予工期顺延,也应给予费用补偿

B. 业主一般不会给予工期顺延,但给予费用补偿

C. 业主既不会给予工期顺延,也不给予费用补偿

D. 业主一般不会给予工期顺延,但可能给予费用补偿

6. 实际费用法是工程费用索赔中最常用的一种计算方法,该方法的计算原则是( )。

A. 以承包人为某项索赔工作所支付的实际开支为根据

B. 以承包人为某项索赔工作所支付的含税工程造价为根据

C. 以承包人为某项索赔工作所支付的直接工程费为根据

D. 以承包人为某项索赔工作所支付的直接费为根据

7. 下列索赔事件中,承包人可以索赔利润的是( )。

A. 不利的物质条件　　　　　　　　　B. 图纸延迟提交

C. 材料价格上涨　　　　　　　　　　D. 监理人指示过错

8. 当发生索赔事件时,对于承包商自有的施工机械,其费用索赔通常按照( )进行计算。

A. 台班折旧费　　　　　　　　　　　B. 台班费

C. 设备使用费　　　　　　　　　　　D. 进出场费用

9. 工期延误划分为单一延误、共同延误及交叉延误的依据是( )。

A. 延误的原因　　　　　　　　　　　B. 延误事件之间的关联性

C. 索赔要求和结果　　　　　　　　　D. 延误工作所在工程网络计划的线路性质

二、多项选择题(每题2分,每题的备选项中,有2个或2个以上符合题意,至少有1个错项。错选,本小题不得分;少选,所选的每个选项得0.5分)

1. 承包人向发包人索赔时,所提交索赔文件的主要内容包括( )。

A. 索赔意向通知　　　B. 索赔事件总述　　　C. 索赔合理性论述

D. 索赔要求计算书　　　E. 索赔证据

2. 建设工程索赔成立的前提条件有( )。

A. 与合同对照,事件已造成了承包人工程项目成本的额外支出或直接工期损失

B. 造成费用增加或工期损失额度巨大,超出了正常的承受范围

C. 索赔费用计算正确,并且容易分析

D. 造成费用增加或工期损失的原因,按合同约定不属于承包人的行为责任或风险责任

E. 承包人按合同规定的程序和时间提交索赔意向通知和索赔报告

3. 下列各种情况中,施工单位可索赔施工机械使用费的是( )。

A. 完成额外工作而增加的机构使用费

B. 业主方未及时提供施工图纸导致机械停工的窝工费

C. 机械配置原因导致机械工效降低而增加的机械使用费

D. 施工机械故障导致机械停工的窝工费

E. 经监理工程师批准的施工方案不当导致机械停工的窝工费

三、案例分析题

1. 某公路工程的 A 合同段承包人，在签订施工合同后按时进驻工地，经过一系列准备工作后(包括提交进度计划和永久占地计划)已于 2014 年 2 月 26 日获得开工批准。但由于永久占地范围内的部分地面附着物未能及时拆迁，造成人员、机械停置持续时间近一个月。同年 3 月 8 日，承包人向总监理工程师提出索赔意向，并书面通知驻地监理工程师，同时抄报业主。承包人又分别于同年 3 月 28 日和 4 月 16 日向驻地监理工程师提交了得到现场监理认可的有关此项索赔的详细资料，并就此依据合同条款第 2.3 款和"由于业主未能按期办妥永久占地征用手续"的规定向业主提出要求赔偿人员、机械停置近一个月的费用索赔申请。

问题:

(1)该项索赔要求是否合理? 是否符合索赔的条件?

(2)如果索赔要求合理，如何确定索赔金额?

2. B 承包人通过投标获得了某高速公路第 3 标段的施工任务。中标后业主与承包人签订了施工合同。该标段为一座高架桥，中标价格为 6500 万元，合同工期 23 个月。施工过程中，由于业主提出了一项设计变更，导致工程停工一个月。停工期间，承包人征得业主和监理工程师的同意，将部分机械设备租了出去。复工后承包人就变更设计导致的停工提出了费用索赔，要求对停工前所有进场设备按一个月停工闲置补偿费用，并认为即使不主动租出，业主同样要补偿。在桩基施工中，承包人采用冲击钻钻孔。其中一根桩由于施工中承包人采用的泥浆比重明显低于规范要求，发生了塌孔事故。承包人向监理工程师提交了一份报告，提出:桩基施工事故的主要原因是业主提供的地质资料不准，理由是其他桩也采取了同样的泥浆比重，但没有发生问题。因此业主应承担这部分事故的处理费用。

预制梁的运输需修建一条施工便道，承包人提出:因为此项费用未包含在投标报价中，要求业主另行支付;承包人还提出:桥梁支座图纸与报价的工程量清单中的型号不符(属招标文件统计错误)，要求按设计图提供的型号重新报价。

问题:

(1)业主提出的变更设计导致停工的索赔能否成立，施工单位提出的设备闲置补偿是否合理? 为什么?

(2)业主是否应对钻孔桩塌孔事故承担责任，并补偿承包人部分质量事故处理费用? 此事件中监理工程师有无责任? 为什么?

(3)承包人要求业主支付修建施工便道的费用是否合理? 为什么?

(4)桥梁支座是否重新报价? 为什么?

四、思考题

1. 工程设备的产权人是谁? 请举个具体事例?

2. 由于工程变更引起工程数量增加造成工期延误的，承包人有权向发包人索赔工期，那么对于单价合同，工程变更既增加工程工期又增加工程费用的，请分别回答应如何处理?

第七章
工程合同违约和争议解决

第一节 ▶ 工程合同违约的类型和责任

合同违约是指合同一方不履行合同义务或者履行合同义务不符合约定的行为。根据《合同法》中有关违约责任的界定,以及九部委的《标准施工招标文件》(2007 年版)、交通运输部《公路工程标准施工招标文件》(2018 年版)[简称《公路工程招标文件》(2018 年版)]、住建部《建设工程施工合同(示范文本)》(GF-2013-0201)[简称住建部《示范文本》(2013 年版)]通用合同条款的约定内容,可将工程合同违约的类型分为发包人的违约、承包人的违约、第三人造成的违约和不可抗力情况下的违约等情形。

🌐 一、发包人的违约责任和处理

(一)发包人违约责任的情形

住建部《示范文本》(2013 年版)16.1.1 项规定,在合同约定履行过程中发生的下列情形,属于发包人违约:

(1)因发包人原因未能在计划开工日期前 7 天内下达开工通知的。

(2)因发包人原因未能按合同约定支付合同价款,或拖延、拒绝批准付款申请和支付凭证,导致付款延误的。

(3)发包人违反通用条款中关于[变更的范围]第(2)项约定,自行实施被取消的工作或者转由他人实施的。

(4)发包人提供的材料、工程设备的规格、数量或质量不符合合同约定,或因发包人原因导致交货日期延误或交货地点变更等情况的。

(5)因发包人违反合同约定造成暂停施工的(通常情况下因发包人原因造成停工的持续时间超过 56 天以上就属于发包人违约)。

(6)发包人无正当理由没有在约定期限内发出复工指示,导致承包人无法复工的。

(7)发包人明确表示或者以其行为表明不履行合同主要义务的(即发包人发生预期违约行为)。

（8）发包人未能按照合同约定履行其他义务的。[注：与《标准施工招标文件》（2007 年版）22.2.1 项的规定相似]

（二）发包人违约情况下的处理

1. 发包人违约情况下承包人有权暂停施工

住建部《示范文本》（2013 年版）16.1.1 和 16.1.2 规定，发包人发生除上述第（7）条以外的违约情况时（即除了发包人不履行合同义务或者无力履行合同义务的情况之外，如果此种情况可以通知解除合同），承包人向发包人发出通知，要求发包人采取有效措施纠正违约行为。发包人收到承包人通知后 28 天内仍不纠正违约行为（即仍不履行合同义务），承包人有权暂停相应部位工程施工，并通知监理人，发包人应承担由此增加的费用和（或）工期延误，并支付承包人合理的利润。此外，合同当事人可在合同专用条款中另行约定发包人违约责任的承担方式和计算方法。[与《标准施工招标文件》（2007 年版）22.2.2 相似]

2. 发包人违约情况下的合同解除

2013 年版 16.1.3 项规定，除专用合同条款另有约定外，承包人按发包人违约的情形约定暂停施工满 28 天后，发包人仍不纠正其违约行为并致使合同目的不能实现的，或出现发包人明确表示或者以其行为表明不履行合同主要义务的违约情况，承包人有权解除合同，发包人应承担由此增加的费用，并支付承包人合理的利润。同时承包人还享有合同约定的索赔权利。[与《标准施工招标文件》（2007 年版）22.2.3 项相似]

3. 因发包人违约解除合同后的付款和承包人撤离

（1）因发包人违约解除合同后的付款

承包人按照前述约定解除合同的，发包人应在解除合同后 28 天内支付下列款项，并解除履约担保。同时承包人应在此期限内向发包人提交要求支付下列金额的有关资料和凭证：

①合同解除前所完成工作的价款。

②承包人为工程施工订购并已付款的材料、工程设备和其他物品的价款。发包人付款后，该材料、工程设备和其他物品归发包人所有。

③承包人撤离施工现场以及遣散承包人人员的款项。

④按照合同约定在合同解除前应支付的违约金。

⑤按照合同约定应当支付给承包人的其他款项。

⑥按照合同约定应当退还的质量保证金。

⑦因解除合同给承包人造成的损失。

发包人应按照本项约定支付上述款项并退还质量保证金和履约担保，但有权要求承包人支付应偿还给发包人的各项款项。[与《标准施工招标文件》（2007 年版）22.2.4 项相似]

（2）承包人撤离施工现场

因发包人违约而解除合同后，承包人尽快完成施工现场的清理工作，妥善做好已竣工工程和已购材料、工程设备的保护和移交工作，按发包人要求将承包人设备和人员撤出施工现场，发包人应为承包人撤出提供必要条件。[与《标准施工招标文件》（2007 年版）22.2.5 项相似]

（三）发包人承担违约责任的方式

发包人承担违约责任的方式主要有以下几种：

(1)赔偿损失。赔偿损失是发包人承担违约责任的主要方式,其目的是补偿因违约给承包人造成的经济损失。发承包双方应当在专用条款中约定损失赔偿的计算方法。损失赔偿额应相当于因违约所造成的损失,包括合同履行后承包人可以获得的利益,但不得超过发包人在订立合同时预见或应当预见到的因违约可能造成的损失。

(2)支付违约金。支付违约金的目的是补偿承包人的损失,发承包双方可在专用条款中约定违约金的数额或计算方法。

(3)顺延工期(即延长工期)。对于因发包人违约而延误的工期(且延误的天数超过工作的总时差),应当相应顺延工期。

(4)继续履行。如果承包人要求继续履行合同的,发包人应当在承担上述违约责任后继续履行施工合同。

【例题 7-1】

1.背景资料:

某实施监理的项目,建设单位与甲施工单位根据《建设工程施工合同(示范文本)》(GF-2013-0201)签订了施工合同,约定的承包范围包括 A、B、C、D、E 五个子项目,其中,子项目 A 包括拆除废弃建筑物和新建工程两部分,拆除废旧建筑物分包给具有相应资质的乙施工单位。受市场行情不景气因素的影响,建设单位于 2014 年 1 月 20 日正式通知甲施工单位与监理单位,缓建尚未施工的子项目 D、E。而此前,甲施工单位已按照批准的计划订购了用于子项目 D、E 的设备,并支付定金 300 万元。鉴于无法确定复工时间,建设单位于 2014 年 2 月 10 日书面通知甲施工单位解除施工合同。

2.问题:

(1)上述事件中,建设单位是否可以解除施工合同? 说明理由。

(2)对于上述事件,倘若允许解除施工合同,根据《建设工程施工合同(示范文本)》(GF-2013-0201),甲施工单位应得到哪些费用补偿?

3.分析与回答:

本案例主要运用了《建设工程施工合同(示范文本)》中合同解除的相关规定,以及发包人违约情况下解除合同后价款估价、结清的知识点。

(1)建设单位可以解除施工合同。理由:根据《建设工程施工合同(示范文本)》(GF-2013-0201),因建设单位原因造成工程缓建致使合同无法履行的,建设单位可以解除合同。

(2)对于上述事件,甲施工单位应得到的费用补偿如下:

①为设备订货而投入的 300 万元定金。

②撤离施工设备至原基地或其他目的地的合理费用。

③甲施工单位所有人员的合理遣返费用。

④合理的利润补偿。

⑤施工合同规定的建设单位应支付的违约金。

二、承包人的违约责任和处理

(一)承包人违约责任的情形

住建部《示范文本》(2013 年版)16.2.1、《公路工程招标文件》(2018 年版)22.1.1 规定,在合同约定履行过程中发生的下列情形,属于承包人违约:

(1)承包人违反合同约定进行转包或违法分包的。

(2)承包人违反合同约定采购和使用不合格的材料和工程设备的。

（3）因承包人原因导致工程质量不符合合同要求的。

（4）承包人未经监理人批准，私自将已按合同约定进入施工现场的施工设备、临时设施、材料或工程设备撤离施工现场的。

（5）承包人未能按施工进度计划及时完成合同约定的工作，造成工期延误的。

（6）承包人在缺陷责任期及保修期内，未能在合理期限对工程缺陷进行修复，或拒绝按发包人要求进行修复的。

（7）承包人明确表示或者以其行为表明不履行合同主要义务的（即发包人发生预期违约行为）。

（8）承包人未能按期开工。

（9）经监理人和发包人检查，发现承包人有安全问题或有违反安全管理规章制度的情况。

（10）承包人违反合同要求的承包人人员管理规定或要求承包人增加或更换施工设备的规定，未按承诺或未按监理人的要求及时配备称职的主要管理人员、技术骨干或关键施工设备。

（11）承包人不按合同约定履行义务的其他情况。

（二）承包人违约情况下的处理

1. 对承包人违约的处理

住建部《示范文本》（2013 年版）16.2 相关规定，当发生承包人不履行或者无力履行合同义务的情况时，发包人可通知承包人立即解除合同。

承包人发生除前述第（7）条约定以外的其他违约情况时（即除了承包人不履行合同义务或者无力履行合同义务的情况之外），监理人应向承包人发出整改通知，要求其在指定的期限内改正。承包人应承担其违约所引起的费用增加和（或）工期延误。

经检查证明承包人已采取了有效措施纠正违约行为，具备复工条件的，可由监理人签发复工通知。[与《标准施工招标文件》（2007 年版）22.1.2 项相似]

监理人发出整改通知 28 天后，承包人仍不纠正违约行为，发包人可向承包人发出解除合同通知。[注：《标准施工招标文件》（2007 年版）22.1.3 项]

承包人发生第 22.1.1 项约定的违约情况时，无论发包人是否解除合同，发包人均有权向承包人课以项目专用合同条款中规定的违约金，并由发包人将其违约行为上报省级交通主管部门，作为不良记录纳入公路建设市场信用信息管理系统。

2. 因承包人违约解除合同和合同解除后的结算

（1）发包人进驻施工现场

合同解除后，发包人可派员进驻施工现场，另行组织人员或委托其他承包人进行施工。发包人因继续完成该工程的需求，有权扣留使用承包人在施工现场的材料、设备、临时工程、承包人文件和由承包人或以其名义编制的其他文件。需要说明的是，这种扣留不是没收，只是为了后续工程能够尽快顺利开始。发包人的扣留行为不免除或减轻承包人应承担的违约责任，也不影响发包人根据合同约定享有的索赔权利。

（2）合同解除后的结算

因承包人原因导致合同解除的，则合同当事人应在合同解除后 28 天内完成估价、付款和

清算,并按以下约定执行:

①合同解除后,监理人与当事人双方(即发包人、承包人)商定或确定承包人实际完成工作对应的合同价款,以及承包人已提供的材料、工程设备、施工设备和临时工程等的价值。当事人双方达不成一致的,由监理人单独确定。

②合同解除后,承包人应支付违约金。

③合同解除后,因解除合同给发包人造成的损失。

④合同解除后,承包人应按照发包人要求和监理人的指示完成现场的清理和撤离。

⑤发包人和承包人应在合同解除后进行清算,出具最终结清付款证书,结清全部款项。

因承包人违约解除合同的,发包人有权暂停对承包人的付款,查清各项付款和已扣款项。倘若发包人和承包人未能就合同解除后的清算和款项支付达成一致的,按照合同约定解决争议的方法处理。[与《标准施工招标文件》(2007年版)22.1.4项相似]

(3)承包人已签订其他合同的转让

因承包人违约解除合同的,发包人有权要求承包人将其为实施合同而签订的材料和设备的采购合同的权益转让给发包人,承包人应在收到解除合同通知后14天内,协助发包人与采购合同的供应商达成相关的转让协议。[与《标准施工招标文件》(2007年版)22.1.5项相似,例如采购合同权益的转让]

(三)承包人承担违约责任的方式

承包人承担违约责任的方式主要有以下几种:

(1)赔偿损失。发承包双方应当在专用条款中约定损失赔偿的计算方法。损失赔偿额应相当于因违约所造成的损失,包括合同履行后发包人可以获得的利益,但不得超过承包人在订立合同时预见或应当预见到的因违约可能造成的损失。

(2)支付违约金。发承包双方可在专用条款中约定承包人应当支付违约金的数额或计算方法。

(3)采取补救措施。对于施工质量不符合要求的违约,发包人有权要求承包人采取返工、修理、更换等补救措施。

(4)继续履行。如果发包人要求继续履行合同的,承包人应当在承担上述违约责任后继续履行施工合同。

三、第三人造成的违约

2013年版16.3款,在合同履行过程中,一方当事人因第三人的原因造成违约的,应当向对方当事人承担违约责任。一方当事人和第三人之间的纠纷,依照法律规定或者按照合同约定解决。

依据《合同法》第三人代为履行责任的规定,最典型的事例就是监理人的过失或过错造成承包人损失,由发包人承担责任。

四、不可抗力情况下的违约责任承担和处理

(一)不可抗力的概念

我国《民法通则》第153条规定,不可抗力是指不能预见、不能避免并不能克服的客观情

况。《合同法》完全采纳了《民法通则》中的不可抗力定义。根据《建设工程施工合同(示范文本)》(GF-2013-0201)和《标准施工招标文件》(2007年版),不可抗力是指合同当事人在签订合同时不可预见,在合同履行过程中不可避免且不能克服的自然灾害和社会性突发事件,如地震、海啸、瘟疫、水灾、骚乱、暴动、战争和专用合同条款中约定的其他情形。

《公路工程标准施工招标文件》(2018年版)作为公路工程专用条款,在21.1.1项中增加了不可抗力的其他情况包括:核反应、辐射或放射性污染;空中飞行物体降落或非发包人、承包人责任造成的爆炸、火灾、瘟疫;项目专用合同条款约定的其他情形。

需要说明的是,本章对于不可抗力事件的概念界定,主要以《建设工程施工合同(示范文本)》(GF-2013-0201)的表述为准。

(二)不可抗力的构成要件

根据《合同法》第117条第2款的规定,不可抗力的构成要件为:

(1)不能预见:即事件的发生是合同当事人双方订立合同时不能预见的。在此,能否预见,以一般人的预见能力为标准加以判断。

(2)不能避免:即事件的发生是合同当事人双方尽到了最大程度的努力仍不能避免的。例如,尽管当事人收到了地震的预报,但是也无法避免地震的发生,这就是无法避免。如果事件通过当事人的努力是可以不发生的,即使发生了也不能构成不可抗力。

(3)不能克服:即事件所造成的损害后果是合同当事人双方尽到了最大程度的努力仍不能克服的。例如:发生了地震,当事人无法将已完工程撤离地震地区,只能任其坍塌。如果通过当事人的努力可以将损失避免,对于这部分损失而言,该事件不能认定为不可抗力。

(4)事件发生在合同履行期间:即强调不可抗力事件必须发生在合同履行过程中。

(三)因不可抗力造成的违约责任的免除

根据《合同法》第117条规定:"因不可抗力不能履行合同的,根据不可抗力的影响,部分或者全部免除责任,但法律另有规定的除外。因合同一方迟延履行合同义务,在迟延履行期间遭遇不可抗力的,不能免除其违约责任。"

【例题7-2】

1.背景资料:

2012年3月5日,某路桥公司与建设单位签订了某高速公路的施工承包合同。合同中约定2012年5月8日开始施工,于2013年9月28日竣工。结果路桥公司在2013年10月3日才竣工。建设单位要求路桥公司承担违约责任。然而路桥公司以施工期间累计下了10天雨,属于不可抗力为由请求免除违约责任。

2.问题:

你认为路桥公司的理由成立吗?为什么?

3.分析与回答:

首先需要分析下雨是否属于不可抗力。下雨要分为两种情况:正常的下雨与非正常的下雨。正常的下雨不属于不可抗力,因为每年都会下雨属于常识,谈不上不能预见,并且对其结果也是可以通过采取措施减少损失的;非正常的下雨属于不可抗力,例如多年不遇的洪涝灾害。虽然正常与非正常的界限在法律上并没有严格的界定,不过可以在合同中约定。例如恶劣气候以超过20年平均降雨量为标准。

本案例中的施工期间累计下雨10天显然不属于非正常的下雨,不属于不可抗力。在工程投标时,这一自然因素显然是可以预见的,因而不能以此作为免责的理由。

(四)不可抗力发生后的合同管理

1. 通知并采取措施

合同一方当事人遇到不可抗力事件,使其履行合同义务受到阻碍时,应立即通知合同另一方当事人和监理人,书面说明不可抗力和受阻碍的详细情况,并提供必要的证明。

不可抗力持续发生的,合同一方当事人应当及时向合同另一方当事人和监理人提交中间报告,说明不可抗力和合同履行受阻的情况,并于不可抗力事件结束后 28 天内提交最终报告及有关资料。[涉及《标准施工招标文件》(2007 年版)21.2 款,住建部《示范文本》(2013 年版)17.2 款]

不可抗力事件发生后,发包人和承包人均应及时采取有效措施以尽量避免和减少损失的扩大,任何一方没有采取有效措施导致损失扩大的,应对扩大的损失承担责任。

2. 不可抗力造成损失的承担原则

根据《建设工程施工合同(示范文本)》(GF-2013-0201)通用条款 17.3.1 和 17.3.2 的规定[与《标准施工招标文件》(2007 年版)21.3 相似],不可抗力导致的人员伤亡、财产损失、费用增加和(或)工期延误等损失,由合同当事人基于"各自损失、各自承担"的原则来划分不可抗力造成损失承担的边界。具体而言,因不可抗力造成的损失可按以下原则来承担:

(1)永久工程、已运至施工现场的材料和工程设备的损坏,以及因工程损坏造成的第三方人员伤亡和财产损失由发包人承包。

(2)承包人施工设备的损坏由承包人承担。

(3)发包人和承包人承担各自人员伤亡和财产的损失。

(4)因不可抗力影响承包人履行合同约定的义务,已经引起或将引起工期延误的,应当顺延工期,由此导致承包人停工的费用损失由发包人和承包人合理分担,停工期间必须支付的工人工资由发包人承担。

(5)因不可抗力引起或将引起工期延误,发包人要求赶工的,由此增加的赶工费用由发包人承担。

(6)承包人在停工期间按照发包人要求照管、清理和修复工程的费用由发包人承担。

3. 因不可抗力解除合同

住建部《示范文本》(2013 年版)17.4 款、《公路工程招标文件》(2018 年版)21.3.4 项规定,因不可抗力导致合同无法履行连续超过 84 天或累计超过 140 天的,发包人和承包人均有权解除合同。合同解除后的付款,由监理人与发包人、承包人协商确定发包人应支付的款项,该款项包括:

(1)合同解除前承包人已完成工作的价款。

(2)承包人为工程订购的并已交付给承包人,或承包人有责任接受交付的材料、工程设备和其他物品的价款。

(3)发包人要求承包人退货或解除订货合同而产生的费用,或因不能退货而解除合同,从而产生的损失。

(4)承包人撤离施工现场以及遣散承包人人员的费用。

(5)按照合同约定在合同解除前应支付给承包人的其他款项。

(6)扣减承包人按照合同约定应向发包人支付的款项。

(7)发包人与承包人双方商定或确定的其他款项。

除专用合同条款另有约定外,合同解除后,发包人应在商定或确定上述款项后 28 天内完成上述款项的支付。

【例题 7-3】

1.背景资料:

某项目主体工程施工过程中,因不可抗力造成损失。甲施工单位及时向项目监理机构提出索赔申请,并附有相关证明材料,要求补偿的经济损失如下:

(1)在建工程损失 26 万元。

(2)施工单位受伤人员医药费、补偿金 4.5 万元。

(3)施工机具损坏损失 12 万元。

(4)施工机械闲置、施工人员窝工损失 5.6 万元。

(5)工程清理、修复费用 3.5 万元。

2.问题:

请逐项分析上述事件中的经济损失是否应该补偿给甲施工单位,分别说明理由。项目监理机构应批准的补偿金额为多少万元?

3.分析与回答:

本案例主要考察不可抗力造成损失的承担原则的掌握程度。因不可抗力造成损失后,项目监理机构处理施工单位费用索赔的基本原则是建设单位和施工单位各自承担自身的损失。

上述事件中,因不可抗力造成损失后,项目监理机构应补偿给甲施工单位的经济损失如下:

一是在建工程损失 26 万元,因为该部分损失应由建设单位承担。

二是工程清理、修复费用 3.5 万元,因为该部分费用应由建设单位承担。

因此,项目监理机构应批准的补偿金额为 29.5 万元。

应由施工单位承担的损失为:

一是施工单位受伤人员医药费、补偿金 4.5 万元。

二是施工机具损坏损失 12 万元。

三是施工机械闲置、施工人员窝工损失 5.6 万元。

【例题 7-4】

1.背景资料:

某工程项目,在工程实施过程中发生如下两个事件。

事件 1:施工中因地震导致施工停工 1 个月,已建工程部分损坏;现场堆放价值 50 万元的工程材料(施工单位负责采购)损毁;部分施工机械损坏,修复费用 20 万元;现场有 8 人受伤,施工单位承担了全部医疗费用 24 万元(其中建设单位受伤人员医疗费用 3 万元,施工单位受伤人员医疗费用 21 万元);施工单位修复损坏工程支出 10 万元。施工单位按照合同约定向项目监理机构提交了费用补偿和工期延期申请。

事件 2:建设单位采购的大型设备运抵至施工现场后,进行了清点移交。施工单位在安装过程中发现该设备一个部件损坏,经鉴定,部件损坏是由于本身存在质量缺陷。

2.问题:

(1)根据《建设工程施工合同(示范文本)》(GF-2013-0201),分析事件 1 中建设单位和施工单位各自承担哪些经济损失? 项目监理机构应批准的费用补偿和工期分别为多少? (不考虑工程保险情况)

(2)就施工合同主体关系而言,事件 2 中设备部件损坏的责任应由谁承担? 说明理由。

3.分析与回答:

问题一主要考核对《建设工程施工合同(示范文本)》(GF-2013-0201)中,关于不可抗力条款对损失责任承担的规定,包括:①不可抗力造成财产和人员伤害损失的责任;②不可抗力对工期影响的责任。问题二主要考核对施工合同履行过程中,一个事件涉及两个合同的责任划分,包括:①施工合同的当事人;②设备采购合同供货方的违约(即第三人造成的发包人的违约)。

(1)事件1中:

①建设单位应承担的损失责任包括:工程本身的损害;因工程损害导致第三方人员伤亡和财产损失;运至施工现场用于施工的材料和待安装设备的损害;建设单位人员的伤亡损失。因此,现场堆放的工程材料损失;建设单位人员医疗费用;损坏工程修复费用应由建设单位承担。

②施工单位应承担的损失包括:施工单位机械设备损坏;停工损失;施工单位现场人员的伤亡损失。因此,施工机械损坏修复费用、施工单位人员医疗费用应由施工单位承担。

③项目监理机构应批准施工单位的费用金额为:50 + 3 + 10 = 63 万元。

④停工损失应由施工单位承担,但工期应相应顺延。因此,项目监理机构应批准工程延长工期 1 个月。

(2)事件2中:

施工合同的当事人是建设单位和施工单位,设备供货方不是本合同的当事人,但是建设单位的违约是由于第三人(设备供货方)造成的。设备运抵施工现场后进行的清点移交,不能解除采购方的质量责任。因此,建设单位应首先就其采购设备的质量对施工单位承担责任,至于建设单位和第三人(设备供货方)之间的纠纷,再依据设备采购合同追究供货方的责任。

第二节 ➤ 工程合同争议的解决方式

一、工程合同争议的解决

合同争议也称合同纠纷,是指合同当事人对合同规定的权利和义务产生不同的理解。由于工程建设活动具有投资数额大、建设周期长、技术要求高、不可预见因素多、受环境影响大、协作关系复杂、政府监管严格等特点,因而决定了工程建设合同利益主体众多、合同内容复杂,技术、商务以及法律等问题交织在一起,极易产生各种工程合同争议,特别是当涉及合同各方的利益和风险分配时,工程合同争议的解决更为复杂和困难。因此,工程合同争议能否及时、适当解决,关系到合同当事人的经济权益,决定着建设工程合同目标能否实现。

争议解决方式是指以特定的方式和程序解决纠纷或争议、恢复社会平衡和秩序的活动和过程。在工程项目管理实践中,避免和解决争议是合同管理实务工作的重要组成部分。选择适当的解决方式,有效解决工程合同争议,不仅关系到维护当事人的合法权益和避免损失的扩大,对合同双方今后的可能的各种合作也会产生直接的影响。目前有关工程合同争议的理论研究主要集中在合同争议处理方法上,即出现合同争议之后如何处理。例如,我国《合同法》中规定的合同争议的解决方式主要有:和解、调解、仲裁与诉讼;而国际工程合同管理中通常采用的合同争议解决方式有 ADR、DRB、DAB 等。

二、我国建设工程合同争议的解决方式

我国对工程争议的解决方式主要有《民法通则》、《合同法》、《民事诉讼法》、《仲裁法》、《建筑法》等法律规定。根据我国《合同法》第 128 条规定:"当事人可以通过和解或者调解解决合同争议。当事人不愿和解、调解或者和解、调解不成的,可以根据仲裁协议向仲裁机构申请仲裁。合同的当事人可以根据仲裁协议向中国仲裁机构或者其他仲裁机构申请仲裁。当事

人没有订立仲裁协议或者仲裁协议无效的,可以向人民法院起诉"。据此,我国建设工程合同争议的解决方式主要有和解、调解、仲裁、诉讼等,不过仲裁或诉讼两者选一。

(一)和解

和解有时也称为友好解决,即通过争议的各方当事人直接谈判和友好协商,获得双方互谅互让的争议解决方案。这种方式无须第三方介入,完全自行解决争议,它不仅从形式上,而且从心理上消除了当事人之间的对抗。

和解可以在民事纠纷的任何阶段进行。无论是否已经进入诉讼或仲裁程序,只要终审裁判未生效或仲裁裁决未作出,当事人均可自行和解。例如,诉讼当事人之间为处理和结束诉讼而达成了解决争议问题的妥协或协议,其结果是撤回起诉或终止诉讼而无须判决。和解也可以与仲裁、诉讼程序相结合,当事人达成和解协议的,已提请仲裁的,可以请求仲裁庭根据和解协议作出裁决书或调解书;已提请诉讼的,可以请求法庭在和解协议的基础上制作调解书,或者当事人双方达成和解协议,由法院记录在卷。

需要说明的是,和解达成的协议不具有强制执行力,在性质上属于当事人之间的约定。如果一方当事人不按照和解协议执行,另一方当事人不能直接申请法院强制执行,但可要求对方承担不履行和解协议的违约责任。

(二)调解

调解是指双方当事人以外的第三方(即争议各方都尊重和信赖的调解人士或者从事调解的组织或机构),应当事人的请求,以法律、法规、政策或合同约定以及社会公德为依据,居中调停,对争议双方进行疏导、劝说,促使其互谅互让,自愿协商达成协议、解决争议的一种方式。

在我国,争议调解的主要方式有人民调解、行政调解、仲裁调解、司法(法院)调解、行业调解以及专业调解。司法调解、仲裁调解以及经法院司法确认调解协议有效的人民调解具有强制执行力(即如果一方当事人不按照调解协议执行,另一方当事人可申请法院强制执行)。其他形式的调解不具有强制执行力,如果一方当事人不按照调解协议执行,另一方当事人不可以申请法院强制执行,但可以要求对方就不执行该调解协议承担违约责任。

(三)仲裁

仲裁是当事人根据在争议发生前或争议发生后达成的协议,自愿将争议提交至中立的第三方(仲裁机构)做出裁决,争议各方都有义务执行该裁决的一种解决争议的方式。仲裁机构与法院不同,法院行使国家所赋予的审判权,向法院起诉不需要双方当事人在诉讼前达成协议,只要一方当事人向有审判管辖权的法院起诉,经法院受理后,另一方必须应诉。仲裁具有民间性质,其受理案件的管辖权来自双方协议。有效的仲裁协议可以排除法院的管辖权;争议发生后,一方当事人提起仲裁的,另一方应当通过仲裁程序解决纠纷。但是,没有仲裁协议,就不能启动仲裁程序。根据《中华人民共和国仲裁法》(简称《仲裁法》)的规定,该法的调整范围仅限于民商事仲裁,即"平等主体的公民、法人和其他组织之间发生的合同纠纷和其他财产权纠纷";对于婚姻、收养、监护、抚养、继承纠纷以及依法应当由行政机关处理的行政争议等不能仲裁。另外,劳动争议仲裁也不受《仲裁法》的调整。

仲裁具有以下基本特点:

一是自愿性。当事人的自愿是仲裁最突出的特点。仲裁是最能充分体现当事人意思自治原则的争议解决方式。仲裁以当事人的自愿为前提,即是否将争议提交仲裁,向何仲裁委员会申请仲裁,仲裁庭如何组成,仲裁员的选择,以及仲裁的审理方式、开庭形式等,都是在当事人自愿的基础上,由当事人协商确定。

二是专业性。民商事仲裁的重要特点之一在于专家裁案的专业性。民商事仲裁往往涉及不同行业的专业知识。例如,建设工程争议的处理不仅涉及与工程建设有关的法律法规,通常还需要运用大量的工程质量、工程造价方面的专业知识以及建筑业自身特有的交易习惯和行业惯例。仲裁机构的仲裁员大多是各行业具有一定专业水平的专家,精通专业知识、熟悉行业规则,对确保仲裁结果的公正性起到关键性的作用。

三是独立性。《仲裁法》规定,仲裁委员会独立于行政机关,与行政机关没有隶属关系,仲裁委员会之间也没有隶属关系。在仲裁过程中,仲裁庭独立进行仲裁,不受任何行政机关、社会团体和个人的干涉,也不受其他仲裁机构的干涉,具有独立性。

四是快捷性。仲裁实行一裁终局制度,仲裁裁决一经作出即发生法律效力。仲裁裁决不能上诉,这使得当事人之间的争议能够得到迅速解决。

五是保密性。仲裁以不公开审理为原则。同时,当事人及代理人、证人、翻译、仲裁员、仲裁庭咨询的专家和指定的鉴定人、仲裁委员会有关工作人员也要遵守保密义务,不得对外界透露案件实体和程序的有关情况。因此,可以有效地保护当事人的商业秘密和商业信誉。

六是执行的强制性和广泛性。对于生效的仲裁裁决书和调解书,当事人有权向人民法院申请强制执行。中国是《承认和执行外国仲裁裁决公约》(简称《纽约公约》)的缔约国。根据该公约,中国仲裁机构作出的涉外仲裁裁决书和调解书,可在所有缔约国之间得到承认和执行。截至 2010 年 10 月,已有 145 个国家和地区加入了《纽约公约》。

(四)诉讼

民事诉讼是指人民法院在当事人和其他诉讼参与人的参与下,以审理、裁判、执行等方式解决民事纠纷的活动,以及由此产生的各种诉讼关系的总和。诉讼参与人包括原告、被告、第三人、证人、鉴定人、勘验人等。

在我国,《民事诉讼法》是调整和规范法院及诉讼参与人的各种民事诉讼活动的基本法律。民事诉讼具有以下基本特点:

一是公权性。民事诉讼是由人民法院代表国家意志行使司法审判权,通过司法手段解决平等民事主体之间的纠纷。在法院主导下,诉讼参与人围绕民事纠纷的解决,进行着能产生法律后果的活动。它既不同于群众自治性质的人民调解委员会以调解方式解决纠纷,也不同于由民间性质的仲裁委员会以仲裁方式解决纠纷。民事诉讼主要是法院与纠纷当事人之间的关系,但也涉及其他诉讼参与人,包括证人、鉴定人、翻译人员、专家辅助人员、协助执行人等;在诉讼和解时还表现为纠纷当事人之间的关系。

二是程序性。民事诉讼是依照法定程序进行的诉讼活动,无论是法院还是当事人或者其他诉讼参与人,都应当严格按照法律规定的程序和方式实施诉讼行为,违反诉讼程序通常会引起一定的法律后果或者达不到诉讼目的,如法院的裁判被上级法院撤销,当事人失去为某种诉讼行为的权利等。

三是强制性。强制性是公权力的重要属性。民事诉讼的强制性既表现在案件的受理上,又反映在裁判的执行上。调解、仲裁均建立在当事人自愿的基础上，只要有一方当事人不愿意进行调解、仲裁，则调解和仲裁将不会发生。但民事诉讼不同，不需要经过当事人约定以诉讼方式解决纠纷，只要原告的起诉符合法定条件，无论被告是否愿意，诉讼都会发生。此外，和解、调解协议的履行依靠当事人的自觉，不具有强制执行的效力，但法院的裁判则具有强制执行的效力，一方当事人不履行生效判决或裁定的，另一方当事人可以申请法院强制执行。

在上述四种解决合同争议的方式中，前两种方式（即和解和调解方式），不属于法律程序，不受法律制约，是一种非对抗性的争议解决方法。后两种方式（即仲裁和诉讼方式），属于正式的法律程序，仲裁和诉讼方式中依法作出的裁决和判决可在国家法律的保护下得到强制执行，是一种对抗性的争议解决方法。

【例题 7-5】

1. 背景资料：

2014 年 8 月 2 日，某建筑公司与某采砂厂签订了一个购买砂子的合同，合同中约定砂子的细度模数为 2.4。但是在交货的时候，经试验确认所运来的砂子的细度模数是 2.2。于是建筑公司要求采砂厂承担违约责任。2014 年 8 月 3 日，经过协商，达成了一致意见，建筑公司同意接受这批砂子，但是只需要支付 98% 的价款就可以了。

2014 年 8 月 20 日，建筑公司反悔，要求按照原合同履行并要求采砂厂承担违约责任。

2. 问题：

你认为建筑公司的要求是否应予以支持？并说明理由。

3. 分析与回答：

本案例主要考核对合同争议解决方式（和解方式）所达成和解协议的法律效力以及在何种情况下需要承担违约责任的理解。

对于建筑公司的要求不应予以支持。理由：双方和解达成的协议不具有强制约束力，指的是不能成为人民法院强制执行的直接根据。但是，并不意味着双方达成的和解协议是没有法律效力的。该和解协议是对原合同的补充，不仅是有效的，而且其效力要高于原合同。因此，建筑公司提出的按照原合同履行的要求不应予以支持。

三、我国建设工程施工合同争议的解决方式

（一）我国建设工程施工合同争议的通用解决方式

根据我国《建设工程施工合同（示范文本）》（GF-2013-0201），有关建设工程施工合同争议的解决方式，具体为：发包人、承包人在履行合同时发生争议，可以和解或者要求有关主管部门调解，当事人不愿和解、调解或者和解、调解不成的，双方可以在专用条款内约定按以下一种方式解决争议：

（1）第一种解决方式：双方达成仲裁协议，向约定的仲裁委员会申请仲裁。

（2）第二种解决方式：向有管辖权的人民法院起诉。

发生争议后，在一般情况下，双方都应继续履行合同，保持施工连续，保护好已完工程。只有出现下列情况时，当事人方可停止履行施工合同：

（1）单方违约导致合同确已无法履行，双方协议停止施工。

（2）调解要求停止施工，且为双方接受。

（3）仲裁机构要求停止施工。

（4）法院要求停止施工。

（二）我国建设工程施工合同争议的新型解决方式——建设工程争议评审方式

除上述四种解决建设工程合同争议的方式(和解、调解、仲裁、诉讼)之外,由于建设工程活动及其纠纷的专业性、复杂性,我国在建设工程法律实践中还在探索其他解决工程合同争议的新方式,例如建设工程争议评审方式。建设工程争议评审是指合同当事人根据事前签订的合同或者争议发生后达成的协议,选择独立于任何一方当事人的争议评审专家(通常是3人,小型工程可以是1人)组成评审小组,就当事人发生的争议及时提出解决问题的建议或者作出决定的一种争议解决方式。当事人通过协议,授权评审组调查、听证、建议或者裁决。一个评审组在工程进展中可能会持续解决许多的争议。如果当事人不接受评审组的建议或者裁决,仍可通过仲裁或者诉讼的方式解决争议。采用争议评审的方式,有利于及时化解施工过程中的争议,防止争议扩大与拖延而造成不必要的损失或浪费,从而有利于保障建设工程项目合同目标的顺利实现。

根据《建设工程施工合同(示范文本)》(GF-2013-0201)20.3款,合同当事人在专用条款中约定采取争议评审方式解决争议以及评审规则,并按照以下约定执行:

1.争议评审小组的确定

住建部《示范文本》(2013年版)20.3.1项规定,合同当事人可以共同选择一名或三名争议评审员,组成争议评审小组。除专用条款另有约定外,合同当事人应当自合同签订后28天内,或者争议发生后14天内,选定争议评审员。

选择一名争议评审员的,由合同当事人共同确定;选择三名争议评审员的,各自选定一名,第三名成员为首席争议评审员,由合同当事人共同确定或由合同当事人委托已选定的争议评审员共同确定,或由专用合同条款约定的评审机构指定第三名首席争议评审员。除专用合同条款另有约定外,评审员报酬由发包人和承包人各自承担一半。

2.争议评审小组的决定

住建部《示范文本》(2013年版)20.3.2项规定,合同当事人可在任何时间将与合同有关的任何争议共同提请争议评审小组进行评审。争议评审小组应当秉持客观、公正原则,充分听取合同当事人的意见,依据相关法律、规范、标准、案例经验及商业惯例等,自收到争议评审申请报告后14天内做出书面决定,并说明理由。合同当事人可以在专用合同条款中对本项事项另行约定。

3.争议评审小组决定的效力

住建部《示范文本》(2013年版)20.3.3项规定,争议评审小组做出的书面决定经合同当事人签字确认后,对双方具有约束力,双方应当遵照执行。任何一方当事人不接受争议评审小组决定或不履行争议评审小组决定的,双方可选择其他争议解决方式。

四、国际工程合同争议的新型解决方式

公平、有效的争议解决方式是国际工程合同中最为重要的合同条款之一。但由于通过仲裁和诉讼方式解决国际工程合同争议的费用越来越高,业主聘请的作为国际工程项目业主代理人的"工程师"在解决国际工程合同争议中的独立性、公正性受到越来越多的质疑。因此,为了有效解决日益增多、日趋复杂的国际工程合同争议,国际工程建设领域积极创设并广泛采

用了新型的国际工程合同争议解决方式。总体而言,与传统的争议解决方式相比较,这些新型的争议解决方式注重国际工程合同争议解决过程的迅速、便捷、灵活性、适应性、专业性、低成本和非对抗性,强调争议解决结果的综合性、趋利避害,竭力寻求争议解决后争议双方利益的"非零总和"及"共赢结局"。这些新型争议解决方式的出现,充分反映了"追求共同体内的和谐和关系的稳定,崇尚对话协商的价值,已逐渐成为社会生活的主流"的争议解决方式。这些新型争议解决方式有助于建立和发展当事人之间的合作伙伴关系,有利于工程合同方式从"对抗型"与"敌对型"转向"合作型"。

近 20 年来,国际工程建设领域不断涌现出多种新型的国际工程合同争议解决方式,例如,调停或者称为斡旋(Mediation)、小型审判(Mini-Trials)、争议评审委员会(Dispute Review Board,简称为 DRB)、争议裁决委员会(Dispute Adjudication Board,简称为 DAB)、独立的"裁决人"(Adjudicator)等。这些方式与相对较为传统的工程师决定(Engineer's Decision)、协商(Negotiation)、调解(Conciliation)等方式一起,统称为解决国际工程合同争议的"替代性争议解决方式"(Alternative Dispute Resolution,简称为 ADR)或者称为非诉讼争议解决方式。

ADR 概念源于美国,现在,ADR 用以指代世界各国普遍存在的、民事诉讼制度以外的所有非诉讼争议解决方式或者机制。ADR 是一个总括性、综合性、功能性、实践性概念,同时又是一个不断发展与创新的开放性概念,其内涵和外延相对均难以准确界定。目前国际上对 ADR应包括哪些程序制度仍存在较大分歧,因此,其定义尚不十分严密和统一。与传统的合同争议解决方式相比较,ADR 具有诸多优点:一是能够充分发挥专家意见在争议解决中的有效作用,以妥协而不是对抗的方式解决争议,有利于维护需要长久维系的商业关系和人际关系,乃至维护共同体的凝聚力,使当事人有更多的机会和可能参加争议的解决过程;二是其程序有可能保守个人隐私和商业秘密,当处理新的技术和社会问题时,在法律规范相对滞后的情况下,能够提供一种适应社会和技术发展变化的灵活的争议解决程序,允许当事人根据自主和自律原则选择适用的规范或者标准、程序,例如地方惯例、行业习惯、行业标准等解决争议;三是经过当事人理性的协商和妥协,可能得到双赢的结果。基于这些优点,ADR 在争议解决实践中得到日益广泛地应用并迅速发展,虽然应用的程度和范围方面存在区别,但世界各国均发展出了适合本国法律制度环境和实际情况的 ADR 具体方式。

(一)争议评审委员会(Dispute Review Board,简称为 DRB)

争议评审委员会(DRB)处理争议是一种在国际工程承包实践活动中出现、总结和发展起来的新型争议解决方式,其特点是能在合同履行过程中随时排除纠纷和解决争议。争议评审委员会方式处理承包工程争议是于 20 世纪 70 年代在美国的隧道工程中发展起来的,取得了巨大成功。为有效应用 DRB 处理合同争议,世界银行已修改其贷款工程《采购指南》的某些规定。过去世界银行贷款项目适用国际咨询工程师联合会(FIDIC)的合同条件中规定的"以工程师为核心的争议解决方式",现在世界银行决定对该争议解决方式进行修改,明确规定合同总价超过 5000 万美元的工程项目应当采用 DRB 方式解决争议,而合同总价小于 5000 万美元的工程项目则可以选择 DRB 方式或者"争议评审专家"(Disputes Review Expert,简称为DRE)方式解决争议,并提供了这两种形式的基本程序。

1. DRB 或 DRE 的基本程序

(1)采用 DRB 方式解决争议的协议或者合同条款

首先要由发包人和承包人共同在其施工合同条款或单独的专项协议中明确采用 DRB 或者 DRE 的方式解决争议。合同条款和协议中还要特别写明这种解决争议的范围、评审委员会成员的人数和产生办法、DRB 或 DRE 方式与监理工程师处理争议以及仲裁或诉讼处理争议的关系等。通常 DRB 或 DRE 处理争议的建议是咨询性的,它并不替代合同中规定的工程师对争议处理的程序,更不排除争议方因不满意 DRB 或 DRE 的建议而诉诸仲裁或诉讼。世界银行关于 DRB 的新规定中,写明争议一方在收到 DRB 的处理争议建议后 14 天之内应当通知各方其不接受该建议而拟诉诸仲裁的意向,否则该建议被认为是终局的,对争议双方有约束力;不论该建议是否变为终局的和有约束力的,该建议应当成为仲裁或诉讼程序中处理与该建议有关的争议问题的可采纳的证据。

(2)DRB 或 DRE 成员的选定

通常 DRB 有 3 名成员(大型项目可以有 5 名或以上成员),争议双方各指定一名,并经双方相互确认,而后由该两名相互确认的 DRB 成员共同推荐第三名成员,并经争议双方批准,该第三名成员将作为 DRB 的主席。应当规定 DRB 成员的基本条件,例如应当是具有与本工程同类项目的管理经验,并有较好的解释合同能力的技术专家;应当是与本工程任何一方没有受雇和财务关系,并没有股份或财务利益的人士;还应当是从未实质上参与过本工程项目的活动,并与争议任何一方没有任何协议或承诺的人士。在 DRB 的成员选定中,还应规定时间限制,如果任何一方未能按时指定成员,或者未能及时批准对方指定的成员及共同指定的第三名成员时,应当规定由谁或者何机构在何时代为指定成员。

(3)DRB 成员被指定后应签署接受指定的声明

该声明应表示同意接受担任该项目的 DRB 成员,并保证与合同双方没有任何受雇和财务往来及任何利益和承诺关系,愿意按规定保密和秉承公正与独立的原则处理双方争议。如果是在工程施工合同签订之后才确定采用 DRB 方式处理争议,则可由发包人、承包人和 DRB 成员共同签订一份 DRB 三方协议。该协议可以就 DRB 的工作范围、争议处理的工作程序、三方的责任、DRB 开始和结束工作的时间、报酬与支付、协议的中止、DRB 成员的更换、DRB 建议书的形式和采纳,以及本三方协议的争议解决等作出明确规定。

(4)DRB 的一般工作程序

通常是合同双方的争议先由双方共同协商解决,或提交监理工程师决定。只有在双方协商不能达成一致,或者其中一方对工程师的决定不同意时,可以在某一规定时间内提交给 DRB 处理。在一方向 DRB 提交争议处理请求时,应相应地通知对方;DRB 将决定举行听证会,或者可以在 DRB 定期访问现场期间举行听证会;通常听证会在工程现场举行,在此之前双方应向 DRB 的每位成员提交书面文件和证据材料;听证会一般不作正式记录和录音、录像,但给争议双方充分的时间陈述和提出证据材料或者书面声明;DRB 成员在听证期间不得就争议各方的是非曲直发表任何观点;随后 DRB 成员将秘密进行讨论,直到形成处理争议的建议,建议以书面提出并由 DRB 成员签字;如果 DRB 成员中有少数不同意者,可以附一份少数成员的意见,但最好是尽力达成一致性的意见,以利于各方执行;书面建议应分发给争议双方。通常而言,采用 DRB 方式解决工程合同争议的一般工作程序具体如图 7-1 所示。

(5)DRB 定期访问现场和定期现场会议

为使 DRB 成员了解工程施工和进展情况,并使工程进展过程中发生的争议得到及时处理,或者对潜在的争议提出可能的避免方法,一般都规定 DRB 成员应定期访问现场(例如,每个季度一次）。在访问期间,DRB 成员将由发包人和承包人的双方代表陪同参观工程的各部位,并召开圆桌会议,听取上次会议以来的工程进展和存在问题的各方说明,听取各方对潜在争议的预测及其解决的建议。如果必要,可指定一方整理定期会议纪要供各方修改和定稿,并分发给三方备存。定期访问期间,DRB 成员不得接受任何一方的单独咨询。例如,趁定期访问期间处理已发生的争议,不按工作程序另外安排听证会议。

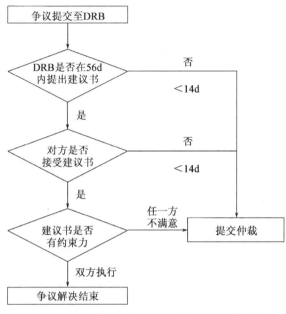

图 7-1 DRB 方式解决合同争议的一般工作程序

2. 对争议评审委员会解决争议方式的评价

在业已采用 DRB 方式处理争议方式的项目中,建设主管部门、发包人、承包人和贷款金融机构等各方面的反映都是良好的,甚至极为称赞。归纳起来,都认为 DRB 方式具有以下优点:

一是 DRB 方式特别适合于工程项目施工合同。因为 DRB 可以在工程施工期间直接在工程现场处理大量常见争议,避免了争议的拖延解决而导致工期延误;也可防止由于争议的积累而使之扩大和更为复杂化。

二是技术专家的参与,处理方案符合实际。由于 DRB 成员都是具有工程施工和管理经验的技术专家,比起将争议交给仲裁或诉讼中的法律专家、律师和法官仅凭法律条款去处理复杂的技术问题,更令人放心,即其处理结果可能更符合实际,并有利于执行。

三是节省时间,解决争议便捷。由于 DRB 成员定期到现场考察工程情况,他们对争议起因和争议引起的后果了解得更为清楚,无须大量准备文字材料和费尽口舌向仲裁庭或法院解释和陈述;DRB 的决策很快,可以节省很多时间。

四是 DRB 方式的成本比仲裁和诉讼更便宜。不仅总费用较少,而且所花费用是由争议双方平均分摊的;而在仲裁或诉讼中,任何一方都有可能要承担双方为处理争议而花费的一切费用的风险。

五是并不妨碍再进行仲裁或诉讼。即使 DRB 的建议不具有终局性和约束力,或者一方不满意而不接受该建议，仍然可以再诉诸仲裁或诉讼。

鉴于 DRB 处理争议方式有以上十分突出的优点，其在解决国际工程合同争议中得到了较大范围地应用。

（二）争议裁决委员会（Dispute Adjudication Board，简称为 DAB）

国际咨询工程师联合会（FIDIC）在工程合同争议解决方式上，不断总结"监理工程师"争议解决方式的优势和缺陷，在借鉴美国土木工程师学会创制，并在国际工程承包合同中广泛应用的争议评审委员会（DRB）解决方式的基础上，于 1996 年提出了利用争议裁决委员会（DAB）方式来解决国际工程纠纷。DAB 方式是引入独立的争议裁决委员会替代监理工程师对业主和承包人的争议作出决定。DAB 由一个或三个成员组成，由业主和承包人在合同开始执行之前指定。DAB 不断密切注视工程进展，一旦出现争端，即出面调解。DAB 争议解决方式本质上属于非诉讼解决方式的范畴，它能够增进业主和承包人之间的交流、合作，有利于快速、经济、公正地解决合同纠纷。

1. DAB 争议解决方式的程序、内容和要求

DAB 方式是一种介于工程师决定和仲裁或诉讼之间采用争议裁决委员会来解决工程争议的方式，1999 年版 FIDIC 合同文本中对 DAB 争议解决方式的程序、内容及要求作了以下规定：

（1）DAB 争议裁决委员会的任命

DAB 方式由工程项目合同双方在投标书中规定的开工日期 28 天前，联合任命一个 DAB，三方签订争议裁决协议书。DAB 由具有相应资格一名或三名人员组成，如果人数没有规定且双方没有另行协议应由三名人员组成。双方均应推荐一人，并报对方认可，同时商定第三位成员，第三位成员应当被任命为 DAB 主席。DAB 成员不论是一人或三人，每个成员都必须得到合同双方当事人的认可，每位成员必须独立于合同当事人，以保证其行为公正。DAB 成员的报酬由双方平均支付，DAB 成立后，业主和承包人不能单独终止任命，除非双方具有协议或者 DAB 任期届满。

（2）提交争议

提交 DAB 前，争议双方应在规定时间内将争议通知或索赔报告并附上所有证据和资料向工程师报告，工程师应在 42 天内作出决定，争议任何一方若不满意决定，可以以书面报告书形式提交至 DAB，委托 DAB 做出裁决，并将副本送交另一方和工程师。

（3）现场调查和召开听证会

DAB 在收到报告书及证据材料后，到施工现场开展调查研究，召开争议双方意见听证会。意见听证会后，DAB 内部召开秘密会议，研究争议解决方案。

（4）做出决定

DAB 应在 84 天内或双方认可的期限内提出决定，业主或承包人任何一方不满意裁决定，可在 28 天内，将不满意决定通知另一方，否则任一方无权着手争议的仲裁。28 天内未发出不满通知，则该决定成为最终的对双方具有约束力的裁决方案。

（5）决定执行与仲裁

对裁决不满的任何一方可在规定日期内通知对方并将争议提交仲裁。对于双方均表示同

意,但之后又有一方不执行的,另一方可根据未遵从 DAB 决定条款就对方当事人的违约行为申请仲裁,DAB 决定应作为仲裁的依据。

上述有关 DAB 争议解决方式的处理程序如图 7-2 所示。

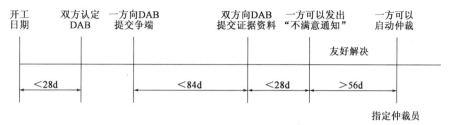

图 7-2 DAB 争议解决方式的处理程序

2. DAB 争议解决方式的特点

DAB 争议解决方式是国际工程建设领域合同管理智慧的结晶,其主要功能在于帮助合同双方预防和减少争议,以及在争议出现之后快速友好地解决争议,从而达到效率高、花费小和耗时少的目的。DAB 方式除具有非诉讼纠纷解决方式(ADR)的一般特点之外,还具有其突出的特点,主要体现在以下六个层面:

一是现场性。在 FIDIC 合同文本《争议裁决协议书》和《程序规则》中明确规定,DAB 成员应定期到施工现场进行访问,现场访问的次数一般不少于每 12 个月 3 次,连续间隔不少于 70 天,以便 DAB 成员熟悉工程的进展情况,以及任何实际存在的或潜在的问题及索赔事项。视察时应有业主、承包人和工程师陪同,并编写现场访问报告。在争议提交 DAB 后,还要现场调查和听证,这就充分体现了矛盾发生在现场、争议解决在现场的特点。

二是程序性。DAB 方式解决争议必须遵循严格的《程序规则》规定的程序要求,在提交 DAB 解决以前,工程师对索赔意见的初步审查及决定为其前置程序,而在收到 DAB 解决申请后,DAB 成员要进行一系列的调查分析与研究才能做出决定,提出解决方案与报告,争议双方对解决方案与报告是否满意、何时提出仲裁等也有相应的规定。程序公正赢得了争议双方的信赖与执行。

三是合意性。DAB 方式是工程项目合同双方意思自治的结果,充分体现了合同双方意思表示的真实性与自主性。DAB 成员通过签订协议书的方式确定,具有国际通行第三方的独立地位,DAB 成员不是业主或承包人的雇员或代理人,具有独立的权利与地位。DAB 成员与业主、承包人和工程师之间没有任何的经济利益关系,DAB 成员具有相当高的专业素质和业务经验,例如熟悉专业技术,具有工程技术、法律和合同解释方面的从业经验。对于大型土木工程项目合同而言,DAB 成员还应包括一名熟悉工程施工的律师或具有仲裁和诉讼经验的工程技术专家,以保证其工作的有效性。

四是预防性。DAB 方式在争议解决开始之前已制定了 DAB 争议裁决委员会,具有超前的争议解决意识。在例行的现场考察中,DAB 成员对工程施工过程中存在的潜在争议风险,可以以建议书的形式给双方以提示和警告。DAB 方式对争议索赔发生概率进行了预测筹划,在解决争议方面力求达到效率高、时间短、成本小、减少诉讼、保证友好合作氛围的效果。同时,它从工程的整体利益出发,帮助合同双方及时解决出现的所有争议,通过现场访问、签发建议书、召集听证会等形式设法将争议消灭在萌芽状态。

五是保密性。DAB方式充分尊重当事人双方的商业秘密,例如在询问调查阶段,拒绝除双方代表以外的任何人参加或旁听意见听证会,在意见听证会期间,就各方提出的任何证据及观点不发表任何意见,争议决定书也是在DAB成员内部召开的秘密会议上形成的,且不得透露会议的任何信息。这种非公开的解决方式能够确保大量涉及当事人个人隐私和商业技术秘密的合同争议得到妥善处理,对争议当事人具有比较强的吸引力。

六是效力性。效力是指对当事人的约束力。DAB决定具有合同契约效力,这是其不同于DRB裁决的显著特点。FIDIC合同第四版第67条规定:DRB仅做出通常不具有约束力的争议解决建议,该建议仅作为一个推荐意见,如果任何一方没有提出异议,该建议才可以有约束力。然而,1999年版FIDIC合同文件中第20条第4款规定:如果DAB已就争端事项向双方提交了它的决定,而任一方在收到DAB决定后28天内,均未作出表示不满的通知,则该决定应成为最终的,对双方均具有约束力。可见DAB决定不仅具有准仲裁性质,而且赋予了DAB成员更强的裁判权力。

3. DAB方式与其他争议解决方式的比较分析

基于前述有关和解、调解、仲裁和诉讼等争议解决方式的内容介绍,结合DAB方式的特点,有关DAB方式与其他争议解决方式(和解、调解、仲裁和诉讼)的比较分析如表7-1所示。

DAB与和解、调解、仲裁和诉讼的比较分析   表7-1

比较内容	和解	调解	仲裁	诉讼	DAB
自愿与否	自愿	自愿	自愿	非自愿	自愿
有无约束力	如双方同意产生契约的约束力	如双方同意产生契约的约束力	有约束力,根据有限理由可复议	有约束力,可以上诉	有约束力,但有排斥期间
第三方	无第三方	由当事人选任的局外适当人选	由当事人选任的第三方决定者,通常是有关问题的专家	作为决定者的强制的中立第三方,一般不是有关问题的专家	工程开工前聘任的第三方决定者,通常是工程、法律等方面的专家
正式性程度	通常是非正式、非制度化的	通常是非正式、非制度化的	程序缺乏正式性,当事人可选择程序法和实体法	有严格的规则、正式性和高度制度化	有较严格的程序规则和协议要求
程序的本质	不受限制地提出证据、辩论和利益	不受限制地提出证据、辩论和利益	为各方当事人提供举证和辩论的机会	为各方当事人提供举证和辩论的机会	现场调查听证,提供举证与辩论的机会
结果	双方能够同意的尝试	双方能够同意的尝试	有时是以合理论证为根据的原则性决定,有时是无意见的妥协	有合理论证为根据的原则性决定	有时合理论证同时兼顾双方友好合作关系而作出妥协
民间或公共性	民间性	民间性	民间性,除非是经过司法审查	公共性	民间性

4. DAB 方式与 DRB 方式的联系和区别

（1）DAB 方式与 DRB 方式的联系

总体而言，DAB 与 DRB 在成员的任命、运作程序、机构的法律性质等方面基本一致。DAB 与 DRB 都是介于工程师处理争议和仲裁诉讼处理争议之间的一种方式。DAB 与 DRB 方式处理争议的解决程序，并不影响工程师处理争议，当任何一方对工程师的决定不满意时，均可将争议事项提交 DRB 或者 DAB，并且在合同规定的时间内，任何一方仍不满意 DAB 或 DRB 的建议，还可提交仲裁或提起诉讼。否则，DRB 或 DAB 的决定将是终局的，对双方均有约束力。同时，运用 DAB 与 DRB 解决争议快捷省时，对项目的干扰小，所需费用低。此外，DRB 与 DAB 的成员均是双方认可的技术专家，双方认可和接受，并得到执行。

（2）DAB 方式与 DRB 方式的区别

DAB 与 DRB 在委员的选定、工作程序的时效性、决定的法律效力等方面存在较大的区别，具体体现在：

①委员的选定方面：DAB 与 DRB 都是在规定时间内由合同双方各推荐 1 人，经对方批准，DAB 是由合同双方和这 2 位委员共同推荐第 3 位委员任主席；而 DRB 则是由被批准的 2 位委员推举第 3 人，经合同双方批准。

②委员会任期终止方面：DAB 规定是在结清单生效或双方商定的时间终止任期，而 DRB 则规定是在最后一个区段的缺陷责任期满或承包商被逐出现场时委员会工作即告终止。

③工作程序的时效规定方面：在合同任一方对工程师提出解决的争议书面报告后，如 DAB 在 18d 内，DRB 在 14d 内未提出异议，则应遵守执行。如果一方既未表示反对，而又拒不执行，则另一方可直接申请裁决。如果收到委员会的决定或建议后任一方表示不满，或委员会在一定时间（DAB 方式是 84d，DRB 方式是 56d）内未能作出决定或建议，则可以在一个时限内（DAB 方式是 28d，DRB 方式是 14d）要求仲裁，但 FIDIC 规定在要求仲裁后必须经过一个 56d 的友好解决期，而世界银行则无此要求。根据上述有关工作程序的时效对比分析可以得出，DAB 方式规定的处理问题时限要比 DRB 规定的处理问题时限要长一些。

④决定的法律效力方面：DAB 比 DRB 的决定具有更强的法律效力。DRB 仅做出通常不具有约束力的争议解决建议（Recommendation），该建议仅为一个推荐意见；而 DAB 的决定（Decision）经过异议期未被双方反对的话，就具有最终的约束力，具有契约效力，双方必须遵守。

⑤委员的酬金方面：DRB 委员的酬金基本固定，而 DAB 委员的酬金则可由双方商定。

5. DAB 方式争议解决的案例分析

泰国某水利枢纽项目，不仅属于世界银行贷款项目，亦是采用 FIDIC 合同条件的项目。项目雇主是泰国国家水利总署，项目承包人是在世界范围内招标的外国承包人，项目工程师是由法国的 SOGREAH 咨询公司担任。该工程已于 2007 年年底完工。但在进行验收工作时，由于承包人与雇主（国内称业主）之间有一笔因开挖直径为 16m 的引水隧道坍塌导致费用增加约 500 万美元的争议。雇主认为隧洞开挖后的坍塌是可以预见的，是一个有经验的承包人可以采取适当措施予以预防的，该项目费用应在投标报价中有所体现，而不是额外增加的费用，并且每个承包人均被认为是世界优秀的承包人，是具有丰富经验的承包人。而承包人认为，隧洞施工属于地下开挖，其地下地质条件复杂，实属罕见。隧洞开挖后，采取各种措施仍有不少因坍塌重新开挖的事件发生，应该属于不可预见情况，其增加费用应由雇主来承担。该争议因涉及的合同金额数额较大,双方协商两个月未果,谁也说服不了谁,只好按 FIDIC《合同条件》要求采用 DAB 解决机制。

根据 FIDIC《合同条件》20.3 款"争议裁决委员会的任命"的规定,则由雇主和承包人双方各任命 1 人,再共同任命 1 名主席,共三人组成 DAB 小组进行调解。结果经过专业的 DAB 争议裁决委员会 3 个月的艰苦谈判调解工作,雇主方最终认可了 80% 的费用(即约 400 万美元)补偿给承包人;另外的 20% 的费用(即约 100 万美元)因承包人施工组织补救不及时造成,因而由承包人承担。对最后的争议裁决报告,双方均表示逻辑分析十分清楚、证据确凿、责任明确、同意接受。

该 DAB 争议解决的工程实例说明,在国际工程项目中,在双方争议项目谈判无法解决的情况下,采用 FIDIC 合同条件要求的 DAB 裁决为不错的合同争议解决方式。

目前,我国许多世界银行贷款项目都采用了 DAB、DRB 方式,在二滩水电站工程中首次使用即节约资金 5.5 亿元,此后黄河小浪底工程、山西引黄入晋工程乃至长江三峡工程也都纷纷采用了该方式。实践证明,DAB 有助于提升我国工程建设业的管理水平,现已被中国对外承包工程商会、中国工程咨询协会等推荐使用。

(三)独立的"裁决人"(Adjudicator)争议解决方式

英国土木工程师学会(ICE)1993 年编制出版的新工程合同(New Engineering Contract,简称为 NEC 合同),首次引入了"裁决人"解决争议的程序。1995 年 11 月英国土木工程师学会将 NEC 合同更名为"工程施工合同(Engineering and Construction Contract,简称为 ECC 合同)",并同时出版了包括工程施工合同、工程施工分包合同、专业服务合同和裁决人合同在内的其他几种标准合同,形成了 NEC 系列合同。ECC 合同在指导说明中指出:"施工合同中的争端经常发生,标准合同文本中的最终解决方法是仲裁,近年来此种方法也变得费时、费钱。"ECC 合同的核心条款第 92 条规定了工程实施过程中的任何争端都必须首先提交给独立于合同双方的"裁决人"去解决,这是既快捷又公正的解决合同争议的有效办法。

1. "裁决人"的地位

"裁决人"是独立于雇主与承包人的真正的第三方,由雇主与承包人共同制定,它的主要作用在于解决合同双方当事人之间的争议。工程实施过程中的争议事件往往与雇主聘用的项目经理和监理工程师的行为或对某些事情的不作为有关。"裁决人"的工作是对项目经理和监理工程师的行为或不作为进行调查分析,在此基础上对争议事件做出裁决意见,合同一方对裁决意见无异议的,则意味着这项裁决意见是最终性的裁决,对合同双方均有约束力。

2. "裁决人"的选定

"裁决人"应在正式签订工程施工承包合同之前选定。通常,雇主在"合同资料"(ECC 合同的附件)的第一部分中建议一位专家和提供几位专家人选,供承包人认可。雇主甚至可以邀请承包人提出人选,由雇主认可。总之,"裁决人"必须得到合同双方的共同认可和制定。

3. "裁决人"合同条款

1995 年 11 月英国土木工程师学会出版的"裁决人合同(Adjudicator's Contract)"中的主

要条款为:

(1)裁决人有义务公正行事。

(2)裁决人收费按所工作的时间计算。

(3)规定了裁决人履行公务时可补偿的费用。

(4)除另有规定外,裁决人的费用由争议双方平均分摊,与裁决意见无关。

(5)争议双方有义务保障裁决人免受任何损失。

(6)有关裁决人指定的终止和替换。

4."裁决人"的工作内容

"裁决人"的工作内容主要包括以下几点:

(1)只有当合同一方将争议事件交"裁决人"后,"裁决人"才开始工作。

(2)"裁决人"巡视工地现场,召开听证会给争议双方有适当的陈述机会;收集有关资料,在规定时间内以专家身份作出裁决意见。

(3)"裁决人"作出裁决意见有时间限定,一般最多为4周。

5."裁决人"争议解决方式的处理程序

有关"裁决人"合同争议解决方式的处理程序,如图7-3所示。

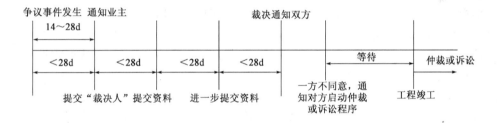

图7-3 "裁决人"争议解决方式的处理程序

练习题

一、单项选择题(每题1分,只有1个选项最符合题意)

1.建设工程发生纠纷时,当事人应事先考虑通过( )解决纠纷。

  A.调解   B.诉讼   C.仲裁   D.和解

2.甲建设单位一直拖欠乙施工单位工程款,乙多次索要未果,遂申请仲裁。仲裁庭作出裁决后,甲仍不履行,则乙可向( )申请执行。

  A.仲裁委员会   B.人民法院   C.人民政府   D.建设行政主管部门

3.被告经传票传唤,无正当理由拒不到庭的,或者未经法庭许可中途退庭的,可以( )。

  A.缺席判决   B.按撤诉处理   C.中止审理   D.终止审理

4.建设行政管理部门对建设工程合同争议进行调解,施工单位不服。施工单位可以采取的行为是( )。

  A.申请行政复议或提起行政诉讼   B.申请仲裁或提起民事诉讼

  C.申请行政复议后提起行政诉讼   D.申请仲裁后提起民事诉讼

二、多项选择题(每题 2 分,每题的备选项中,有 2 个或 2 个以上符合题意,至少有 1 个错项。错选,本小题不得分;少选,所选的每个选项得 0.5 分)

1. 建设工程纠纷调解解决的特点有( )。

 A. 有第三方介入
 B. 简便易行

 C. 能较经济、及时地解决纠纷
 D. 利于维护双方的长期合作关系

 E. 调解协议不具有强制执行的效力

2. 下列关于仲裁与诉讼特点的表述,正确的有( )。

 A. 仲裁的程序相对灵活,诉讼的程序较严格

 B. 仲裁以不公开审理为原则,诉讼则以不公开审理为例外

 C. 仲裁实行一裁终局制,诉讼实行两审终审制

 D. 仲裁机构由双方协商确定,管辖人民法院则不能由双方约定

 E. 仲裁和诉讼是两种独立的争议解决方式

3. 根据《民事诉讼法》的规定,起诉必须符合的条件有( )。

 A. 有充分的证据
 B. 有明确的被告

 C. 属于人民法院受理民事诉讼的范围
 D. 原告是与本案有间接利害关系的公民

 E. 有书面的起诉书

三、简答题

1. 根据我国《建设工程施工合同示范文本》(GF-2013-0201),发包人的违约责任和承包人的违约责任分别包括哪些?

2. 根据我国《建设工程施工合同示范文本》(GF-2013-0201),不可抗力造成的损失如何在发包人与承包人之间合理分担?

3. 我国建设工程施工合同争议的解决方式有些? 分别有何特点?

4. 国际工程合同争议的新型解决方式有哪些? 其与传统争议解决方式有何区别?

第八章
国际工程管理与FIDIC合同条款

第一节 ➤ 国际工程管理概述

一、国际工程的概念及其特点

（一）国际工程的概念

所谓国际工程，是指一个工程的参与者来自不止一个国家，并且按照国际通用的工程项目管理模式进行管理的工程。从我国的角度看，国际工程既包括我国工程单位在海外参与的工程，也包括大量的国内涉外工程，例如国内京津塘高速公路。

（二）国际工程的两个主要领域

国际工程业务通常可以分为两个主要领域：一是国际工程咨询，包括设计、监理、咨询；二是国际工程承包，包括施工承包、设计（采购）施工总承包（EPC）等。

（三）国际工程与国内工程相比较的特点

（1）具有合同主体的多国性。

（2）影响因素多、风险增大。影响因素主要有政治、经济、所在国法律，人原、设备、材料进出海关，当地的风俗习惯，工作习惯等。

（3）按照严格的合同条件（条款）和国际惯例管理工程。FIDIC 合同条款管理模式只是国际惯例的一种，还有英国土木工程师协会（ICE）推行的 NEC 的合同条款管理模式，美国建筑师协会（AIA）推行的 AIA 合同条款管理模式等都是国际管理模式。

（4）技术标准、规范和规程庞杂。

二、国际工程咨询

（一）国际工程咨询概念

咨询的原意为"征求意见"。工程咨询（Engineering Consulting）指的是在工程项目实施的

各阶段,咨询人员利用技术、经验、信息等为客户提供的智力服务。为国际工程项目提供的咨询服务,称为国际工程咨询。

(二)咨询工程师

咨询工程师(Consulting Engineer)是从事工程咨询服务的工程技术和其他专业人员的统称。咨询工程师有很高的素质要求。在许多经济发达的国家,例如美国、日本、英国等,对咨询工程师需要进行资格审核和注册,以规范工程咨询的行业管理。

(三)国际工程咨询公司

国际工程咨询公司是具有独立法人地位的经营实体。世界银行要求承担其贷款项目咨询服务公司应具备:与所承担的工作相适应的经验和资历;与业主签订受法律约束的协议的法人资格。

(四)国际工程咨询公司的业务范围

国际工程咨询公司的业务范围,一是为项目业主咨询服务(包括项目选定、项目决策、工程设计、工程招标、施工管理、竣工验收、后评价),二是为承包人服务,三是为贷款银行咨询服务(世界银行尤其偏爱此种业务),四是联合承包工程(参与 BOT 项目等)。

(五)国际工程咨询的招标方式和程序

选择国际工程咨询公司的方法也是通过招标方式实现。国际工程咨询招标方式除国内法定的公开招标和邀请招标方式外,还有指定招标方式(即议标),也称为谈判招标方式。

国际竞争性招标程序有:

(1)编写工作大纲。

(2)估算咨询价。

(3)准备短名单(即由报名的长名单逐步遴选出短名单,相当于国内进行资格预审)。

(4)制定评选方法和标准。

(5)给短名单上的公司发邀请函征求建议书(相当于邀请投标人提交投标文件,建议书分为技术建议书和财务建议书,技术建议书主要涉及咨询处理方案,财务建议书主要是咨询费编制)。

(6)评价建议书(评标)。

(7)合同谈判和按照客户/咨询工程师标准服务协议范本为基础签约。

个人咨询专家的选聘:与上述过程相似,重点关注专家个人的资历,从事过类似咨询经验、类似地区经验,工作业绩排序等,择优聘用。

(六)国际工程设计与国内工程设计的最大不同点

建设项目准备阶段为业主咨询服务的内容主要有两个方面:一是工程设计,二是工程招标。工程招标在第四点介绍。

国际工程设计分为概念设计、基本设计、施工详图设计。施工详图设计类似于国内工程的施工图设计,国际工程施工详图设计主要用于承包人按图纸和技术规范进行施工。

国际工程设计与国内工程设计的最大不同点是,国际工程用施工详图进行招标的工程,施工详图由咨询公司绘制;如果采用基本设计招标,施工详图可以由咨询公司在招标后补充提供,但其工程量和技术标准不能超出原招标图纸和技术文件的要求;也可以由中标的承包人按照基本设计的要求绘制,并交监理工程师或转交咨询公司审查批准,而形成用以施工的施工详图。

三、国际工程承包

(一)工程承包概念

工程承包(Engineering Contracting)一般是指工程公司或其他具有工程实施能力的单位受业主委托,为业主的工程项目或其中某些子项目所进行的建造与维修活动。国际工程承包是指参与国际工程项目的承包活动。国际工程承包的参与者主要为业主、咨询工程师(或称工程师)、承包人。

(二)国际工程商情信息渠道

(1)国际专门机构:联合国系统内的机构,世界银行,区域性金融组织。

(2)国家贸易促进机构。

(3)商业化信息。

(4)国际、国内行业协会或商会。

(5)公司对外交流与合作。

(三)FIDIC 合同管理模式下常用的合同计价方式

FIDIC 合同管理模式下常用的合同计价方式有总价合同和单价合同。总价合同包括固定总价合同和可调值总价合同。单价合同包括纯单价合同和估量单价合同。

四、国际工程与国内工程招标投标的联系和区别

国际工程施工招标投标与国内公路工程施工招标投标很相似,因为公路工程招标投标是根据国际工程招标投标进行的,特别是按照 FIDIC 单价合同管理模式进行的。因此,对于国际工程,只要注意其与国内工程管理的不同点即可,当然这些不同点大部分都是国内工程在工程实践中结合我国国情而增加的更加严格的限制要求。

(一)国际工程招标方式

国际工程招标方式有:无限竞争的公开招标,有限竞争的邀请招标,谈判招标(议标、指定招标),两阶段招标(即与双信封相似)。

(二)国际工程公开招标的程序

国际工程公开招标分为三大步骤:资格预审,购买和递交投标文件,开标、评标、定标、签订合同。具体过程参见图 8-1,与国内工程招标投标基本相同,只是个别时间有变化。

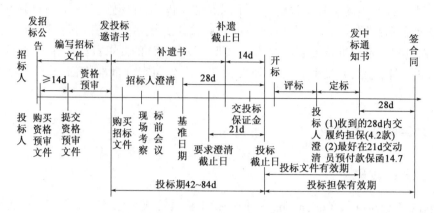

图 8-1　FIDIC 施工招标投标主要事项进程图

(三)国际工程与国内工程招标投标的不同点

1.工程所在国是落后国家的国内投标人优惠(Preference for Domestic Bidders)

世界银行对落后发展中国家的国内投标人有一定优惠政策。对于人均 GTP 少于$300 的工程所在国的世界银行贷款项目,在工程所在国注册的投标人;工程所在国投标人持有绝大多数;分包给国外工程量不超过合同价的 50%。具备上述三个条件者,其投标报价在评标排名次时可以享受 7.5% 的优惠,即在计算评标价时,享有优惠投标人的评标价按 7.5% 折扣竞标。

在改革开放初期,云南鲁布革电站的招标过程中我国的水电企业就享受到这个优惠,不过相比中标的日本大成公司低于标底约 42% 的竞争还是远高于竞争对手而落标。如果国内工程采用本地区投标人享有优惠政策,则是违法的。因为违反了《招投标法实施条例》第 32 条的强制性规定,违反了不得对特定行政区域加分的不合理限制。

2.联合体的资质无就低规定

我国《招标投标法》第 31 条规定,由同一专业的单位组成的联合体,按照资质等级较低的单位确定资质等级。

国际工程对联合体的资质规定没有就低不就高的规定。当年京津塘高速公路施工招标时,要求投标人需有修筑过高速公路的业绩,我国的所有施工企业都无修过世界银行认定的高速公路业绩,所以参与投标的国内施工企业都是与发达国家的施工企业组成风险联合体才有资格参加京津塘高速公路投标。联合体的其他规定与国内工程规定相似,例如,需要签订联合体协议等。

3.国际工程的投标货币与支付货币(Currencies of Bid and Payment)

在投标报价时和在以后工程实施过程中结算支付时,所用的货币种类可以选择以下两个方案之一。

(1)投标人报价时完全采用工程所在国的货币表示,若投标人预计有来自工程所在国以外的工程投入会产生其他币种的费用("外汇需求"),投标人应在投标函附录中列出其外汇需求占投标价格(除暂列金额外)的百分比,投标人应在投标函附录中列明外汇需求和采用的汇率。外币统一折算为当地货币表示投标价,参见表8-1。

报价中当地货币和外币的比例表 表8-1

支付币种 Name of payment currency	A 各币金额 Amount of currency	B 汇率(外币对当地币) Rate of exchange (local currency per unit of foreign)	C 折成当地币 Local currency equivalent C = A × B	D 占净报价的比例 Percentage of Net Bid Price (NBP) 100 × C NBP
Local currency 当地币 KES 肯先令	6,286,298,890.00	1	6,286,298,890.00	55
Foreign currency 外币 USD 美元	53,286,554.34	96.5222	5,143,335,456.00	45
Net Bid Price 净报价			11,429,634,346.00	100
Provisional sums expressed in local currency 以当地币报价的暂列金额部分		1	631,900,563.00	
BID PRICE 总报价			12,061,534,909.00	

业主可能会要求投标人澄清其外汇需求,此时,投标人应递交一份详细的外汇需求表。

(2)投标人采用两种报价,即对于在工程所在国应支付的费用,如当地劳务、当地材料、设备、运输等费用以当地货币报价;而对于在工程所在国以外采购所需费用则以外币报价。

4.辅助资料表

辅助资料表(相当于《公路工程国内招标文件范本》(2003年版)投标书附表,注意不是投标函附录)是招标文件的一个组成部分,其目的是通过投标人填写招标文件中统一拟定好格式的各类表格,得到投标人相当完整的信息。通过这些信息既可以了解投标人的各种安排和要求,便于评标时比较,又便于在工程准备和施工过程中做好各种计划和安排。辅助资料表常用的主要内容有:

(1)项目经理简历表。

(2)主要施工管理人员表。

(3)主要施工机械设备表。

(4)项目拟分包情况表。

(5)劳动力计划表。

(6)现金流动表。

(7)施工方案或施工组织设计。

(8)临时设施布置及临时用地表。

(9)其他。

5. 国际工程的政治风险、经济风险和法律风险

在海外的国际工程与国内工程相比较,最大的风险是政治风险、经济风险和法律差异。在进行各项调查研究时,重点关注市场政治经济环境调查。

工程所在国的政治形势主要包括四个方面:①政局的稳定性;②该国与周边国家的关系;③该国与我国的关系;④政策的开放性和连续性。

工程所在国的经济状况调查主要包括四个方面:①经济发展情况;②金融环境,包括外汇储备、外汇管理、汇率变化、银行服务等;③对外贸易情况;④关于保险公司的情况。

关于工程所在国的法律法规,需要了解的至少应包括:《建筑法》、《招标投标法》、《合同法》、《公司法》、《劳动法》、《环境保护法》,以及有关税收的法律法规等。

6. 国际工程评标没有不低于成本价的限制

国际工程评标过程与国内工程相似,也分为三阶段:行政性评审(国内称符合性评审),技术评审、商务评审(经济标评审)。评标审查的具体内容与国内基本相同。

国际工程评标一般采用评标价最低为中标人的方法,没有不低于成本价的限制。国内工程最早也是学习国际做法,但是在多年实践后发现,其不适合我国公有制为主体的国情,造成了为了中标随意压低报价恶性竞争的乱象。施工中承包人为了降低成本减少亏损,采用偷工减料损害工程质量,或随意提出工程变更以提高工程费用等行为,由此也造成大量不必要的合同纠纷。因此,1999 年 8 月 30 日发布,2000 年 1 月 1 日实施的《招标投标法》第 33 条规定,投标人不得以低于成本的报价竞标。

国际工程采用评标价(有人称为类比价)最低为中标人的方法,同时又规定招标人不保证投标价最低的投标人为中标人的约定。请注意"评标价最低"和"投标价最低"的区别,"投标价"可能包含报价的错误;而"评标价"是修正错误或采用一定的方法进行折算和修正后的价格。采用这样的方法和规定,还可以判断投标人是否采用了严重脱离实际的"不平衡报价法"(例如现值法,可以防止先期支付子目报高价,后期支付子目报低价使总价不变的不平衡法)。

7. 国际工程调价公式中的基价系数或指数

国际工程调价公式中的基价系数或指数可以由投标人在投标函附录中自行确定,通常招标人在招标文件中会设置各调价项的比例范围,并设置 10% 为不可调的部分。

8. 决标

通常由招标机构和业主共同商讨决定中标人。如果业主是一家公司,通常由该公司董事会根据评标报告决定中标人。如果是政府部门的项目招标,则政府会授权该部门首脑通过召开会议决定中标人。如果是国际金融机构或财团贷款项目招标,除借款人作出决定外,还要报送贷款的金融机构征询意见;贷款的金融机构如果认为借款人的决定是不合理或不公平的,可能要求借款人重新审议后再作决定;如果借款人与国际贷款机构之间对中标人的选择有严重分歧而不能协调一致,则可能要重新招标。

9. 授标

在决定中标人后,业主向投标人发出中标通知书。中标通知书也称中标函,它连同承包人的书面回函(如果对投标文件已经作修订)对业主和承包人之间具有约束力。中标函会直接写明该投标人的投标文件(注:以前称为投标书,容易与投标书附录的投标书混淆而改,投标书附录改为投标函附录)已经被接受,授标的价格是多少等,参见第三章第五节中标通知书。有时在中标函之前有一意向书,在意向书中业主表达了接受投标的意愿,但又附有限制条件。意向书只是向投标人说明授标的意向,但之后取决于业主和该投标人进一步谈判的结论。请注意此种做法在目前的国内工程招投标中已经禁止使用,参见第二、三章的相关规定。

投标人中标后即成为此工程项目的承包人,按照国际惯例,承包人应立即向业主提交履约担保,用履约担保换回投标担保。国际工程的履约担保金额没有具体限制,由业主在招标文件中规定,但是国内工程《招投标法实施条例》规定,不得超过中标价的10%。

10. 拒绝全部投标

在招标文件中,一般规定业主有权拒绝所有投标,但绝不允许为压低标价再以同样的条件招标。

一般在以下三种情况之一下,业主可以拒绝全部投标:

(1)具有响应性的最低标价(即有效标价)大大超过标底(超过20%),业主无力接受招标。(注:这点国内工程是通过设置最高限价实现)

(2)投标文件基本不符合招标文件的要求。(注:与国内相同)

(3)投标人过少,不足三家,没有竞争性。(注:与国内相同)

如果发生上述情况之一时,业主应研究发生原因,采取相应措施,例如扩大招标广告范围,或与最低标价的投标人进行谈判等(注:谈判合同价格国内工程是禁止的)。按照国际惯例,若准备重新招标,必须对原招标文件的项目、规定、条款进行审定修改,将以前作为招标补遗颁发的修正内容和(或)对投标人的质疑的解答包括进去。

🌐 五、外汇以及汇率变动给国际工程带来的费用风险

(一)外汇的概念

外汇(Foreign Exchange)是国外汇兑的简称,有动态(国际结算)和静态之分。静态还有广义(外币资产和形式)和狭义(结算的支付手段——现汇,现钞能使用但不能进行国际的支付结算)之分。人们通常说的外汇就是狭义的概念。现汇是无形的形式,而现钞是有形的形式。

(二)外汇汇率和标价方法

1. 外汇汇率的概念

外汇汇率(Foreign Exchange Rate)是指把一个国家的货币折算成另一个国家的货币的比率、比价或价格。简单地说,就是以一种货币表示另一种货币的价格。

2. 外汇汇率的标价方法

(1)直接标价法:以外国货币为标准(前) = 多少本币(为主)。表8-2就是直接法。

　　　　　　1美元 = 6.8271元人民币　　　　　　　　1美元 = 34.96泰铢

(2)间接标价法:以本国货币为标准(前) = 多少外币。

　　　　　　1元人民币 = 0.1465美元(互为倒数)　　　100泰铢 = 2.86美元

3. 外汇汇率的变动

(1)直接标价法时汇率升高(后升):本币贬值,外币升值。

(2)间接标价法时汇率升高(后升):本币升值,外币贬值。

所以在没有明确直接法还是间接法时,最好不要说"汇率升或汇率降",直接表述为"本币升值或贬值"或者"外币升值或贬值"更加清楚。不过汇率升降一般是用间接法表示。

(三)外汇汇率的分类

1. 按银行买卖外汇的角度

(1)买入汇率:现钞买入价,现汇买入价。(银行为主体讲买卖,参见表8-2)

(2)卖出汇率:现钞卖出价,现汇卖出价(两者相同)。

2. 按外汇买卖交割的时间

按外汇买卖交割的时间划分:即期汇率和远期汇率。

3. 按汇率获得方法

(1)基本汇率:国家选择与本国经济贸易关系密切的一个或几个国家的货币,制定出该国与它们之间的比价。这种国家公布制定的汇率就是基本汇率,如与美元、澳币等。

(2)套算汇率:根据基本汇率套算出来的两国货币之间的汇率。参见表8-2。

中国银行的套算汇率(单位:人民币/100外币)(直接法)　　　　　表8-2

货币名称	现汇买入价	现钞买入价	现汇卖出价	现钞卖出价	折算价	发布日期
澳大利亚元	453.72	439.72	456.9	456.9	457.92	2015-08-27
加拿大元	480.35	465.52	484.21	484.21	482.04	2015-08-27
欧元	725.29	702.91	730.39	730.39	726.96	2015-08-27
英镑	989.71	959.17	996.67	996.67	994.11	2015-08-27
港币	82.55	81.89	82.87	82.87	82.68	2015-08-27
日元	5.33	5.1655	5.3674	5.3674	5.3557	2015-08-27
韩国元		0.5224		0.5665	0.5401	2015-08-27
卢布	9.26	8.7	9.34	9.34	9.3	2015-08-27
泰国铢	17.93	17.37	18.07	18.63	18	2015-08-27
美元	639.82	634.69	642.38	642.38	640.85	2015-08-27

(四)影响外汇汇率变动的因素

1. 国际收支(Balance of Payment)

国际收支是一个国际的居民在一定时期内和其他国家的居民之间经济交易的系统记录。包括进出口贸易,劳务输出、输入,长短期资本流动,因此国际收支是一国对外经济活动的综合反映。国际收支不平衡是影响汇率变动的最直接因素,不论是顺差还是逆差,都必然导致外汇供过于求或求过于供,从而使汇率受到影响。20世纪60—70年代,美国国际收支逆差导致美元贬值,汇率下跌(间接法);相反,20世纪50—70年代,德国国际收支顺差,德国马克对美元、英镑、法国法郎升值,汇率上涨(间接法)。

2. 通货膨胀(Inflation)

通货膨胀指的是一国一般物价水平的普遍性、持续性的上涨。一国发生通货膨胀时该国购买力下降,其货币贬值,汇率随之趋于下降。通货膨胀的相对水平比绝对水平更重要,当两国之间,一国的通胀高于另一国通胀,该国的货币购买力下降,对另一国的汇率下跌,其货币贬值。

3. 经济增长率的国际差别

经济增长率和汇率之间的关系有两种。其一,当一国经济增长率高于别国且出口不变时,由于进口的商品劳务随着国民收入的增加而增加,外汇需求增加,该国货币的汇率下降(该国货币贬值),外汇汇率上升(外币升值)。其二,当一国经济增长的同时出口也增长,或经济增长是靠出口推动的时候,该国出口的增长可能超过国民收入增长造成的进口增加,使该国的货币汇率上升,外汇汇率下降。这是仅就商品劳务的进出口而言,若考虑到资本流动,情况就更为复杂。不管怎样,经济增长率对汇率的影响不仅需要一个较长的时间才能体现出来,而且持续的时间也较长。

4. 相对利率高低

利率高低直接影响一国对金融资产的吸引力。一般来说,一国利率上升,将提高本国金融资产对外国金融资产投资者的吸引力,从而引起资本内流,本币汇率上升;反之汇率下降。当然,这里所指的一国汇率的高低不是绝对的而是相对的。一国利率的升降必须高于其他国家利率升降,才会对汇率变动产生影响。这是作为金融商品的资本在国际之间移动以追求高利为目的的特性所决定的。

5. 中央银行干预

中央银行为将汇率稳定在某一区间,而在外汇市场上买卖外汇,从而改变外汇市场供求双方的力量对比,带来汇率的短期波动。

6. 心理预期及政治、新闻舆论因素

心理预期是指人们对将来事物发展变化的预计。当外汇市场参加者预期某种货币的汇率在今后将疲软时,为避免损失或获取额外的好处,便会大量抛售该种货币,反之则会大量买进。政治、新闻舆论因素对汇率变动也会产生短期影响。例如,某国领导人发生变故或下台都会引起汇率变动。

(五)外汇汇率变动对工程价格的影响

当国际工程采用工程所在国货币作为投标报价时,而且在投标函附录中列明外汇需求和采用的汇率时,一旦汇率变动将对工程费用产生影响。在发展中国家的国际工程投标报价中,统一用本币表示,而工程结算时则是本币和外币分开支付,并且统一采用投标函中的汇率,也就是投标时的汇率;一旦工程结算时的汇率与投标时投标函附录汇率不同,就可能出现比原工程本币表示的当期结算价赚多或亏少。下面以京津塘高速公路国际工程为例。

京津塘高速公路是世界银行认定的中国第一条高速公路。投标时约定统一采用人民币作为投标报价,80% 用人民币支付,20% 用美元支付;1987 年 9 月投标时市场的汇率$1 = ¥8.5 作为投标函附录的汇率折算基准。

1989 年 5 月底,该月份承包人完成工程进度款为¥900 万元。按照合同约定将本月份 20% 的进度款即¥180 万元,折算为美元支付即支付美元 = 180/8.5 = $ 21.1765 万美元。在 1989 年 6 月底承包人获得此笔美元工程款,而此时市场公布的银行汇率为$1 = ¥8.0,即本币升值,此时承包人将该月支付的 $ 21.1765 万美元到银行按照当时汇率折算为人民币却变成:

¥180 万元经汇率换算后 = 21.1765 × 8.0 = (180 ÷ 8.5) × 8.0 = 180 × (8.0/8.5) = 169.4118万元

承包人¥180 万元的进度款由于汇率的变动亏损了¥10.5882 万元。当然,如果此时人民币贬值承包人就会因汇率变动而盈利。所以国际工程存在因汇率变动产生的费用风险。

第二节 ➤ FIDIC 合同条件(条款)简介

一、FIDIC 编制的各类合同条件(条款)的特点

(一)国际性、通用性和权威性

FIDIC 编制的各种合同条件(条款)是在总结各方面的经验、教训的基础上编制的,并且吸取各方意见加以修改完善。从 1957 年到 1987 年编制了四个版本的《土木工程施工合同条件》,1988 年和 1992 年做了两次修订,1996 年又做了增补。1999 年编制了最新版的《施工合同条件》,是世界银行和许多金融机构贷款项目推荐的范本,我国九部委在 2007 年编制的《标准施工招标文件》就是参考最新版本编制的。

(二)公正合理、职责分明

FIDIC 合同条件的各项规定具体体现了业主、承包人的义务、职责和权利,以及监理工程师的职责和权利。由于 FIDIC 大量地听取各方的意见和建议,因而其在条件中的各项规定体现了业主和承包人合理分担风险的精神,并且倡导合同双方以坦诚合作的精神去完成项目。

(三)程序严谨、易于操作

FIDIC 合同条件中对处理各种问题的程序都有严谨的规定,特别强调要及时处理和解决问题,以避免由于任一方拖延而产生新问题,另外还特别强调各种书面文件及证据的重要性。这些规定使各方均有规可循,并使条款中的规定易于操作和实施。

(四)通用合同条件与专用合同条件的有机结合

FIDIC 合同条件一般都分两个部分。第一部分是"通用合同条件(General Conditions)";第二部分是"专用合同条件(Particular Conditions)"。通用合同条件是适合于某一类工程项目的一般合同条款,例如,公路、铁路、水利工程、房屋建筑等。专用合同条件则是针对一个具体项目,考虑到国家和地区的法律不同,项目的特点和业主的不同要求,以及专业特点,而对通用合同条件进行具体化修改和补充。FIDIC 编制了适合各类不同专业的专用合同条件(条款)编写指南,业主或咨询工程师可以在此基础上修改和补充。作为工程技术人员和管理人员一旦熟悉通用合同条件后,对于每个新工程项目,只需认真研究项目的少量的"专用合同条件"就能全面掌握合同的规定,大大减少了阅读合同条款的工作量并降低了合同管理的难度。

二、如何运用 FIDIC 编制的合同条件

(1)国际金融组织贷款和一些国际项目直接采用。例如,世界银行、亚洲开发银行、非洲开发银行等的工程项目要求使用 FIDIC 合同条件。

(2)对比分析采用。我国公路工程使用的《公路工程国内招标文件范本》(2003 年版)就是在对比分析并修改后使用的。

(3)合同谈判时采用。议标时承包人以"国际惯例"谈判来引用。

(4)局部选择采用。在为业主编制招标文件时的合同条款,分包合同均可借鉴。

三、1999 年版 FIDIC 系列合同条件的特点和比较

(一)1999 年 10 月 FIDIC 正式出版系列合同条件的内容

(1)施工合同条件(Conditions of Contract for Construction　新红皮书)。

(2)工程设备和设计—建造合同条件(Conditions of Contract for Plant and Design-Build　黄皮书)。

(3)设计—采购—施工(EPC)交钥匙工程合同条件[Conditions of Contract for EPC(Engineering ,Procurement , Construction) Turnkey Project　银皮书]

(4)简明合同格式(Short Form of Contract　绿皮书)。

(5)业主/咨询工程师标准服务协议书条件(Conditions of The Client/Consultant Model Services Agreement　白皮书)。

(二)新版 FIDIC 合同条件的特点

(1)编排格式上的统一。除绿皮书 15 条外其他三个版本参考 1995 年的"设计—建造与交钥匙工程合同文件"的基本模式统一为 20 条,定义均分 6 大类编排。

（2）条款的内容作了较大的改进和补充。原版本内容完全用33款，改动了68款，新编62款；定义增加到58个，新增加了30个定义。

（3）条款适用的项目种类更加广泛。施工合同条件不仅限于土木工程。

（4）编写思想上也有一些变化。将许多常用的条款通用化。

（5）条款的规定更加明确。

（6）表述语言更加简明，易读易懂。一改过去陈旧拗口的古英语用词，句子的结构也相对简单清楚，因此更易读、易懂。

（三）四种新版 FIDIC 合同条件的相互比较

主要从适用范围、业主参与程度、支付方式三方面进行相互比较。

1. 施工合同条件

适用于由业主（或委托咨询工程师）进行设计，承包人负责施工（或只有少量设计）的工程项目；业主方涉及全过程参与管理工作较多；采用可调单价合同支付方式。

2. 工程设备和设计—建造合同条件

适用于由承包人设计并进行施工总承包的电力和机械工程项目；业主参与的工作较少，只要把好完工后检验关；采用可调总价合同支付方式。

3. 设计—采购—施工（EPC）交钥匙工程合同条件

适用于在交钥匙（全包）基础上的工厂或电厂的实施以及其他相关设施的提供的实施项目；业主参与工作少，只进行总体控制；采用总价合同支付方式，特定风险出现才调合同价。

4. 简明合同格式

适用于投资相对较低的、一般不需分包的工程，或时间短的简单工程；设计方可以是多方的任意一方；采用单价合同和总价合同支付方式都可以，但要在投标函附录中列明。

四、FIDIC 施工合同条件与九部委《标准施工招标文件》（2007 年版）和住建部《示范文本》（2013 年版）的合同条款比较

新版 FIDIC（1999 年版）的"施工合同条件"有三个部分：

（1）通用条款：20 条 155 款，参见表8-3，附录：争议裁决协议书一般条件和附件程序规则。

（2）专用条件编写指南：引言，编写招标文件注意事项，对应 20 条建议内容，附件保证函格式（以下附件 A、B 附于投标人须知中，附件 C 至 G 附于专用条件中）。

附件 A：母公司保函范例格式

附件 B：投标保函范例格式

附件 C：履约担保函——即付保函范例格式

附件 D：履约担保函——担保保函范例格式

附件 E：预付款保函范例格式

附件 F：保留金保函范例格式

附件 G：业主支付保函范例格式

（3）投标函、合同协议书、争议裁决协议书格式。

FIDIC 施工合同条件与九部委《标准施工招标文件》（2007 年版）和住建部《示范文本》（2013 年版）的合同条款比较，见表 8-3。

FIDIC 施工合同条件与九部委《标准施工招标文件》（2007 年版）和住建部　　　　表 8-3
《示范文本》（2013 年版）的合同条款比较表

FIDIC（1999 年第 1 版）	九部委《标准施工招标文件》（2007 年版）	住建部《示范文本》（2013 年版）
20 条 155 款	24 条 130 款，分为 8 组	20 条 111 款
1. 一般约定：定义等，分项工程是指"区段"可单独交工验收	（一）合同主要用语定义和一般性约定	1. 一般约定
2. 业主（业主保证通行权）	1. 一般约定：定义等	2. 发包人
3. 工程师	（二）合同双方的责任、权利和义务	3. 承包人
4. 承包人（含运输、放线、安全、现场保安、环保；发包人提供的设备和材料）	2. 发包人	4. 监理人
5. 指定分包	3. 监理人	5. 工程质量
6. 员工（主要是承包人的员工）	4. 承包人	6. 安全文明施工与环境保护
7. 生产设备、材料和工艺	（三）合同双方的施工资源投入	7. 工期和进度
8. 开工、延误和暂停（含进度计划）	5. 材料和工程设备	8. 材料与设备
9. 竣工试验（交工验收）	6. 施工设备和临时设施	9. 试验与检验
10. 业主接收（交工证书签发）	7. 交通运输（含通行权）	10. 变更
11. 缺陷责任期	8. 测量放线	11. 价格调整
12. 测量与估价（计量，重新定单价）	9. 施工安全、治安保卫和环境保护	12. 合同价格、计量与支付
13. 变更和调整	（四）工程进度控制	13. 验收和工程试车
14. 合同价格和付款	10. 进度计划	14. 竣工结算
15. 由业主终止	11. 开工和竣工	15. 缺陷责任与保修
16. 由承包人暂停和终止	12. 暂停施工	16. 违约
17. 风险与责任	（五）工程质量控制	17. 不可抗力
18. 保险	13. 工程质量	18. 索赔
19. 不可抗力	14. 试验和检验	19. 保险
20. 索赔、争议和仲裁	（六）工程投资控制	20. 争议解决
	15. 变更	
	16. 价格调整	
	17. 计量与支付	
	（七）验收和保修	
	18. 竣工验收（交工验收）	
	19. 缺陷责任与保修责任	
	（八）工程风险、违约和索赔	
	20. 保险	
	21. 不可抗力	
	22. 违约	
	23. 索赔	
	24. 争议的解决（争议评审）	

第三节 ➤ FIDIC 施工合同条件的主要内容

施工合同条件涉及许多概念和规定，图 8-2 所示可以有助于读者记忆和理解相关概念和条款规定。

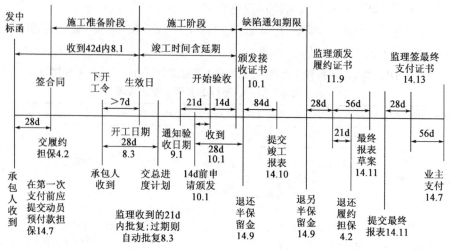

图 8-2　FIDIC 施工合同主要事项进程图

一、一般规定(General Provisions)

一般规定有 14 款,分别是定义、解释、通信联络、法律和语言、文件的优先次序、合同协议书、转让、文件的保管和提供、拖延的图纸和指示、业主使用承包人文件、承包人使用业主文件、保密事项、遵守法律、共同的责任和各自的责任。

1. 定义(Definitions)(1.1 款)

在包括专用条件和本通用条件的合同条件("本合同条件")中,以下措辞和用语的含义如下所述。除非上下文中另有要求,指当事人和当事各方等词语包括公司和其他合法实体。

(1)合同(The Contract 编者注:目前国内与合同文件混同了)(1.1.1 项)

1.1.1.1 "合同(Contract)"指合同协议书、中标函、投标函、本合同条件、规范、图纸、资料表,以及在合同协议书或中标函中列明的其他进一步的文件(如有时)。

编者对简称注:按照国内人们的理解,该合同定义是递归定义,因为人们一般将合同协议书简称为合同,所以造成国内将本是合同的概念却理解和确定成了合同文件概念了,目前国内合同 = 合同文件。按道理合同概念大,合同文件概念小,中标函这一"合同文件"是"合同"的组成。

1.1.1.2 "合同协议书(Contract Agreement)"指第 1.6 款【合同协议书】中所说明的合同协议(如有时)。

编者注:1.6 合同协议书

除非双方另有协议,否则双方应在承包人收到中标函后的 28 天内签订合同协议书。合同协议书应以专用条件后所附的格式为基础。法律规定的与签订合同协议书有关的印花税和其他类似费用(如有时)应由业主承担。

合同协议书(格式)

本协议书于_____年_月_日由_____(以下简称"业主")为一方与_____(以下简称"承包人")为另一方签订。

鉴于业主欲使承包人实施一项名为_____的工程,并已接受了承包人提出的承担该工程的实施、完成以及修补其任何缺陷的投标文件。

业主与承包人协议如下：

1. 本协议书中的措辞和用语具有的含义应与下文提及的合同条件中分别赋予它们的含义相同。

2. 下列文件应被认为是组成本协议书的一部分，并应被作为其一部分阅读和理解。

(1)_____日的中标函；

(2)_____日的投标文件；

(3)编号_____的补遗；

(4)专用合同条件；_____

(5)通用合同条件；_____

(6)规范；

(7)图纸；_____

(8)已完成的资料表。

3. 考虑到下文提及的业主付给承包人的各项款额，承包人特此立约向业主保证遵守合同的各项规定，恰当地实施和完成工程，并修补其任何缺陷。

4. 业主特此立约，保证在合同规定的时间内并以合同规定的方式向承包人支付合同价格，以作为本工程实施、竣工及修补其任何缺陷的报酬。

特此立据。本协议书于上面所定的日期，由合同双方根据各自的法律签署订立，开始执行。

由_____签名　　　由_____签名

作为或代表业主　　　　　作为或代表承包人

证明人：　　　　　　　　证明人：

姓名：　　　　　　　　　姓名：

地址：　　　　　　　　　地址：

日期：　　　　　　　　　日期：

在1.1.1项下还有另外8目1.1.1.3～1.1.1.10分别是：

中标函(Letter of Acceptance)、投标文件(Tender)、投标函附录(Appendix to Tender)、规范(Specification)、图纸(Drawings)、资料表[Schedules，指合同中名称为资料表的文件，由承包人填写并随投标函提交。此文件可能包括工程量表、数据、列表(lists)及费率和/或单价表(Schedules of Rates and/or Prices)]、工程量表(Bill of Quantities)、合同文件(Contract Documents)。投标函附录中调整数据表见表8-4和表8-5。

Local Currency 当地币部分　　　　　　　　表8-4

Index code 指数代码	Index description 指数	Source of index 指数来源	Base value and date 基准数及日期	Bidder's related currency amount 投标人相应的金额	Bidder's proposed weighting 投标人建议比重
	Nonadjustable 不可调整部分	—	—	—	A:0.10
	Bitumen 沥青				B:_____
	Cement 水泥				C:_____
	Fuels & Lubricants 油料				D:_____
	Labour (Local) 当地劳动力				E:_____

续上表

Index code 指数代码	Index description 指数	Source of index 指数来源	Base value and date 基准数及日期	Bidder's related currency amount 投标人相应的金额	Bidder's proposed weighting 投标人建议比重
	Labour (Foreign) 外国劳动力				F: _____
	Reinforcement steel 钢材				G: _____
				Total 合计	1

Foreign Currency 外币部分　　　　　　　　　　　　　表 8-5

State type 采用币种: _____

If the Bidder is to quote in more than one foreign currency, this table should be repeated for each foreign currency　如果投标人有多种币种报价,下表同样适用各不同币种

Index code 指数代码	Index description 指数	Source of index 指数来源	Base value and date 基准数及日期	Bidder's related currency amount 投标人相应的金额	Equivalent in FC 外币折成当地币	Bidder's proposed weighting 投标人建议比重
	Nonadjustable 不可调整部分					A:0.1
	Bitumen 沥青					B: _____
	Cement 水泥					C: _____
	Fuels & Lubricants 油料					D: _____
	Labour (Local) 当地劳动力					E: _____
	Labour (Foreign) 外国劳动力					F: _____
	Reinforcement steel 钢材					G: _____
					Total 合计	1.00

(2)当事各方和当事人(Parties and Persons)

主要包括:一方(Party)、业主(Employer)、承包人(Contractor)、工程师(Engineer)、承包人的代表(Contractor's Representative,注:国内称为施工单位项目经理)、业主的人员(Employer's Personnel,指工程师、工程师助理以及所有其他职员、劳工和工程师或业主的其他雇员;以及所有其他由业主或工程师作为业主的人员通知给承包人的人员)、承包人的人员(Contractor's Personnel)、分包商(Subcontractor)、争端裁决委员会(Dispute Adjudication Board,DAB)、菲迪克(FIDIC 国际咨询工程师联合会)。

(3)日期、检验、期限和完成(Dates,Tests,Periods and Completion)(1.1.3 项)

主要包括:基准日期(Base Date)、开工日期(Commencement Date)、竣工时间(Time for Completion,注:竣工相当于交通运输部的"交工"即工程完工,不等于"中间交工")、竣工后的检验(Tests after Completion,即交工验收)、缺陷通知期[Defects Notification Period,指根据投标函附录中的规定,从工程或区段按照第10.1 款被证明完工的日期算起,到按照第11.1 款通知

工程或该区段(视情况而定)中的缺陷的期限(包括按照第11.3款【缺陷通知期的延长】决定的任何延长)]、履约证书(Performance Certificate)、日(公历日 Day)。

(4)款项与支付(Money and Payments)(1.1.4项)

主要包括:中标合同金额(Accepted Contract Amount,即签约合同价,指在中标函中所认可的工程施工、竣工和修补任何缺陷所需要的费用)、合同价格(Contract Price,即最终获得的合同价,包括根据合同所做的调整)、费用(Cost)、最终支付证书(Final Payment Certificate)、最终报表(Final Statement)、外币(Foreign Currency)、期中支付证书(Interim Payment Certificate)、当地货币(Local Currency)、支付证书(Payment Certificate)、暂列金额(Provisional Sum)、保留金(Retention Money)、报表(Statement)。

(5)工程和货物(Works and Goods)(1.1.5项)

主要包括:承包人的设备(Contractor's Equipment)、货物(Goods,指承包人的设备、材料、永久设备和临时工程,或视情况指其中之一)、材料(Materials)、永久工程(Permanent Works)、永久设备(Plant)、区段[Section,指投标函附录中指明为区段的部分工程(如有时),即可单独移交的单位工程]、临时工程(Temporary Works)、工程(Works,指永久工程和临时工程,或视情况指其中之一)。

(6)其他定义(Other Definitions)(1.1.6项)

主要包括:承包人的文件(Contractor's Documents)、工程所在国(Country)、业主的设备(Employer's Equipment)、不可抗力(Force Majeure)、法律(Laws,指所有国家(或州)的立法、法令、法规和其他法律、任何合法设立的政府机构的规章和章程)、履约担保(Performance Security)、现场(Site)、不可预见(Unforeseeable)、变更(Variation)。

2. 法律和语言(Law and Language)(1.4款)

合同应受投标函附录中规定的国家(或其他管辖区域)的法律的制约。

如果合同的任何部分使用一种以上语言编写,从而构成了不同的版本,则以投标函附录中规定的主导语言编写的版本优先。

往来信函应使用投标函附录中规定的语言。如果投标函附录中没有规定,则往来信函应使用编写合同(或大部分合同)的语言。

该款在国际工程管理中很重要。在不同语言表示的含义理解出现偏差时,应以投标函附录规定的主导语言为准。改革开放初期,国内第一个使用 FIDIC 合同条款管理的国际工程——云南鲁布革电站的引水隧道工程。该工程隧道开挖数量,本应以"实方"计量,由于英文版翻译的错误,造成承包人可以理解为"松方"计量,最后以主导语言英文的表示为准。承包人日本大成公司,因业主的这个错误获得了较大的经济利益。

3. 文件的优先次序(Priority of Documents)(1.5款)

构成合同的各个文件应被视作互为说明的。各文件的优先次序如下:

(a)合同协议书(如有时);

(b)中标函;

(c)投标函;

(d)专用条件;

(e)本通用条件;

(f)规范；

(g)图纸；

(h)资料表以及其他构成合同一部分的文件。(The Schedules and Any Other Documents Forming Part of The Contract.)

如果在合同文件中发现任何含混或矛盾之处,工程师应颁发任何必要的澄清或指示。

4. 转让(Assignment)(1.7 款)

任一方都不得转让整个或部分合同或转让根据合同应得的利益或权益。但一方：

(a)经另一方的事先同意可以转让整个或部分合同,决定权完全在于另一方；

(b)可将其按照合同对任何到期或将到期的金额所享有权利,以银行或金融机构作为受益人,作为抵押转让出去。

5. 文件的保管和提供(Care and Supply of Documents)(1.8 款)

规范和图纸应由业主保护和保管。除非合同另有规定,否则业主应向承包人提供合同及每份后续图纸的两份复印件,承包人可自行复制或要求业主为其提供更多的复印件,但费用自理。

在移交给业主之前,每份承包人的文件都应由承包人来保护和保管。除非合同另有规定,否则承包人应向工程师提供6份承包人的所有文件的复印件。

承包人应在现场保留一份合同的复印件、规范中列出的所有文件、承包人的文件(如有时)、图纸和变更以及其他按照合同收发的往来信函。业主的人员有权在任何合理的时间查看和使用所有上述文件。

如果一方在用于施工的文件中发现了技术性错误或缺陷,应立即向另一方通知此类错误或缺陷。

6. 拖延的图纸或指示(Delayed Drawings or Instructions)(1.9 款)

当因必要的图纸或指示不能在一合理的特定时间内颁发给承包人,从而可能引起工程延误或中断时,承包人应通知工程师。通知中应包括所必需的图纸或指示的详细内容、应颁发的详细理由和时间,以及如果因图纸或指示迟发可能造成的延误或中断的具体性质和程度。

如果因工程师未能在一合理的,且已在(附有详细证据的)通知中说明的时间内颁发承包人在通知中要求的图纸或指示,而导致承包人延误和(/或)招致费用增加时,承包人应向工程师发出进一步的通知,且按照第20.1 款【承包人的索赔】有权获得：(a)根据第8.4 款【竣工时间的延长】的规定,获得任何延长的工期,如果竣工已经或将被延误；以及(b)支付任何有关费用加上合理利润,并将之加入合同价格。

注：在后面条款中简化示为(a)按第8.4 款获得任何延长的工期；以及(b)费用赔偿并加上合理利润。

收到上述进一步的通知后,工程师应按照第3.5 款【决定】对这些事项表示批准或作出决定。

但是,如果工程师未能及时提供图纸或指示是由承包人的错误或延误(包括递交承包人的文件时的错误和延误)引起的,则承包人无权获得上述延长工期、费用或利润。

7. 业主使用承包人的文件(Employer's Use of Contractor's Documents)(1.10 款)

在合同双方之间,承包人应对承包人的文件和其他由承包人(或承包人授权的人员)编制的设计文件保留版权和其他知识产权。

应认为承包人通过签订合同给予了业主复印、使用及传输(包括修改和使用对其的修改)承包人的文件的免费使用的许可证,此许可证是无限期的、可转让且非专用的。此许可证应:

(a)在工程各有关部分的实际或预期工作期(取较长者)内有效,

(b)使任何合法拥有工程有关部分的当事人为完成、操作、维护、改变、调整、修理和拆除工程之目的,复印、使用、传输承包人的文件,且

(c)在承包人的文件采用计算机程序和其他软件形式的情况下,允许其在置于现场及其他合同中许可的地点的计算机(包括由承包人提供的代用计算机)上使用。

未经承包人同意,业主不得因本款规定外的任何目的为第三方复印、使用或传输承包人的文件及其他任何由承包人(或承包人授权的人员)编制的设计文件。

8. 承包人使用业主的文件(Contractor's Use of Employer's Documents)(1.11款)

在合同双方之间,业主应对规范、图纸和其他由业主(或其授权人)编制的设计文件保留版权和其他知识产权。承包人可为合同之目的,自费复印、使用及传输上述文件。除非因履行合同而必需,否则不经业主同意,承包人不得为第三方复印、使用或传输上述文件。

🌐 二、业主(The Employer)

1. 进入现场的权利(Right of Access to the Site)(2.1款)

业主应在投标函附录中注明的时间(或各时间段)内给予承包人进入和占用现场所有部分的权利。此类进入和占用权可不为承包人独享。如果合同要求业主赋予(承包人)对基础、结构、永久设备或通行手段的占用权,则业主应在规范注明的时间内按照规范中规定的方式履行该职责。但是在收到履约保证之前,业主可以不给予任何此类权利或占用。

如果投标函附录中未注明时间,则业主应在一合理的时间内给予承包人进入现场和占用现场的权利,此时间应能使承包人可以按照第8.3款【进度计划】提交的进度计划顺利开始施工。

如果由于业主一方未能在规定时间内给予承包人进入现场和占用现场的权利,致使承包人延误了工期和(或)增加了费用,承包人应向工程师发出通知,并依据第20.1款【承包人的索赔】有权:(a)按第8.4款获得任何延长的工期;以及(b)费用赔偿并加上合理利润。

在收到此通知后,工程师应按照第3.5款【决定】对此事作出商定或决定。

然而,如果业主的过失(并且在一定程度上)是由于承包人的某些错误或延误造成的,包括承包人的文件中的错误或提交的延误,则承包人无权要求获得此类延长的工期、费用或利润。

2. 许可、执照和批准(Permits, Licences or Approval)(2.2款)

业主应根据承包人的请求,为以下事宜向承包人提供合理的协助(如果他的地位能够做到),以帮助承包人:

(a)获得与合同有关的但不易取得的工程所在国的法律的副本,以及

(b)申请法律所要求的许可、执照或批准,包括:(Ⅰ)依据第1.13款【遵守法律】要求承包人必须获得的,(Ⅱ)为了货物的运送,包括清关所需的,以及(Ⅲ)当承包人的设备运离现场而出口时所需的。

3. 业主的人员(Employer's Personnel,业主人员安全、环保和合作义务)(2.3款)

业主有责任保证现场的业主的人员和业主的其他承包人:

(a)依照第4.6款【合作】为承包人的工作提供合作,以及(b)采取类似于承包人按照第

4.8 款【安全措施】(a)、(b)和(c)段和第 4.18 款【环境保护】的要求而应采取的措施。

4. 业主的资金安排(Employer's Financial Arrangements)(2.4 款)

在接到承包人的请求后,业主应在 28 天内提供合理的证据,表明他已作出了资金安排,并将一直坚持实施这种安排,此安排能够使业主按照第 14 条【合同价格和支付】的规定支付合同价格(按照当时的估算值)的款额。如果业主欲对其资金安排做出任何实质性变更,业主应向承包人发出通知并提供详细资料。

5. 业主的索赔(Employer's Claims)(2.5 款)

如果业主认为按照任何合同条件或其他与合同有关的条款规定他有权获得支付和(或)缺陷通知期的延长,则业主或工程师应向承包人发出通知并说明细节。但对于按照第 4.19 款【电、水、气】、第 4.20 款【业主的设备及免费提供的材料】的规定,承包人应支付的款额或其他因承包人要求某些服务而应支付的款额,则无须发出通知。

当业主意识到某事件或情况可能导致索赔时应尽快地发出通知。涉及任何缺陷通知期延长的通知应在相关缺陷通知期期满前发出。(注:新增业主索赔工期,即缺陷期延长)

在细节中应详细说明索赔条款或其他依据,包括业主按照合同认为他自己有权获得的费用和(或)延期的证明,工程师应依据第 3.5 款【决定】作出商定或决定:(Ⅰ)业主有权获得的由承包人支付的款额(如有时),以及/或(Ⅱ)依据第 11.3 款【缺陷通知期的延长】给予缺陷通知期的延长(如有时)。

此笔款额应在合同价格及支付证书中扣除。业主仅有权从支付证书中确定的款额中抵消或扣除,或依据本款向承包人另外提出索赔。

🌐 三、工程师(The Engineer)

1. 工程师的职责和权力(Engineer's Duties and Authority)(3.1 款)

业主应任命工程师,该工程师应履行合同中赋予他的职责。工程师的人员包括有恰当资格的工程师以及其他有能力履行上述职责的专业人员。

工程师无权修改合同。

工程师可行使合同中明确规定的或必然隐含的赋予他的权力。如果要求工程师在行使其规定权力之前需获得业主的批准,则此类要求应与合同专用条件中注明。业主不能对工程师的权力加以进一步限制,除非与承包人达成一致。

然而,每当工程师行使某种需经业主批准的权力时,则被认为他已从业主处得到任何必要的批准(为合同之目的)。

除非合同条件中另有说明,否则:(注:"除非……,否则:"就是"应该这样,除了例外")

(a)当履行职责或行使合同中明确规定的或必然隐含的权力时,均认为工程师为业主工作。

(b)工程师无权解除任何一方依照合同具有的任何职责、义务或责任,以及。

(c)工程师的任何批准、审查、证书、同意、审核、检查、指示、通知、建议、请求、检验或类似行为(包括没有否定),不能解除承包人依照合同应具有的任何责任,包括对其错误、漏项、误差以及未能遵守合同的责任。

2. 工程师的授权(Delegation by the Engineer)(3.2 款)

工程师可以随时将他的职责和权力委托给助理,并可撤回此类委托或授权。这些助理包括现场工程师和(或)指定的对设备和(或)材料进行检查和(或)检验的独立检查人员。此类委托、授权或撤回应是书面的并且在合同双方接到副本之前不能生效。但是工程师不能授予其按照第3.5款【决定】的规定决定任何事项的权力,除非合同双方另有协议。

助理必须是合适的合格人员,有能力履行这些职责以及行使这种权力,并且能够流利地使用第1.4款【法律和语言】中规定的语言进行交流。

被委托职责或授予权力的每个助理只有权力在其被授权范围内对承包人发布指示。由助理按照授权作出的任何批准、审查、证书、同意、审核、检查、指示、通知、建议、请求、检验或类似行为,应与工程师作出的具有同等的效力。但:

(a)未对任何工作、永久设备及材料提出否定意见并不构成批准,也不影响工程师拒绝该工作、永久设备及材料的权利;(b)如果承包人对助理的任何决定或指示提出质疑,承包人可将此情况提交工程师,工程师应尽快对此类决定或指示加以确认、否定或更改。

3. 工程师的指示(Instructions of the Engineer)(3.3款)

工程师可以按照合同的规定(在任何时候)向承包人发出指示以及为实施工程和修补缺陷所必需的附加的或修改的图纸。承包人只能从工程师以及按照本条款授权的助理处接受指示。如果某一指示构成了变更,则适用于第13条【变更和调整】。

承包人必须遵守工程师或授权助理对有关合同的某些问题所发出的指示。只要有可能,这些指示均应是书面的。如果工程师或授权助理:

(a)发出一口头指示;

(b)在发出指示后2个工作日内,从承包人(或承包人授权的他人)处接到指示的书面确认;以及

(c)在接到确认后2个工作日内未颁发一书面拒绝和(或)指示作为回复,

则此确认构成工程师或授权助理的书面指示(视情况而定)。

4. 工程师的撤换(Replacement of the Engineer)(3.4款)

如果业主准备撤换工程师,则必须在期望撤换日期42天以前向承包人发出通知说明拟替换的工程师的名称、地址及相关经历。如果承包人对替换人选向业主发出了拒绝通知,并附具体的证明资料,则业主不能撤换工程师。

5. 决定(Determinations)(3.5款)

每当合同条件要求工程师按照本款规定对某一事项作出商定或决定时,工程师应与合同双方协商并尽力达成一致。如果未能达成一致,工程师应按照合同规定在适当考虑到所有有关情况后作出公正的决定。(注:此款很重要,总监理工程师不能将此项权利授予他人)

工程师应将每一项协议或决定向每一方发出通知以及具体的证明资料。每一方均应遵守该协议或决定,除非和直到按照第20条【索赔、争端和仲裁】规定作出了修改。

🌐 四、承包人(The Contractor)

1. 承包人的一般义务(Contractor's General Obligations)(4.1款)(国际工程承包人可设计图)

承包人应按照合同的规定以及工程师的指示(在合同规定的范围内)对工程进行设计、施工和竣工,并修补其任何缺陷。

承包人应为工程的设计、施工、竣工以及修补缺陷提供所需的临时性或永久性的永久设备、合同中注明的承包人的文件、所有承包人的人员、货物、消耗品以及其他物品或服务。

承包人应对所有现场作业和施工方法的完备性、稳定性和安全性负责。除合同中规定的范围,承包人(i)应对所有承包人的文件、临时工程和按照合同规定对每项永久设备和材料所做的设计负责;以及(ii)但对永久工程的设计或规范不负责任。

在工程师的要求下,承包人应提交为实施工程拟采用的方法以及所作安排的详细说明。在事先未通知工程师的情况下,不得对此类安排和方法进行重大修改。

如果合同中明确规定由承包人设计部分永久工程,除非专用条件中另有规定,否则:

(a)承包人应按照合同中说明的程序向工程师提交该部分工程的承包人的文件;

(b)承包人的文件必须符合规范和图纸,并使用第1.4款【法律和语言】规定的交流语言,还应包括工程师要求的为统一各方设计而应加入图纸中的附加信息;

(c)承包人应对该部分工程负责,并且该部分工程完工后应适合于合同中规定的工程的预期目的;以及

(d)在开始竣工检验之前,承包人应按照规范规定向工程师提交竣工文件以及操作和维修手册,且应足够详细,以使业主能够操作、维修、拆卸、重新安装、调整和修理该部分工程。在将此类文件和手册提交工程师之前,依据第10.1款【对工程和区段的接收】的规定,不得认为为接收之目的该部分工程业已完成。

编者注:国际工程承包人可设计施工详图,国内一般不允许。

2. 履约保证(Performance Security)(4.2款)

承包人应(自费)取得一份保证其恰当履约的履约保证,保证的金额和货币种类应与投标函附录中的规定一致。如果投标函附录中未说明金额,则本款不适用。

承包人应在收到中标函后28天内将此履约保证提交给业主,并向工程师提交一份副本。该保证应在业主批准的实体和国家(或其他管辖区)管辖范围内颁发,并采用专用条件附件中规定的格式或业主批准的其他格式。

在承包人完成工程和竣工并修补任何缺陷之前,承包人应保证履约保证将持续有效。如果该保证的条款明确说明了其期满日期,而且承包人在此期满日期前第28天还无权收回此履约保证,则承包人应相应延长履约保证的有效期,直至工程竣工并修补了缺陷。

业主不能按照履约保证提出索赔,但以下按照合同业主有权获得款额的情况除外:

(a)承包人未能按照上一段的说明,延长履约保证的有效期,此时业主可对履约保证的全部金额进行索赔;

(b)按照承包人同意或依据第2.5款【业主的索赔】或第20条【索赔、争端和仲裁】的决定,在此协议或决定后42天内承包人未能向业主支付应付的款额;

(c)在接到业主要求修补缺陷的通知后42天内,承包人未能修补缺陷;

(d)按照第15.2款的规定业主有权提出终止的情况,无论是否发出了终止通知。

业主应保障并使承包人免于因为业主按照履约保证对无权索赔的情况提出索赔的后果而遭受损害、损失和开支(包括法律费用和开支)。

业主应在接到履约证书副本后21天内将履约保证退还给承包人。

3. 承包人的代表(Contractor's Representative)(4.3款)

承包人应任命承包人的代表(即项目经理),并授予他在按合同代表承包人工作时所必需

的一切权力。

除非合同中已注明承包人的代表的姓名,否则承包人应在开工日期前将其准备任命的代表姓名及详细情况提交工程师,以取得同意。如果同意被扣压或随后撤销,或该指定人员无法担任承包人的代表,则承包人应同样地提交另一合适人选的姓名及详细情况以获批准。

没有工程师的事先同意,承包人不得撤销对承包人的代表的任命或对其进行更换。

承包人的代表应以其全部时间协助承包人履行合同。如果承包人的代表在工程实施过程中暂离现场,则在工程师的事先同意下可以任命一名合适的替代人员,随后通知工程师。

承包人的代表应代表承包人按照第3.3款【工程师的指示】的规定接受指示。

承包人的代表可将其权力、职责与责任委托给任何胜任的人员,并可随时撤销任何此类委托。在工程师收到由承包人的代表签发的说明人员姓名、注明这些权力、职责与责任已委托或撤销的通知之前,任何此类委托或撤销不应产生效力。

承包人的代表及其委托人应能流利地使用第1.4款中规定的主导语言进行日常交流。

4. 分包商(Subcontractors)(4.4款)

承包人不得将整个工程分包出去。

承包人应将分包商、分包商的代理人或雇员的行为或违约视为承包人自己的行为或违约,并为之负全部责任。除非专用条件中另有说明,否则:

(a)承包人在选择材料供应商或向合同中已注明的分包商进行分包时,无须征得同意;

(b)其他拟雇用的分包商须得到工程师的事先同意;

(c)承包人应至少提前28天将每位分包商的工程预期开工日期以及现场开工日期通知工程师;以及

(d)每份分包合同应包含一条规定,即业主有权按照第4.5款(如果可行)或出现第15.2款【业主提出终止】中规定的终止合同的情况时要求将此分包合同转让给业主。

5. 分包合同利益的转让(Assignment of Benefit of Subcontract)(4.5款)

如果分包商的义务超过了缺陷通知期的期满之日,且工程师在此期满日前已指示承包人将此分包合同的利益转让给业主,则承包人应按指示行事。除非另有说明,否则承包人在转让生效以后对分包商实施的工程对业主不负责任。

6. 合作(Cooperation)(4.6款)

承包人应按照合同的规定或工程师的指示,为下述人员从事其工作提供一切适当机会:

(a)业主的人员;(b)业主雇用的任何其他承包人;以及(c)任何合法公共机构的人员。

这些人员可能被雇用于现场或于现场附近从事合同中未包括的任何工作。

如果(并在一定程度上)此类指示使承包人增加了不可预见的费用,则构成了变更。为这些人员和其他承包人的服务包括使用承包人的设备,承包人负责的临时工程或通行道路安排。

如果按合同规定,要求业主按照承包人的文件给予承包人对任何基础、结构、永久设备或通行手段的占用,承包人应在规范规定的时间内以其规定的方式向工程师提交此类文件。

7. 放线(Setting out)(4.7款)

承包人应根据合同中规定的或工程师通知的原始基准点、基准线和参照标高对工程进行放线。承包人应对工程各部分的正确定位负责,并且矫正工程的位置、高程或尺寸或准线中出现的任何差错。

业主应对此类给定的或通知的参照项目的任何差错负责,但承包人在使用这些参照项目前应付出合理的努力去证实其准确性。

如果由于这些参照项目的差错而不可避免地对实施工程造成了延误和(或)导致了费用,而且一个有经验的承包人无法合理发现这种差错并避免此类延误和(或)费用,承包人应向工程师发出通知并有权依据第20.1款【承包人的索赔】,要求:(a)按第8.4款获得任何延长的工期;以及(b)费用赔偿并加上合理利润。

在接到此类通知后,工程师应按照第3.5款【决定】的规定作出商定或决定:

(i)是否以及(如果是的话)在多大程度上该差错不能合理被发现;以及

(ii)上面(a)、(b)段中描述的与该程度相关事项。

8. 安全措施(Safety Procedures)(4.8款)

承包人应该:

(a)遵守所有适用的安全规章;

(b)注意有权进入现场的所有人员的安全;

(c)付出合理的努力清理现场和工程不必要的障碍,以避免对这些人员造成伤害;

(d)提供工程的围栏、照明、防护及看守,直至竣工和按照第10款【业主的接收】进行移交,以及

(e)提供因工程实施,为邻近地区的所有者和占有者以及公众提供便利和保护所必需的任何临时工程(包括道路、人行道、防护及围栏)。

9. 质量保证(Quality Assurance)(4.9款)

承包人应按照合同的要求建立一套质量保证体系,以保证符合合同要求。该体系应符合合同中规定的细节。工程师有权审查质量保证体系的任何方面。

在每一设计和实施阶段开始之前均应将所有程序的细节和执行文件提交工程师,供其参考。任何具有技术特性的文件颁发给工程师时,必须有明显的证据表明承包人对该文件的事先批准。遵守该质量保证体系不应解除承包人依据合同具有的任何职责、义务和责任。

10. 现场数据(Site Data)(4.10款)

在基准日期之前,业主应向承包人提供业主掌握的一切现场地表以下及水文条件的有关数据,包括环境方面的数据,以供其参考。业主同样应向承包人提供其在基准日期后得到的所有数据。承包人应负责对所有数据的解释。

在一定程度上只要可行(考虑到费用和时间),承包人应被认为已取得了可能对投标文件或工程产生影响或作用的有关风险、意外事故及其他情况的全部必要的资料。在同一程度上,承包人也被认为在提交投标文件之前已对现场及其周围环境、上述数据及提供的其他资料进行了检查与审核,并对所有相关事宜感到满意,包括(但不限定):

(a)现场的形状和性质,包括地表以下的条件;

(b)水文及气候条件;

(c)为实施和完成工程以及修补任何缺陷所需工作和货物的范围和性质;

(d)工程所在国的法律、程序和雇用劳务的习惯做法;以及

(e)承包人要求的通行道路、食宿、设施、人员、电力、交通、水及其他服务。

11. 接受的合同款额的完备性(Sufficiency of the Accepted Contract Amount)(4.11 款)

承包人应被认为:

(a)已完全理解了接受的合同款额的合宜性和充分性,以及

(b)该接受的合同款额是基于第4.10 款【现场数据】提供的数据、解释、必要资料、检查、审核及其他相关资料。

除非合同中另有规定,接受的合同款额应包括承包人在合同中应承担的全部义务(包括根据暂列金额应承担的义务,如有时)以及为恰当地实施和完成工程并修补任何缺陷必需的全部有关事宜。

12. 不可预见的外界条件(Unforeseeable Physical Conditions)(4.12 款)

本款中,"外界条件"是指承包人在实施工程中遇见的外界自然条件及人为的条件和其他外界障碍和污染物,包括地表以下和水文条件,但不包括气候条件。

如果承包人遇到了在他看来是无法预见的外界条件,则承包人应尽快地通知工程师。

此通知应描述该外界条件以便工程师审查,并说明原因为什么承包人认为是不可预见的。承包人应继续实施工程,采用在此外界条件下合适的以及合理的措施,并且应该遵守工程师给予的任何指示。如果此指示构成了变更,第13 条【变更和调整】将适用。

如果在一定程度上承包人遇到了不可预见的外界条件,发出了通知,且因此遭到了延误和(或)导致了费用,承包人应有权依据第20.1 款【承包人的索赔】要求:

(a)按第8.4 款获得任何延长的工期;以及

(b)费用赔偿。

在接到此通知并对此外界条件进行审查和(或)检查以后,工程师应按照第3.5 款【决定】的规定,作出商定或决定:

(Ⅰ)是否以及(如果是的话)在多大程度上该外界条件不可预见;以及

(Ⅱ)上面(a)、(b)段中描述的与该程度相关的事项。

然而,在依照子段(Ⅱ)最终商定或决定附加费用之前,工程师还应审查是否在工程类似部分(如有时)上其他外界条件比承包人在提交投标文件时合理预见的外界条件更为有利。如果并且在一定程度上承包人遇到了此类更为有利的条件,工程师应按照第3.5 款【决定】的规定对因此条件而应支付费用的扣除作出商定或决定,并且加入合同价格和支付证书中(作为扣除)。但由于工程类似部分遭受的所有外界条件而按(b)款所作的调整和所有这些扣除的净作用不应导致合同价格的净扣除。

工程师可以考虑承包人对提交投标文件时合理预见的外界条件提交的任何证据,但不受这些证据的约束。

13. 道路通行权和设施(Rights of Way and Facilities)(4.13 款)

承包人应为自己所需要的专用和(或)临时的道路通行权承担全部费用和开支。承包人还应自担风险和费用,取得为工程目的可能需要的现场以外的任何附加设施。

14. 避免干扰(Avoidance of Interference)(4.14 款)

承包人应保障并使业主免于因承包人不必要或不适当的干扰带来的后果而遭受的损害、损失和开支(包括法律费用和开支)。

15. 进场路线(Access Route)(4.15 款)

承包人应被认为对他选用的进场路线的适宜性和可用性感到满意。承包人应付出合理的努力保护这些道路或桥梁免于因为承包人的交通运输或承包人的人员而遭受损坏。这些努力包括适当地使用合适的运输工具和路线。

16. 货物的运输(Transport of Goods)(4.16 款)

除非专用条件中另有说明,否则:

(a)承包人应在任何永久设备或其他主要货物运送现场日期前不少于21天,通知工程师;

(b)承包人应对工程所需的所有货物和其他物品的包装、装载、运输、接收、卸货、保存和保护负责;以及

(c)承包人应保障并使业主免于因为货物运输的损坏而遭受损害、损失和开支(包括法律费用和开支),并应协商及支付由于运输所导致的索赔。

17. 承包人的设备(Contractor's Equipment)(4.17 款)

承包人应对所有承包人的设备负责。所有承包人的设备一经运至现场,都应视为专门用于该工程的实施。没有工程师的同意,承包人不得将任何主要的承包人的设备移出现场。但负责将货物或承包人的人员运离现场的运输工具,不必经过同意。

18. 环境保护(Protection of the Environment)(4.18 款)

承包人应保护现场内外的环境,并限制其施工作业引起的污染、噪声等损害和妨碍。其排放不能超过规范和法律规定的数值。

19. 电、水、气(Electricity, Water and Gas)(4.19 款)

除以下说明外,承包人应对其所需的所有电力、水及其他服务的供应负责。

为工程之目的承包人有权享用现场供应的电、水、气及其他设施,其详细规定和价格在规范中给出。承包人应自担风险和自付费用,为此类设施的使用以及所消耗的数量的测定提供任何必需的仪器。

此类设施所消耗的数量和应支付的款额(在此价格上),应由工程师按照第3.5款【决定】的规定作出商定或决定。承包人应向业主支付该项款额。

20. 业主的设备和免费提供的材料(Employer's Equipment and Free-Issue Material)(4.20款)

业主应按规范中说明的细节、安排和价格,在实施工程中向承包人提供业主的设备(如有时)。除非规范中另有规定,否则:(注:"除非……,否则:"就是"应该这样,除了例外")

(a)业主应对业主的设备负责,但是,(b)当承包人的任何人员在操作、驾驶、指导、占有或控制业主的设备时,承包人应对每项业主的设备负责。

工程师应对使用业主的设备的合适数量及应支付的款额(以上述指定价格)按照第3.5款【决定】的规定作出商定或决定。承包人应向业主支付该项款额。

业主应按照规范中规定的细则,免费提供那些"免费提供的材料"(如有时)。业主应自担风险和自付费用按照合同中规定的时间和地点提供这些材料。然后,承包人应对材料进行目测检查,并应将这些材料的任何短缺、缺陷或损坏通知工程师。除非双方另有协议,否则业主

应立即补齐任何短缺、修复任何缺陷或损坏。

在目测检查后,此类免费提供的材料将归承包人照管、监护和控制。承包人检查、照管、监护和控制的义务,不应解除业主对此材料目测检查时不明显的短缺、缺陷或损坏所负有的责任。

21. 进度报告(Progress Reports)(4.21 款)

除非专用条件中另有说明,承包人应编制月进度报告,并将 6 份副本提交给工程师。第一次报告所包含的期间应从开工日期起至紧随开工日期的第一个月历的最后一天止。此后每月应在该月最后一天之后的 7 天内提交月进度报告。

报告应持续至承包人完成工程接收证书上注明的完工日期时尚未完成的所有工作为止。
每份报告应包括:

(a)设计(如有时)、承包人的文件、采购、制造、货物运达现场、施工、安装和调试的每一阶段以及指定分包商(在第 5 款【指定分包商】中定义的)实施工程的这些阶段进展情况的图表与详细说明;

(b)表明制造和现场进展状况的照片;

(c)与每项主要永久设备和材料制造有关的制造商名称、制造地点、进度百分比,以及以下各项的实际或预期日期:

(Ⅰ)开始制造;(Ⅱ)承包人的检查;(Ⅲ)检验;以及(Ⅳ)运输和到达现场;

(d)在第 6.10 款【承包人的人员和设备的记录】中描述的详细情况;

(e)若干份质量保证文件、材料的检验结果及证书;

(f)依据第 2.5 款【业主的索赔】和第 20.1 款【承包人的索赔】颁发的通知清单;

(g)安全统计,包括涉及环境和公共关系方面的任何危险事件与活动的详情;以及

(h)实际进度与计划进度的对比,包括可能影响按照合同完工的任何事件和情况的详情,以及为消除延误而正在(或准备)采取的措施。

22. 现场保安(Security of the Site)(4.22 款)

23. 承包人的现场工作(Contractor's Operations on Site)(4.23 款)

承包人应将其工作限制在现场以及承包人可能得到并获得工程师同意作为工作区的任何附加区域。在工程实施期间,承包人应使现场避免出现一切不必要的障碍物等。

在颁发接收证书后,承包人应立即从该接收证书涉及的那部分现场和工程中清除并运走承包人的所有设备、剩余材料、残物、垃圾和临时工程。但是,承包人可以在现场保留在缺陷通知期间内为履行合同中规定的义务所需的货物。简而言之,外人不得进入现场。

24. 化石(Fossils)(4.24 款)

在工程现场发现的所有化石、硬币、有价值的物品或文物、建筑结构以及其他具有地质或考古价值的遗迹或物品应处于业主的看管和权力之下。承包人应采取合理的预防措施防止承包人的人员或其他人员移动或损坏这些发现物。

一旦发现此类物品,承包人应立即通知工程师,工程师可发出关于处理上述物品的指示。如果承包人由于遵守该指示而引起延误和(或)招致了费用,则应进一步通知工程师并有权依据第 20.1 款【承包人的索赔】,要求:(a)按第 8.4 款获得任何延长的工期;以及(b)费用赔偿。在接到此进一步通知后,工程师应按照第 3.5 款的规定对此事作出商定或决定。

五、指定分包商(Nominated Subcontractors)

1.指定分包商的定义(Definition of "Nominated Subcontractor")(5.1 款)

在合同中,"指定分包商"是指一个分包商:

(a)合同中指明作为指定分包商的,或

(b)工程师依据第13款【变更和调整】指示承包人将其作为一名分包商雇用的人员。

2.对指定的反对(Objection to Nomination)(5.2 款)

承包人没有义务雇用一名他已通知工程师并提交具体证明资料说明其有理由反对的指定分包商。如果因为(但不限于)下述任何事宜而反对,则该反对应被认为是合理的,除非业主同意保障承包人免于承担下述事宜的后果:

(a)有理由相信分包商没有足够的能力、资源或资金实力;

(b)分包合同未规定指定分包商应保障承包人免于承担由分包商、其代理人、雇员的任何疏忽或对货物的错误操作的责任;或

(c)分包合同未规定指定分包商对所分包工程(包括设计,如有时),应该:

(i)向承包人承担该项义务和责任以使承包人可以依照合同免除他的义务和责任,以及

(ii)保障承包人免于按照合同或与合同有关的以及由于分包商未能履行这些义务或完成这些责任而导致的后果所具有的所有义务和责任。

3.指定分包商的支付(Payments to Nominated Subcontractors)(5.3 款)

承包人应向指定分包商支付工程师证实的依据分包合同应支付的款额。该项款额加上其他费用应按照第13.5款【暂列金额】(b)段的规定加入合同价格,但第5.4款【支付的证据】中说明的情况除外。

4.支付的证据(Evidence of Payments)(5.4 款)

在颁发一份包括支付给指定分包商的款额的支付证书之前,工程师可以要求承包人提供合理的证据,证明按以前的支付证书已向指定分包商支付了所有应支付的款额(适当地扣除保留金或其他)。除非承包人:

(a)向工程师提交了合理的证据;或

(b)以书面材料使工程师同意他有权扣留或拒绝支付该项款额,以及向工程师提交了合理的证据表明他已将此权力通知了指定分包商。

否则,业主应(自行决定)直接向指定分包商支付部分或全部已被证实应支付给他的(适当地扣除保留金)并且承包人不能按照上述(a)、(b)段所述提供证据的那一项款额。承包人应向业主偿还这笔由业主直接支付给指定分包商的款额。

六、职员和劳工(Staff and Labour)

1.职员和劳工的雇用(Engagement of Staff and Labour)(6.1 款)

除非规范中另有规定,承包人应安排从当地或其他地方雇用所有的职员和劳工,并负责他们的报酬、住房、膳食和交通。

2.工资标准和劳动条件(Rates of Wages and Conditions of Labour)(6.2 款)

承包人所付的工资标准及遵守的劳动条件应不低于其从事工作的地区同类工商业现行的标

准和条件。如果没有现成的标准或条件可适用,承包人所付的工资标准及遵守的劳动条件应不低于从事类似于此承包人工作的当地工商业业主所付的一般工资标准及遵守的劳动条件。

3. 劳动法(Labour Laws)(6.4 款)

承包人应遵守所有适用于承包人的人员的相关的劳动法,包括有关此类人员的雇用、健康、安全、福利、入境和出境的法律,并保障他们享有法律规定的所有权利。

承包人应要求他的雇员遵守所有适用的法律,包括与安全工作有关的法律。

4. 工作时间(Working hours)(6.5 款)

在当地公认的休息日,或在投标函附录中规定的正常工作时间以外,不得在现场进行任何工作,除非:(a)合同另有规定,(b)工程师同意,或(c)为了抢救生命或财产,或为了工程的安全,该工作是无法避免的或必须进行的。在此情况下,承包人应立即通知工程师。

5. 为职员和劳工提供的设施(Facilities for Staff and Labour)(6.6 款)

除非规范中另有规定,承包人应为其人员提供并维护所有必需的膳宿及福利设施。承包人还应为业主的人员提供规范中规定的设施。

承包人不得允许任何承包人的人员在构成永久工程部分的构筑物内保留任何临时或永久的居住场所。

6. 承包人的监督(Contractor's Superintendence)(6.8 款)

只要工程师合理认为为履行承包人的义务必需时,承包人应在工程的整个实施过程中以及此后为完成承包人义务必需的期间内,提供一切对计划、安排、指示、管理、检查和检验工程必要的监督。

此类监督应由足够的人员执行,他们应能流利地使用第1.4款中指定的主导语言,并具有为圆满和安全地实施工程的作业所需的足够知识(包括所需的方法和技术,可能遇到的危险以及预防事故发生的方法)。

7. 承包人的人员(Contractor's Personnel)(6.9 款)

承包人的人员应是在他们各自行业或职业内具有技术和经验的合格人员。工程师可以要求承包人撤换(或使他人撤换)雇用于现场或工程中他认为有下列行为的任何人员,包括承包人的代表(如果适用):(a)经常行为不轨或不认真;(b)履行职责时不能胜任或玩忽职守;(c)不遵守合同的规定;或(d)经常出现有损健康与安全或有损环境保护的行为。

如果适当的话,承包人应随后指定(或使他人指定)合适的替代人员。

8. 承包人的人员和设备的记录(Records of Contractor's Personnel and Equipment)(6.10 款)

承包人应向工程师提交记录,详细说明现场各等级的承包人的人员及各类承包人的设备的数量。该记录工程师批准的格式在每个日历月提交,直至承包人完成了在工程接收证书中注明的竣工日期时尚未完成的所有工程。

七、永久设备、材料和工艺

1. 样本(Samples)(7.2 款)

承包人应向工程师提交以下材料的样本以及有关资料,以在工程中或为工程使用该材料之前获得同意:(a)制造商的材料标准样本和合同中规定的样本均由承包人自费提供,以及(b)工程师指示作为变更增加的样本。

每件样本都应标明其原产地以及在工程中的预期使用部位。

2. 检查(Inspection)(7.3 款)

业主的人员在一切合理的时间内:(a)应完全能进入现场及进入获得自然材料的所有场所,以及(b)有权在生产、制造和施工期间(在现场或其他地方)对材料和工艺进行审核、检查、测量与检验,并对永久设备的制造进度和材料的生产及制造进度进行审查。

承包人应向业主的人员提供一切机会执行该任务,包括提供通道、设施、许可及安全装备。但此类活动并不解除承包人的任何义务和责任。

在覆盖、掩蔽或包装以备储运或运输之前,无论何时,当此类工作已准备就绪,承包人应及时通知工程师。工程师应随即进行审核、检查、测量或检验,不得无故拖延,或立即通知承包人无须进行上述工作。如果承包人未发出此类通知而工程师要求时,他应打开这部分工程并随后自费恢复原状,使之完好。

3. 检验(Testing)(7.4 款)

本款适用于所有合同中规定的检验,竣工后的检验(如有时)除外。

承包人应提供所有为有效进行检验所需的装置、协助、文件和其他资料、电、燃料、消耗品、仪器、劳工、材料与适当的有经验的合格职员。承包人应与工程师商定对任何永久设备、材料和工程其他部分进行规定检验的时间和地点。

工程师可以按照第13款【变更和调整】的规定,变更规定检验的位置或细节,或指示承包人进行附加检验。如果此变更或附加检验证明被检验的永久设备、材料或工艺不符合合同规定,则此变更费用由承包人承担,不论合同中是否有其他规定。

工程师应提前至少24小时将其参加检验的意图通知承包人。如果工程师未在商定的时间和地点参加检验,除非工程师另有指示,承包人可着手进行检验,并且此检验应被视为是在工程师在场的情况下进行的。

如果由于遵守工程师的指示或因业主的延误而使承包人遭受了延误和(或)导致了费用,则承包人应通知工程师并有权依据第20.1款【承包人的索赔】要求:(a)按第8.4款获得任何延长的工期;以及(b)费用赔偿并加上合理利润。

在接到此通知后,工程师应按照第3.5款【决定】的规定,对此事作出商定或决定。

承包人应立即向工程师提交具有有效证明的检验报告。当规定的检验通过后,工程师应对承包人的检验证书批注认可或就此向承包人颁发证书。若工程师未能参加检验,他应被视为对检验数据的准确性予以认可。

4. 拒收(Rejection)(7.5 款)

如果从审核、检查、测量或检验的结果看,发现任何永久设备、材料或工艺是有缺陷的或不符合合同其他规定的,工程师可拒收此永久设备、材料或工艺,并通知承包人,同时说明理由。承包人应立即修复上述缺陷并保证使被拒收的项目符合合同规定。

若工程师要求对此永久设备、材料或工艺再度进行检验,则检验应按相同条款和条件重新进行。如果此类拒收和再度检验致使业主产生了附加费用,则承包人应按照第2.5款【业主的索赔】的规定,向业主支付这笔费用。

5. 补救工作(Remedial Work)(7.6款)(以往称为业主动用保留金条款)

不论以前是否进行了任何检验或颁发了证书,工程师仍可以指示承包人:(a)将工程师认为不符合合同规定的永久设备或材料从现场移走并进行替换;(b)把不符合合同规定的任何其他工程移走并重建;以及(c)实施任何因保护工程安全而急需的工作,无论因为事故、不可预见事件或是其他事件。

承包人应在指示规定的期限内(如有时)在一合理的时间或立即(如果依(c)段所述是急需的)执行该指示。

如果承包人未能遵守该指示,则业主有权雇用其他人来实施工作,并予以支付。除非承包人有权获得此类工作的付款,否则他按照第2.5款【业主的索赔】的规定,向业主支付因其未完成工作而导致的费用。

6. 对永久设备和材料的拥有权(Ownership of Plant and Materials)(7.7款)

在下述时间的较早者,符合工程所在国法律规定范围内的每项永久设备和材料均应成为业主的财产,无任何留置权和其他限制:(a)当运至现场时;(b)当依据第8.10款【暂停时永久设备和材料的支付】承包人有权获得相当于永久设备和材料的价值的付款时。

八、开工、延误和暂停(Commencement, Delays and Suspension)

1. 工程的开工(Commencement of Works)(8.1款)

工程师应至少提前7天通知承包人开工日期。除非专用条件中另有说明,开工日期应在承包人接到中标函后的42天内。承包人应在开工日期后合理可行的情况下尽快开始实施工程,随后应迅速且毫不拖延地进行施工。(图8-2)

2. 竣工时间(Time for Completion)(8.2款)(交通运输部称为交工时间)

承包人应在工程或区段的竣工时间内完成整个工程以及每一区段(视情况而定),包括:

(a)通过竣工检验,以及(包含了验收时间);

(b)完成合同中规定的所有工作,这些工作被认为是为了按照第10.1款竣工的规定,进行移交之目的而完成工程和区段所必需的工作。

3. 进度计划(Programme)(8.3款)

在按照第8.1款的规定接到通知后28天内承包人应向工程师提交详细的进度计划。当原进度计划与实际进度或承包人的义务不符时,承包人还应提交一份修改的进度计划。每份进度计划应包括:

(a)承包人计划实施工程的次序,包括设计(如有时),承包人的文件,采购,永久设备的制造,运达现场,施工,安装和检验的各个阶段的预期时间;

(b)每个指定分包商(在第5款【指定分包商】中定义的)的工程的各个阶段;

(c)合同中规定的检查和检验的次序和时间,以及

(d)一份证明文件,内容为:

(i)对实施工程中承包人准备采用的方法和主要阶段的总体描述,以及

(ii)各主要阶段现场所需的各等级的承包人的人员和各类承包人的设备的数量的合理估算的详细说明。

除非工程师在接到进度计划后21天内通知承包人该计划不符合合同规定,否则承包人应

按照此进度计划履行义务,但不应影响到合同中规定的其他义务。业主的人员应有权在计划他们的活动时依据该进度计划。承包人应及时通知工程师,具体说明可能发生将对工程造成不利影响、使合同价格增加或延误工程施工的事件或情况。工程师可能要求承包人提交一份对将来事件或情况的预期影响的估计,和(或)按第13.3款变更程序提交一份建议书。

如果在任何时候工程师通知承包人该进度计划(规定范围内)不符合合同规定,或与实际进度及承包人说明的计划不一致,承包人应按本款规定向工程师提交一份修改的进度计划。

4. 竣工时间的延长(Extension of Time for Completion)(8.4 款)

如果由于下述任何原因致使承包人对第10.1款中的竣工在一定程度上遭到或将要遭到延误,承包人可依据第20.1款【承包人的索赔】要求延长竣工时间:

(a)一项变更(除非已根据第13.3款【变更程序】商定对竣工时间作出调整)或其他合同中包括的任何一项工程数量上的实质性变化;

(b)导致承包人根据本合同条件的某条款有权获得延长工期的延误原因;

(c)异常不利的气候条件;

(d)由于传染病或其他政府行为导致人员或货物的可获得的不可预见的短缺;或

(e)由业主、业主人员或现场中业主的其他承包人直接造成的或认为属于其责任的任何延误、干扰或阻碍。

如果承包人认为他有权获得竣工时间的延长,承包人应按第20.1款【承包人的索赔】的规定,向工程师发出通知。当依据第20.1款确定每一延长时间时,工程师应复查以前的决定并可增加(但不应减少)整个延期时间。

5. 由公共当局引起的延误(Delays Caused by Authorities)(8.5 款)

如果下列条件成立,即:

(a)承包人已努力遵守了工程所在国有关合法公共当局制定的程序;

(b)这些公共当局延误或干扰了承包人的工作;以及

(c)此延误或干扰是无法预见的。

则此类延误或干扰应被视为是属于第8.4款(b)段中规定的一种延误原因。

6. 进展速度(Rate of Progress)(8.6 款)

如果任何时候:(a)实际进度过于缓慢以致无法按竣工时间完工,和(或)(b)进度已经(或将要)落后于第8.3款【进度计划】中规定的现行进度计划,除了由于第8.4款中所列原因导致的落后,工程师可以指示承包人按照第8.3款的规定提交一份修改的进度计划以及证明文件,详细说明承包人为加快施工并在竣工时间内完工拟采取的修正方法。

除非工程师另有通知,承包人应自担风险和自付费用采取这些修正方法,这些方法可能需要增加工作时间和(或)增加承包人人员和(或)货物。如果这些修正方法导致业主产生了附加费用,则除第8.7款中所述的误期损害赔偿费(如有时)外,承包人还应按第2.5款【业主的索赔】的规定向业主支付该笔附加费用。

7. 误期损害赔偿费(Delay Damages)(8.7 款)

如果承包人未能遵守第8.2款,承包人应依据第2.5款为此违约向业主支付误期损害赔偿费。这笔误期损害赔偿费是指投标函附录中注明的金额,即自相应的竣工时间起至接收证书注明的日期止的每日支付。但全部应付款额不应超过投标函附录中规定的误期损失的最高限额(如有时)。

除工程竣工之前根据第15.2款【业主提出终止】发生终止事件的情况之外,此误期损害赔偿费是由于承包人违约所应支付的唯一损失费。此损失费并不解除承包人完成工程的义务或合同规定的其他职责、义务或责任。

8. 工程暂停(Suspension of Work)(8.8款)

工程师可随时指示承包人暂停进行部分或全部工程。暂停期间,承包人应保护、保管以及保障该部分或全部工程免遭任何损蚀、损失或损害。

工程师还应通知停工原因。如果且(在一定程度上)已通知了原因并认为是因为承包人的责任所导致,则下列第8.9款、第8.10款和第8.11款不适用。

9. 暂停引起的后果(Consequences of Suspension)(8.9款)

如果承包人在遵守工程师根据第8.8款【工程暂停】所发出的指示以及/或在复工时遭受了延误和/或导致了费用,则承包人应通知工程师并有权依据第20.1款【承包人的索赔】要求:(a)按第8.4款获得任何延长的工期;以及(b)费用赔偿。

在接到此通知后,工程师应按照第3.5款【决定】的规定对此事作出商定或决定。

如果以上后果是由承包人错误的设计、工艺或材料引起的,或由于承包人未能按第8.8款工程暂停的规定采取保护、保管及保障措施引起的,则承包人无权延长工期和索赔。

10. 暂停时对永久设备和材料的支付(Payment for Plant and Materials in Event of Suspension)(8.10款)

承包人有权获得未被运至现场的永久设备以及/或材料的支付,付款应为该永久设备以及/或材料在停工开始日期时的价值,如果:

(a)有关永久设备的工作或永久设备以及/或材料的运送被暂停超过28天,以及

(b)承包人根据工程师的指示已将这些永久设备和/或材料标记为业主的财产。

11. 持续的暂停(Prolonged Suspension)(8.11款)

如果第8.8款【工程暂停】所述的暂停已持续84天以上,承包人可要求工程师同意继续施工。若在接到上述请求后28天内工程师未给予许可,则承包人可以通知工程师将暂停影响到的工程视为第13款【变更和调整】所述的删减。如果此类暂停影响到整个工程,承包人可根据第16.2款【承包人提出终止】发出通知,提出终止合同。

12. 复工(Resumption of Work)(8.12款)

在接到继续工作的许可或指示后,承包人应和工程师一起检查受到暂停影响的工程以及永久设备和材料。承包人应修复在暂停期间发生在工程、永久设备或材料中的任何损蚀、缺陷或损失。

九、竣工检验(Tests on Completion)

1. 承包人的义务(Contractor's Obligations)(9.1款)

承包人在根据第4.1款(d)段所述提交文件后,应根据本款和第7.4款进行竣工检验。

承包人应提前21天将某一确定日期通知工程师,说明在该日期后他将准备好进行竣工检验。除非另有商定,此类检验应在该日期后14天内于工程师指示的某日或数日内进行。

在考虑竣工检验结果时,工程师应考虑到因业主对工程的任何使用而对工程的性能或其他特性所产生的影响。一旦工程或某一区段通过了竣工检验,承包人应向工程师提交一份有关此类检验结果并经证明的报告。

2. 延误的检验(Delayed Tests)(9.2 款)

如果业主无故延误竣工检验时,则第7.4款(第五段)和(或)第10.3款将适用。

如果承包人无故延误竣工检验,工程师可通知承包人要求他在收到该通知后21天内进行检验。承包人应在该期限内可能确定的某日或数日内进行检验,并将此日期通知工程师。

若承包人未能在21天的期限内进行竣工检验,业主的人员可着手进行此类检验,其风险和费用均由承包人承担。此类竣工检验应被视为是在承包人在场的情况下进行的且检验结果应被认为是准确的。

3. 重新检验(Retesting)(9.3 款)

如果工程或某区段未能通过竣工检验,则第7.5款【拒收】将适用,且工程师或承包人可要求按相同条款或条件,重复进行此类未通过的检验以及对任何相关工作的竣工检验。

4. 未能通过竣工检验(Failure to Pass Tests on completion)(9.4 款)

当整个工程或某区段未能通过根据第9.3款所进行的重复竣工检验时,工程师应有权:

(a)指示按照第9.3款再进行一次重复的竣工检验;

(b)如果由于该过失致使业主基本上无法享用该工程或区段所带来的全部利益,拒收整个工程或区段(视情况而定),在此情况下,业主应获得与第11.4款【未能修补缺陷】(c)段中的规定相同的补偿;或

(c)颁发一份接收证书(如果业主如此要求的话)。

在(c)段所述的情况下,承包人应根据合同中规定的所有其他义务继续工作,并且合同价格应按照可以适当弥补由于此类失误而给业主造成的减少的价值数额予以扣除。除非合同中已规定了此类失误的有关扣除(或定义了计算方法),业主可以要求此扣除(i)以双方商定的数额(仅限于用来弥补此类失误),并在颁发接收证书前获得支付,或(ii)依据第2.5款【业主的索赔】和第3.5款【决定】作出决定及支付。

🌐 十、业主的接收(Employer's Taking Over)

业主接收相当于交通运输部交工验收,颁发交工证书。接收不等于接受(颁发履约证书)。

1. 对工程和区段的接收(Taking Over of the Works and Sections)(10.1 款)

除第9.4款所述情况外,当(i)工程根据合同已竣工,包括第8.2款中所述事宜,但下面(a)段所述情况除外,且(ii)根据本款已颁发或认为已颁发工程接收证书时,业主应接收工程。

承包人可在他认为工程将完工并准备移交前14天内(注:与9.1联系),向工程师发出申请接收证书的通知。如果工程分为区段,则承包人应同样为每一区段申请接收证书。

工程师在收到承包人的申请后28天内,应:

(a)向承包人颁发接收证书,说明根据合同工程或区段完工的日期,但某些不会实质影响工程或区段按其预定目的使用的扫尾工作以及缺陷除外(直到或当该工程已完成且已修补缺

陷时）；或

（b）驳回申请,提出理由并说明为使接收证书得以颁发承包人尚需完成的工作。随后承包人应在根据本款再一次发出申请通知前,完成此类工作。

若在28天期限内工程师既未颁发接收证书也未驳回承包人的申请,而当工程或区段（视情况而定）基本符合合同要求时,应视为在上述期限内的最后一天已经颁发了接收证书。

2. 对部分工程的接收（Taking Over of parts of the Works）（10.2款）

在业主的决定下,工程师可以为部分永久工程颁发接收证书。

业主不得使用工程的任何部分（合同规定或双方协议的临时措施除外）除非且直至工程师已颁发了该部分的接收证书。但是,如果在接收证书颁发前业主确实使用了工程的任何部分：

（a）该被使用的部分自被使用之日,应视为已被业主接收；

（b）承包人应从使用之日起停止对该部分的照管责任,此时,责任应转给业主；以及

（c）当承包人要求时,工程师应为此部分颁发接收证书。

工程师为此部分工程颁发接收证书后,应尽早给予承包人机会以使其采取可能必要的步骤完成任何尚未完成的竣工检验,承包人应在缺陷通知期期满前尽快进行此类竣工检验。

如果由于业主接收和（或）使用该部分工程（合同中规定的及承包人同意的使用除外,）而使承包人招致了费用,承包人应（i）通知工程师并（ii）有权依据第20.1款【承包人的索赔】获得有关费用以及合理利润的支付,并将之加入合同价格。在接到此通知后,工程师应按照第3.5款【决定】,对此费用及利润做出商定或决定。

若对工程的任何部分（而不是区段）颁发了接收证书,对于完成该工程的剩余部分的延误损失应减少。同样,包含该部分的区段（如有时）的剩余部分的延误损失也应减少。在接收证书注明的日期之后的任何拖延期间,延误损失减少的比例应按已签发部分的价值相对于整个工程或区段（视情况而定）的总价值的比例计算。工程师应根据第3.5款【决定】,对此比例作出商定或决定。本段规定仅适用于第8.7款【延误损失】规定的延误损失的日费率,但并不对其最大限额构成影响。

3. 对竣工检验的干扰（Interference with Tests on Completion）（10.3款）

如果由于业主负责的原因妨碍承包人进行竣工检验已达14天以上,则应认为业主已在本应完成竣工检验之日接收了工程或区段（视情况而定）。

工程师随后应相应地颁发一份接收证书,并且承包人应在缺陷通知期期满前尽快进行竣工检验。工程师应提前14天发出通知,要求根据合同的有关规定进行竣工检验。

若延误进行竣工检验致使承包人遭受了延误和（或）导致了费用,则承包人应通知工程师并有权依据第20.1款【承包人的索赔】,要求：（a）按第8.4款获得任何延长的工期；以及（b）费用赔偿并加上合理利润。

在接到此通知后,工程师应按照第3.5款【决定】的规定,对此事作出商定或决定。

🌐 十一、缺陷责任（Defects Liability）

1. 完成扫尾工作和修补缺陷（Completion of Outstanding Work and Remedying Defects）（11.1款）

为在相关缺陷通知期期满前或之后尽快使工作和承包人的文件以及每一区段符合合同要

求的条件(合理的磨损除外),承包人应:

(a)在工程师指定的一段合理时间内完成至接收证书注明的日期时尚未完成的任何工作;

(b)按照业主(或业主授权的他人)指示,在工程或区段的缺陷通知期期满之日或之前(视情况而定)实施补救缺陷或损害所必需的所有工作。

若出现任何此类缺陷或发生损坏的情况,业主(或业主授权他人)应立即通知承包人。

2. 修补缺陷的费用(Cost of Remedying Defects)(11.2 款)

如果所有第11.1款【完成扫尾工作和修补缺陷】(b)段中所述工作的必要性是由下列原因引起的,则所有此类工作应由承包人自担风险和费用进行:

(a)任何承包人负责的设计;

(b)永久设备、材料或工艺不符合合同要求;或

(c)承包人未履行其任何其他义务。

如果在一定程度上上述工作的必要性是由于任何其他原因引起的,业主(或业主授权的他人)应立即通知承包人,此时适用第13.3款【变更程序】。

3. 缺陷通知期的延长(Extension of Defects Notification Period)(11.3 款)

如果且在一定程度上工程、区段或主要永久设备(视情况而定,并且在接收以后)由于缺陷或损害而不能按照预定的目的进行使用,则业主有权依据第2.5款【业主的索赔】要求延长工程或区段的缺陷通知期。但缺陷通知期的延长不得超过2年。

如果永久设备和(或)材料的运送以及(或)安装根据第8.8款【工程暂停】或第16.1款【承包人有权暂停工作】发生了暂停,则本款所规定的承包人的义务不适用于永久设备和(或)材料的缺陷通知期期满2年后发生的任何缺陷或损害的情况。

4. 未能补救缺陷(Failure to Remedy Defects)(11.4 款)

如果承包人未能在某一合理时间内修补任何缺陷或损害,业主(或业主授权的他人)可确定一日期,规定在该日或该日之前修补缺陷或损害,并且应向承包人发出一合理的通知。

如果承包人到该日期尚未修补好缺陷或损害,并且依据第11.2款【修补缺陷的费用】,这些修补工作应由承包人自费进行,业主可(自行):

(a)以合理的方式由自己或他人进行此项工作,并由承包人承担费用,但承包人对此项工作不负责任,并且承包人应依据第2.5款,向业主支付其因修补缺陷或损害导致的合理费用;

(b)要求工程师依据第3.5款【决定】,对合同价格的合理减少额作出商定或决定;或

(c)在该缺陷或损害致使业主基本上无法享用全部工程或部分工程所带来的全部利益时,对整个工程或不能按期投入使用的那部分主要工程终止合同。但不影响任何其他权利,依据合同或其他规定,业主还应有权收回为整个工程或该部分工程(视情况而定)所支付的全部费用以及融资费用,拆除工程、清理现场和将永久设备和材料退还给承包人所支付的费用。

5. 清除有缺陷的部分工程(Removal of Defective Work)(11.5 款)

若此类缺陷或损害不能在现场迅速修复时,在业主的同意下,承包人可将任何有缺陷或损害的永久设备移出现场进行修理。此类同意可要求承包人以该部分的重置费用增加履约保证的款额或提供其他适当的保证。

6. 履约证书 (Performance Certificate)(11.9 款)(缺陷责任期终止证书)

只有在工程师向承包人颁发了履约证书,说明承包人已依据合同履行其义务的日期之后,

承包人的义务的履行才被认为已完成。

工程师应在最后一个缺陷通知期满后 28 天内颁发履约证书,或在承包人已提供了全部承包人的文件并完成和检验了所有工程,包括修补了所有缺陷的日期之后尽快颁发。还应向业主提交一份履约证书的副本。

只有履约证书才应被视为构成对工程的接受认可(Acceptance of the Works,不等于接收)。

🌐 十二、测量和估价(Measurement and Evaluation)

1. 需测量的工程(Works to Be Measured,即共同计量方式)(12.1 款)

应对工程依据本款进行测量(编者注:即计量)并确定其支付价值。

当工程师要求对工程的任何部分进行测量时,他应合理地通知承包人的代表,承包人的代表应:(a)立即参加或派一名合格的代表协助工程师进行测量;以及(b)提供工程师所要求的全部详细资料。

除非合同中另有规定,在需用记录对任何永久工程进行计量时,工程师应对此做好准备。当承包人被要求时,他应参加审查并就此类记录与工程师达成一致,并在双方一致时,在上述文件上签名。如果承包人没有参加审查,则应认为此类记录是准确的并被接受。

如果承包人在审查之后不同意上述记录,并且(或)不签字表示同意,承包人应通知工程师并说明上述记录中被认为不准确的各个方面。在接到此类通知后,工程师应复查此类记录,或予以确认或予以修改。如果承包人在被要求对记录进行审查后 14 天内未向工程师发出此类通知,则认为它们是准确的并被接受。

2. 测量方法(Method of Measurement)(12.2 款)

除非合同中另有规定,无论当地惯例如何:

(a)测量应该是测量每部分永久工程的实际净值,以及

(b)测量方法应符合工程量表或其他适用报表(资料表)。

3. 估价(Evaluation)(12.3 款)

编者注:此处的估价与交通部 2003 年版估量单价合同的调整单价、新定单价等相似。

除非合同中另有规定,工程师应通过对每一项工作的估价,根据第 3.5 款【决定】,商定或决定合同价格。每项工作的估价是用依据上述第 12.1 款和第 12.2 款商定或决定的测量数据乘以此项工作的相应价格费率或价格得到的。

对每一项工作,该项合适的费率或价格应该是合同中对此项工作规定的费率或价格,或者如果没有该项,则为对其类似工作所规定的费率或价格。但是在下列情况下,对这一项工作规定新的费率或价格将是合适的:(注:宜对有关工作内容采用新费率条件)

(a)(i)如果此项工作实际测量的工程量比工程量表或其他资料表中规定的工程量的变动大于 10%;

(ii)工程量的变更(化)与对该项工作规定的具体费率的乘积超过了中标合同款额的 0.01%;

(iii)由此工程量的变更直接造成该项工作每单位工程量费用(成本)的变动超过 1%;以及

(ⅳ)这项工作不是合同中规定的"固定费率项目";(注:参见图8-3)或

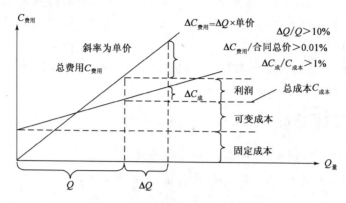

图 8-3　变更估价原理分析和理解图

(b)(ⅰ)此工作是根据第13款【变更与调整】的指示进行的;

(ⅱ)合同中对此项工作未规定费率或价格;且

(ⅲ)由于该项工作与合同中的任何工作没有类似的性质或不在类似的条件下进行,故没有一个规定的费率或价格适用。

每种新的费率或价格是对合同中相关费率或价格在考虑到上述(a)、(b)段所描述的适用的事件以后作出的合理调整。如果没有相关的费率或价格,则新的费率或价格应是在考虑任何相关事件以后,从实施工作的合理费用加上合理利润中得到。

在商定或决定了一合适的费率或价格之前,工程师还应为期中支付证书决定一临时费率或价格。

4. 删减(Omissions)(12.4 款)

当对任何工作的删减构成部分(或全部)变更且对其价值未达成一致时,如果:

(a)承包人将招致(或已经招致)一笔费用,这笔费用应被视为是如果工作未被删减时,在构成部分接受的合同款额的一笔金额中所包含的;

(b)该工作的删减将导致(或已经导致)这笔金额不构成部分合同价格;并且

(c)这笔费用并不被认为包含在任何替代工作的估价之中。

承包人应随即向工程师发出通知,并附具体的证明资料。在接到通知后,工程师应依据第3.5款【决定】,对此费用作出商定或决定,并将之加入合同价格。

🌐 十三、变更和调整(Variations and Adjustments)

1. 有权变更(Right to Vary)(13.1 款)

在颁发工程接收证书前的任何时间,工程师可通过发布指示或以要求承包人递交建议书的方式,提出变更。

承包人应执行每项变更并受每项变更的约束,除非承包人马上通知工程师(并附具体的证明资料)并说明承包人无法得到变更所需的货物。在接到此通知后,工程师应取消、确认或修改指示。

每项变更可包括:

（a）对合同中任何工作的工程量的改变（此类改变并不一定必然构成变更）（注：自然增减）；

（b）任何工作质量或其他特性上的变更；

（c）工程任何部分标高、位置和（或）尺寸上的改变；

（d）省略（删减）任何工作，除非它已被他人完成；

（e）永久工程所必需的任何附加工作、永久设备、材料或服务，包括任何联合竣工检验、钻孔和其他检验以及勘察工作，或

（f）工程的实施顺序或时间安排的改变。

承包人不应对永久工程作任何更改或修改，除非且直到工程师发出指示或同意变更。

2. 价值工程（Value Engineering）（13.2 款）

编者注：该条款是对承包人提出工程变更带来节约给予50%奖励的新增条款。

承包人可以随时向工程师提交一份书面建议，如果该建议被采用，它（在承包人看来）将

（i）加速完工；

（ii）降低业主实施、维护或运行工程的费用；

（iii）对业主而言能提高竣工工程的效率或价值；或

（iv）为业主带来其他利益。

承包人应自费编制此类建议书，并将其包括在第13.3 款【变更程序】所列的条目中。

如果由工程师批准的建议包括一项对部分永久工程的设计的改变，除非双方另有协议，否则：

（a）承包人应设计该部分工程；

（b）第4.1 款【承包人的一般义务】(a) 至 (d) 段将适用；以及

（c）如果此改变造成该部分工程的合同的价值减少，工程师应依据第3.5 款，商定或决定一笔费用，并将之加入合同价格。这笔费用应是以下金额的差额的一半（50%）：

（i）由此改变造成的合同价值的减少，不包括依据第13.7 款和第13.8 款所作的调整；以及

（ii）考虑到质量、预期寿命或运行效率的降低，对业主而言，已变更工作价值上的减少。

但是，如果(i)的金额少于(ii)，则没有该笔费用。

3. 变更程序（Variation Procedure）（13.3 款）

如果工程师在发布任何变更指示之前要求承包人提交一份建议书，则承包人应尽快作出书面反应，要么说明理由为何不能遵守指示（如果未遵守时），要么提交：

（a）将要实施的工作的说明书以及该工作实施的进度计划；

（b）承包人依据第8.3 款对进度计划和竣工时间作出任何必要修改的建议书；以及

（c）承包人对变更估价的建议书。

工程师在接到上述建议后（依据第13.2 款【价值工程】或其他规定），应尽快予以答复，说明批准与否或提出意见。在等待答复期间，承包人不应延误任何工作。

工程师应向承包人发出每一项实施变更的指示，并要求其记录费用，承包人应确认收到该指示。

每一项变更应依据第12款进行估价,除非工程师依据本款另外作出指示或批准。

4. 以适用的货币支付(Payment in Applicable Currencies)(13.4款)

如果合同规定合同价格以一种以上的货币支付,则在按上述规定已商定、批准或决定调整的同时,应规定以每种适用的货币支付的金额。在规定每种货币的金额时,应参照变更工作费用的实际或预期的货币比例以及为支付合同价格所规定的各种货币比例。

5. 暂列金额(Provisional Sums)(13.5款)

每一笔暂定金额仅按照工程师的指示全部或部分地使用,并相应地调整合同价格。支付给承包人的此类总金额仅应包括工程师指示的且与暂列金额有关的工作、供货或服务的款项。对于每一笔暂列金额,工程师可指示:

(a)由承包人实施工作(包括提供永久设备、材料或服务),并按照第13.3款进行估价;和(或)

(b)由承包人从指定分包商(第5.1款中所定义的)处或其他人处购买永久设备、材料或服务,并应加入合同价格:(i)承包人已支付(或将支付)的实际款额,以及(ii)采用适用的报表中规定的相关百分比(如有时),以此实际款额的一个百分比来计算一笔金额包括上级管理费和利润。如果没有这一相关百分比,则可采用投标函附录中规定的百分比。

当工程师要求时,承包人应出示报价单、发票、凭证以及账单或收据,以示证明。

6. 计日工(Daywork)(13.6款)

对于数量少或偶然进行的零散工作,工程师可以指示规定在计日工的基础上实施任何变更。对于此类工作应按合同中包括的计日工报表中的规定进行估价,并采用下述程序。如果合同中没有计日工报表,则本款不适用。

在订购工程所需货物时,承包人应向工程师提交报价。当申请支付时,承包人应提交此货物的发票、凭证以及账单或收据。

除了计日工报表中规定的不进行支付的任何项目以外,承包人应每日向工程师提交包括下列在实施前一日工作时使用的资源的详细情况在内的准确报表,一式两份:

(a)承包人的人员的姓名、工种和工时;

(b)承包人的设备和临时工程的种类、型号以及工时;以及

(c)使用的永久设备和材料的数量和型号。

如内容正确或经同意时,工程师将在每种报表的一份上签字并退还给承包人。在将它们纳入依据第14.3款提交的报表中之前,承包人应向工程师提交一份以上各资源的价格报表。

7. 法规变化引起的调整(Adjustments for changes in Legislation)(13.7款)

如果在基准日期以后,能够影响承包人履行其合同义务的工程所在国的法律(包括新法律的实施以及现有法律的废止或修改)或对此法律的司法的或官方政府的解释的变更导致费用的增减,则合同价格应作出相应调整。

如果承包人由于此类在基准日期后所作的法律或解释上的变更而遭受了延误(或将遭受延误)和/或承担(或将承担)额外费用,承包人应通知工程师并有权依据第20.1款【承包人的索赔】,要求:(a)按第8.4款获得任何延长的工期;以及(b)费用赔偿。

在接到此通知后,工程师应按照第3.5款【决定】的规定,对此事作出商定或决定。

注:此款第一段是后继法规变化引起合同价格的增减(不属于索赔);第二段是由此变化造成延误或额外费用情况下索赔但不包含利润。

8. 费用变化引起的调整(Adjustments for Changes in the Cost)(13.8 款)

在本款中,"数据调整表"是指投标函附录中包括的调整数据的一份完整的报表。如果没有此类数据调整表,则本款不适用。

如果本条款适用,应支付给承包人的款额应根据劳务、货物以及其他投入工程的费用的涨落进行调整,此调整根据所列公式确定款额的增减。如果本款或其他条款的规定不包括对费用的任何涨落进行充分补偿,接受的合同款额应被视为已包括了其他费用涨落的不可预见费的款额。

对于其他应支付给承包人的款额,其价值依据合适的报表以及已证实的支付证书决定,所作的调整应按支付合同价格的每一种货币的公式加以确定。此调整不适用于基于费用或现行价格计算价值的工作。公式常用的形式如下,参见表8-6 计算。

$$P_n = a + b \times \frac{L_n}{L_o} + c \times \frac{M_n}{M_o} + d \times \frac{E_n}{E_o} + \cdots$$

其中:"P_n"是对第"n"期间内所完成工作以相应货币所估算的合同价值所采用的调整倍数(注:将此调整倍数乘当月进度款),这个期间通常是一个月,除非投标函附录中另有规定;

"a"是在相关数据调整表中规定的一个系数,代表合同支付中不调整的部分,$a = 1 - (b + c + d + \cdots)$;"$b$"、"$c$"、"$d$"相关数据调整表中规定的一个权重系数,代表与实施工程有关的每项费用因素的估算比例,费用因素可能是指资源,如劳务、设备和材料。参见表8-4 和表8-5。

"L_n"、"E_n"、"M_n"…是第 n 期间时使用的现行费用指数或参照价格,以相关的支付货币表示,而且按照该期间最后一日之前第49 天当天对于相关表中的费用因素适用的费用指数或参照价格确定;以及"L_o"、"E_o"、"M_o"……是基本费用指数或参照价格,以相应的支付货币表示,按照在基准日期时相关表中的费用因素的费用指数或参照价格确定。

应使用数据调整表中规定的费用指数或参照价格。如果对其来源持怀疑态度,则由工程师确定该指数或价格。为此,为澄清其来源之目的应参照指定日期(如表中第4 栏和第5 栏分别所列)的指数值,尽管这些日期(以及这些指数值)可能与基本费用指数不符。

当"货币指数"(表中规定的)不是相应的支付货币时,此指数应依照工程所在国的中央银行规定的在以上所要求的指数适用的日期,该相应货币的售出价转换成相应的支付货币。

在获得所有现行费用指数之前,工程师应确定一个期中支付证书的临时指数。当得到现行费用指数之后,相应地重新计算并作出调整。

如果承包人未能在竣工时间内完成工程,则应利用下列指数或价格对价格作出调整:

(i)工程竣工时间期满前第49 天当天适用的每项指数或价格;或

(ii)现行指数或价格:取其中对业主有利者。

如果由于变更使得数据调整表中规定的每项费用系数的权重(系数)变得不合理、失衡或不适用时,则应对其进行调整。(注:该公式应用参见第三章第五节第四点价格调整)

十四、合同价格和支付(Contractor Price and Payment)

1. 合同价格(The Contractor Price)(14.1 款)

除非专用条件中另有规定,否则:

合同价格应根据第12.3 款【估价】来商定或决定,并应根据本合同对其进行调整;

承包人应支付根据合同他应支付的所有税费、关税和费用,而合同价格不应因此类费用进行调整(第13.17 款【法规变化引起的调整】的规定除外);

工程量清单或其他资料表中可能列出的任何工程量仅为估算的工程量,不得将其视为:

(i)要求承包人实施的工程的实际或正确的工程量,或者

(ii)用于第12 条【测量和估价】的目的实际或正确的工程量;且

在开工日期开始后28 天之内,承包人应向工程师提交对资料表中每一项总价款项的价格分解建议表。在编写支付证书时,工程师可以将该价格分解表考虑在内,但不应受其制约。

2. 预付款(Advance Payment)(14.2 款)

当承包人根据本款提交了银行预付款保函时,业主应向承包人支付一笔预付款,作为对承包人动员工作的无息贷款。预付款总额,分期预付的次数与时间(一次以上时),以及适用的货币与比例应符合投标函附录中的规定。

如果业主没有收到该保函,或者投标函附录中没有规定预付款总额,则本款不再适用。

在工程师收到报表(根据第14.3 款),并且业主收到了由承包人提交的 (i)根据第4.2 款履约担保规定的履约担保,以及(ii)一份金额和货币与预付款相同的银行预付款保函后,工程师应为第一笔分期付款颁发一份期中支付证书。该保函应由业主认可的机构和国家(或其他司法管辖区)签发,并且其格式应使用专用条件中所附的格式或业主认可的其他格式。

在预付款完全偿还之前,承包人应保证该银行预付款保函一直有效,但该银行预付款保函的总额应随承包人在期中支付证书中所偿还的数额逐步冲销而降低。如果该银行保函的条款中规定了截止日期,并且在此截止日期前28 天预付款还未完全偿还,则承包人应该相应地延长银行保函的期限,直到预付款完全偿还。

该预付款应在支付证书中按百分比扣减的方式偿还。除非在投标函附录中另外注明了其他百分比,否则:

(a)此种扣减应开始于支付证书中所有被证明了的期中付款的总额(不包括预付款及保留金的扣减与偿还)超过接受的合同款额(减去暂列金额)的10%时;且

(b)按照预付款的货币的种类及其比例,分期从每份支付证书中的数额(不包括预付款及保留金的扣减与偿还)中扣除25%,直至还清全部预付款。

如果在颁发工程的接收证书前或按第15 条,第16 条,或第19 条(视情况而定)终止合同前,尚未偿清预付款,承包人应将届时未付债务的全部余额立即支付给业主。

3. 期中支付证书的申请(Application for Interim Payment Certificates)(14.3 款)

承包人应按工程师批准的格式在每个月末之后向工程师提交一式六份报表,详细说明承包人认为自己有权得到的款额,同时提交各证明文件,包括根据第4.21 款【进度报告】,提交当月进度情况的详细报告。参见表8-6 ~ 表8-10。

Price Adjustment for Interim Payment Certificate No.10 第十期中期支付账单单价格调整表

表 8-6

VALUATION DATE: 22/8/2015

	Local Currency 当地币部分	Weight 比重	2012/12（调价基准）	2015/3 当前月	Variance 变化	Value 比值
A	Non-adjustable 不可调部分	0.1	1	1	1.0	0.1
B	Bitumen 沥青					
C	Cement 水泥	0.25	6240.84	6002.66	0.962	0.2405
D	Fuels/Oils and lubricants 油料	0.45	15069.71	12901.06	0.856	0.3852
E	Labour(Local) 当地劳动力	0.10	6497.65	7707.77	1.186	0.1186
F	Labour(Foreign) 外国劳动力					
G	Reinforcement and steel products 钢材	0.10	2845.13	3584.07	1.260	0.1260
	Factor of price adjustment, local currency 当地币调价比例	1.00				0.9703
	Foreign Currency 外币部分	Weight 比重	2012/12（调价基准）	2015/3 当前月	Variance 变化	Value 比值
A	Non-adjustable 不可调部分	0.10	1	1	1.0	0.10
B	Bitumen 沥青	0.65	104.2	116.4	1.117	0.7261
C	Cement 水泥					
D	Fuels/Oils and lubricants 油料					
E	Labour(Local) 当地劳动力					
F	Labour(Foreign) 外国劳动力	0.10	112.900	166.70	1.477	0.1477
G	Reinforcement and steel products 钢材	0.15	98.20	114.70	1.168	0.1752
	Factor of price adjustment, foreign currency 外币调整比例	1.00				1.1490

Amount of work done in IPC10 第十期账单产值　343,659,094

Local portion (50%) 当地币部分　171,829,547

Foreign portion (50%) 外币部分　171,829,547

Local currency amount: KES 当地币　171,829,547

Foreign currency amount: USD 折外币　171,829,547

x Factor of price adjustment, local currency 当地币调价比例　-0.0297

x Factor of price adjustment, foreign currency 外币调价比例　0.1490

Price Adjustment for work done IPC10 第十期账单单产值价格调整

Local currency amount: KES 当地币

Foreign currency amount: USD 外币

SITE AGENT:现场代表

RESIDENT ENGINEER:驻地监理

SUMMART OF STATEMENTFOR PAYMENT ON ACCOUNT 中期账单支付汇总表

表 8-7

INTERIM PAYMENT CERTIFICATE NO. 10 第十期中的账单

VALUATION DATE:计量日期　22/8/2015

CONTRACT EXCHANGE RATE 合同汇率:1USD=86.0856KES

EMPLOYER:业主
CONTRACT NAME:合同号
CONTRACTOR:承包商
CONTRACT SUM:合同总额
CONTRACT PERIOD:合同工期

	PREVIOUS CERTIFICATES 前期账单	THIS CERTIFI CATE 当期账单	TOTAL(KSH)合计
WORK DONE 完成产值	1,414,930,073.00	343,659,094.00	1,758,589,167.00
VARIATION OF PRICE 价格调整	180,842,352.07	20,499,294.21	201,341,646.28
SUB-TOTAL 小计	1,595,772,425.07	364,158,388.21	1,959,930,813.28
ADVANCE PAYMENT 预付款	1,204,234,630.00		1,204,234,630.00
MATERIAL ON SITE 材料预付款	1,031,462,091.00	169,675,456.00	1,201,137,547.00
DEBIT MATERIAL ON SITE 应扣材料预付款	458,987,393.00	196,548,928.00	655,536,321.00
INTEREST ON LATE PAYMENT 延期支付日期	-.00		-.00
LESS REPAYMENT OF ADVANCE 应扣预付款	-.00		-.00
LESS RETENTION 10% 应扣质保金	159,577,243.41	36,415,838.82	195,993,082.23
TOTAL OF PAYMENTS 付款合计	3,212,904,509.66	300,869,077.39	3,513,773,587.05
LESS PREVIOUS CERTIFICATES 应扣前期账单			3,212,904,509.66
VALUE OF WORK TO BE PAID			300,869,077.39

A　CONTRAC TOR (100%) 应付承包商款

TO BE PAID ASFOLLOWINGS 按下列支付

B　AMOU NT PAYABLE BY AFDB(91% of A):KES/非发行应付部分　273,790,860.00
C　AMOU NT PAYABLE BY GOK(A-B):KES/政府应付部分　27,078,217.39

ADB PORTION TO BE PAID AS FOLLOWS:/非发行按下列支付

D　AMOU NT PAYABLE IN FORE IGN CURRE NCY:KES(50% of A)应付外币部分　150,434,538.70
EXCHANGE RATE 1USD=86.0856KES 汇率
E　FOREIGN CURRENCY AMOUNT:USD 外币　1,747,499.00
F　LOCAL CURRENCY AMOUNT:KES(B-D)当地币额　123,356,321.30

GOK PORTION TO BE PAID AS FOLLOWS:政府应付部分

G　3% WITHHOLDING TAX(3% of work done)3%代扣税　10,118,547.49
H　LOCAL CURRENCY AMOUNT:KES(C-G)当地币部分　16,959,669.90
　514,064,721.55

Local Currency:当地币 KE S140,315,991.20
Standard Chartered Bank Kenya Ltd
A/C No.:银行账号
Foreion Currenv:外币部分 USD1,747,499.00
Standard Chartered Bank Kenya Ltd
A/C No.:银行账号

Confirmed that the above rates and ouantites are correct:

监理公司驻地监理　Date:
I hereby confirm that the works have been in septed and accepted
业主项目经理　Date:

Submittedby 提交　Date:
承包商现场代表

Checkedby
监理公司工程师　Date:
Acceptance of the contractors certificate
业主总经理　Date:

SUMMARY OF PAYMENT CERTIFICATE 中期账单汇总表

表 8-8

CONTRACT NAME:项目名称
CONTRACT NO:合同号
CONTRACTOR:承包商

VALUATION DATE 计量日期:22/8/2015
CONTRACT PERIOD 合同工期:
CONTRACT EXCHANGE RATE 合同汇率:1 USD=86.0856 KES

CERT. 账单号	CERTIFICATE PERIOD 计量期	PAYMENT OF CERTIFICATE 计量总额	TOTAL OF CERTIFICATE			RETENTION MONEY 质保金	REPAYMENT OF ADVANCE 应扣预付款
			WORK DONE 完成产值	MATERIALS ON SITE 材料款	VARIATION OF PRICE 价格调整		
1	29-Jan-14	633,807,700					
2	31-Aug-14	206,583,009	121,831,259	84,128,000	14,229,862	13,606,112	
3	31-Oct-14	207,594,992	144,630,285	62,211,200	16,907,262	16,153,755	
4	31-Dec-14	314,598,521	88,099,090	225,881,888	10,474,947	9,857,404	
5	1-Jan-15	206,936,378	137,259,819	68,658,763	16,381,976	15,364,180	
6	31-Mar-15	368,525,297	300,251,834	66,047,071	35,835,084	33,608,692	
7	27-Apr-15	570,426,930					
8	31-May-15	396,784,421	276,594,473	113,073,152	38,640,270	31,523,474	
9	15-Jul-15	307,647,262	346,263,313	−47,525,376	48,372,951	39,463,626	
10	20-Aug-15	300,869,077	343,659,094	−26,873,472	20,499,294	36,415,839	
Total Payments（Kshs.）		3,513,773,587	1,758,589,167	545,601,226	201,341,646	195,993,082	

表 8-9

SUMMARY OF BILL 工程量清单汇总

INTERM PAYMENT CERTIFICATE NO.10 第十期中期账单

Bill No. 账单	DESCRIPTION 描述	CONTRACT AMOUNT 合同额	PROGRESSPAYMENT 进度款			BALANCE 余额	PERCT. OF COMPLETED 完成比例
			PREVIOUS 前期	THIS CERT. 当期	ACCUMULATION 累计		
1	Preliminary and supervisory services	256,961,800	100,817,391	14,753,682	115,571,073	141,390,727	44.98%
4	Site Clearance and Top Soil Stripping	57,655,000	36,469,601	5,081,580	41,551,181	16,103,819	72.07%
5	Earthworks	1,290,375,500	442,933,190	65,726,160	508,659,350	781,716,150	39.42%
7	Excavation and filling for Structures	167,555,000	13,687,052	1,674,980	15,362,032	152,192,968	9.17%
8	Culverts and Drainage Works	210,857,750	19,602,562	612,460	20,215,022	190,642,728	9.59%
9	Passage of Traffic	31,680,000	16,746,890	5,651,222	22,398,112	9,281,888	70.70%
12	Natural Material Base and Subbase	162,250,000	38,726,050	5,849,800	44,575,850	117,674,150	27.47%
14	Cement and Lime Treated Materials	440,075,000	96,992,162	—	96,992,162	343,082,838	22.04%
15	Bituminous Surface Treatments and Surface Dressing	305,330,000	42,197,680	15,643,360	57,841,040	247,488,960	18.94%
16	Bituminous Mixes	2,611,200,000	437,591,000	225,575,000	663,166,000	1,948,034,000	25.40%
17	Concrete Works	560,040,000	169,166,495	3,090,850	172,257,345	387,782,655	30.76%
19	Structural Steel work	20,400,000	—	—	—	20,400,000	0.00%
20	Road furniture	181,892,950	—	—	—	181,892,950	0.00%
21	Miscellaneous Bridge Works	7,141,500	—	—	—	7,141,500	0.00%
22	Day Works	14,756,500	—	—	—	14,756,500	0.00%
27	Concrete Piling for Structures	19,900,000	—	—	—	19,900,000	0.00%
	Total	6,338,071,000	1,414,930,073	343,659,094	1,758,589,167	4,579,481,833	27.75%

表 8-10

INTERM PAYMENT CERTIFICATE NO.10（第十期中期账单）

BILL. NO. 9：Passage of Traffic

ITEM 清单号	DESCRIPTION 描述	UNIT 单位	QUANTITIES 工程量				RATE 单价	AMOUT（KShs）金额			PERCENTAGE OF COMPLETED 完成比例
			BILLED 合同量	PREVIOUS 前期	THIS MONTH 本月	TO DATE 累计		PREVIOUS 前期	THIS MONTH 本月	TO DATE 累计	
9.01	Allow for the passage of traffic through the works	LS	1			—	5,000,000		0	0	0.00%
	Construction of deviation										
9.02	Construct and maintain, including watering 7.0 m wide deviations, having a 150mm thick compacted gravel wearing course of CBR greater than 20% including road signs	km	50	33.619	10.160	43.779	320,000	7,506,890	3,251,222	10,758,112	67.24%
	Maintenance of Existing Road										
9.03	Allow for maintenance including grading and re-gravelling of existing road ahead of the works; all in accordance with the specifications and as instructed by the Engineer	km	89	77.00	20.00	97.00	120,000	9,240,000	2,400,000	11,640,000	108.99%
	Total Carried Forward to Bill Summary							16,746,890	5,651,222	22,398,112	

该报表应包括下列子目(如适用),这些子目应以应付合同价格的各种货币表示,并按下列顺序排列:

(a)截至当月末已实施的工程及承包人的文件的估算合同价值(包括变更,但不包括以下(b)段至(g)段中所列子目);

(b)根据第13.7款和第13.8款,由于立法和费用变化应增加和减扣的任何款额;

(c)作为保留金减扣的任何款额,保留金按投标函附录中标明的保留金百分率乘以上述款额的总额计算得出,减扣直至业主保留的款额达到投标函附录中规定的保留金限额(如有时)为止;

(d)根据第14.2款,为预付款的支付和偿还应增加和减扣的任何款额;

(e)根据第14.5款,为永久设备和材料应增加和减扣的款额;

(f)根据合同或其他规定(包括第20条的规定),应付的任何其他的增加和减扣的款额;

(g)对所有以前的支付证书中证明的款额的扣除。

4. 支付表(Schedule of Payments)(14.5款)

若合同包括支付表,其中规定了合同价格的分期付款数额,除非在此支付表中另有规定,否则:

(a)在此支付表中所报的分期支付额即为第14.3款(a)段所述的合同价值;

(b)第14.5款将不再适用;并且

(c)如果分期支付额不是参照工程实施所达到的实际进度制定的,且如果实际进度落后于支付表中分期支付所依据的进度状况,则工程师可通过考虑所达到的实际进度落后于分期支付所依据的进度的情况,根据第3.5款来商定或决定修正分期支付额。

如果在合同中没有支付表,则每个季度承包人应就其到期应得的款额向业主提交一份不具约束力的估价单。第一份估价单应在开工日期后42天之内提交,修正的估价单应按季度提交,直到工程的接收证书已经颁发。

5. 拟用于永久工程的永久设备和材料(Plant and Materials,材料设备预付款)(14.5款)

若本款适用,则根据第14.3款(e)段的规定,期中支付证书应包括:(i)已运至现场为永久工程配套的永久设备与材料的预支款额;以及(ii)当此类永久设备与材料的合同价值已构成永久工程的一部分时的扣除款额(根据第14.3款【期中支付证书的申请】(a)段)。

如果在投标函附录中没有下述(b)(i)段或(c)(i)段提到的列表,本款将不适用。

如果工程师认为下列条件已经得到满足,他应该决定并证明每一项预支款额:

(a)承包人已经:

(i)完整保存了各种记录(包括有关永久设备和材料的订单、收据、费用及使用),且此类记录可供随时检查;以及

(ii)提交了购买永久设备和材料并将其运至现场的费用报表,同时提交了有关的证明文件。

以及或者:

(b)相关的永久设备和材料:

(i)均属投标函附录中所列的在装运时应支付款额的子目;

(ii)按照合同的要求已经运至工程所在国,并正在运往现场的途中;并且

(iii)是清洁装船提单或其他装运证明中声明的。该提单或证明,与运输费和保险费的支付证明、其他可能合理要求的文件以及由业主接受的银行按业主接受的格式开具的无条件银行保函(保函开具的各笔用不同货币表示的金额应等同于根据本款规定应付的总额)应该已一同提交给了工程师。该保函的格式可以同第14.2款中所提到的格式相类似,且其有效期应一直持续到此类永久设备和材料已适当地存放在现场并得到防失、防损、防腐之保护为止。

或者

(c)相关的永久设备和材料:

(i)均属投标函附录中所列在运至现场时应支付款额的子目;并且

(ii)已经运至现场,适当地存放在现场,得到防失、防损、防腐之保护,并完全符合合同的要求。

工程师应该确定永久设备和材料(包括运至现场)的费用,支付证书中应增加或扣除的款额为该费用的80%,此时他应将本款中所涉及的文件以及永久设备和材料的合同价值考虑在内。

对于每笔预支款额,其货币种类应为第14.3款【期中支付证书的申请】(a)段中涉及的合同价值最终支付时所应采用的货币种类。支付证书应该包括适当的扣除款额,该扣除款额应与相关的永久设备和材料的预支款额相等,并采用相同的货币种类。

6. 期中支付证书的颁发(Issue of Interim Payment Certificates)(14.6款)

在业主收到并批准了履约担保之后,工程师才能为任何付款开具支付证书。此后,在收到承包人的报表和证明文件后28天内,工程师应向业主签发期中支付证书,列出他认为应支付承包人的金额,并提交详细证明资料。

但是,在颁发工程的接收证书之前,若被开具证书的净金额(在扣除保留金及其他应扣款额之后)少于投标函附录中规定的期中支付证书的最低限额(如有此规定时),则工程师没有义务为任何付款开具支付证书。在这种情况下,工程师应相应地通知承包人。

除以下情况外,期中支付证书不得由于任何原因而被扣发:

(a)如果承包人所提供的物品或已完成的工作不符合合同要求,则可扣发修正或重置的费用,直至修正或重置工作完成;以及(或者)

(b)如果承包人未能按照合同规定进行工作或履行义务,并且工程师已经通知承包人,则可扣留该工作或义务的价值,直至该工作或义务被履行为止。

工程师可在任何支付证书中对任何以前的证书给予恰当的改正或修正。支付证书不应被视为是工程师的接受、批准、同意或满意的意思表示。

7. 支付(Payment)(14.7款)

业主应向承包人支付:

(a)首次分期预付款额,时间是在中标函颁发之日起42天内,或在根据第4.2款以及第14.2款的规定,收到相关的文件之日起21天内,二者中取较晚者,如图8-4所示;

(b)期中支付证书中开具的款额,时间是在工程师收到报表及证明文件之日起56天内,如图8-5所示;以及

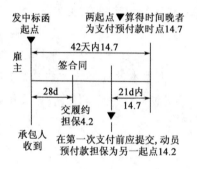

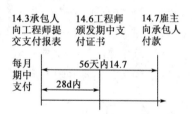

图 8-4　FIDIC 预付款进程图　　　　　　图 8-5　FIDIC 期中付款进程图

(c)最终支付证书中开具的款额,时间是在业主收到该支付证书之日起 56 天内,如图 8-6 所示。

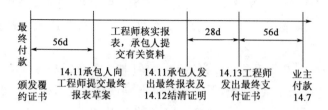

图 8-6　FIDIC 最终付款进程图

每种货币支付的款项应被转入承包人在合同中指定的对该种货币的付款国的指定银行账户。

8. 延误的支付(Delayed Payment)(14.8 款)

如果承包人没有收到根据第 14.7 款【支付】应获得的任何款额,承包人应有权就未付款额按月所计复利收取延误期的融资费。延误期应认为是从第 14.7 款【支付】规定的支付日期开始计算的,而不考虑(当(b)段的情况发生时)期中支付证书颁发的日期。

除非在专用条件中另有规定,此融资费应以年利率为支付货币所在国中央银行的贴现率加上三个百分点进行计算,并用这种货币进行支付。

承包人有权得到此类付款而无须正式通知或证明,并且不损害他的任何其他权利或补偿。

9. 保留金的支付(Payment of Retention money)(14.9 款)

当工程师已经颁发了整个工程的接收证书时,工程师应开具证书将保留金的前一半支付给承包人。如果颁发的接收证书只是限于一个区段或工程的一部分,则应就相应百分比的保留金开具证书并给予支付。这个百分数应该是将估算的区段或部分的合同价值除以最终合同价格的估算值计算得出的比例的 40%。

在缺陷通知期期满时,工程师应立即开具证书将保留金尚未支付的部分支付给承包人。如果颁发的接收证书只限于一个区段,则在这个区段的缺陷通知期期满后,应立即就保留金的后一半的相应百分比开具证书并给予支付。这个百分数应该是将估算的区段或部分的合同价值除以最终合同价格的估算值计算得出的比例的 40%。

但如果在此时根据第 11 条【缺陷责任】,尚有任何工作仍需完成,工程师有权在此类工作完成之前扣发与完成工作所需费用相应的保留金余额的支付证书。

在计算上述的各项百分比时,不考虑根据第13.7款和第13.8款所进行的任何调整。

10. 竣工报表(Statement of Completion)(14.10款)

在收到工程的接收证书后84天内,承包人应向工程师提交按其批准的格式编制的竣工报表一式六份,并附第14.3款【期中支付证书的申请】要求的证明文件,详细说明:

(a)到工程的接收证书注明的日期为止,根据合同所完成的所有工作的价值;

(b)承包人认为应进一步支付给他的任何款项;以及

(c)承包人认为根据合同将应支付给他的任何其他估算款额。估算款额应在此竣工报表中单独列出。

工程师应根据第14.6款【期中支付证书的颁发】开具支付证书(参见图8-5)。

11. 申请最终支付证书(Application for Final Payment Certificate)(14.11款)

在颁发履约证书56天内,承包人应向工程师提交按其批准的格式编制的最终报表草案一式六份,并附证明文件,详细说明以下内容:

(a)根据合同所完成的所有工作的价值;以及

(b)承包人认为根据合同或其他规定应进一步支付给他的任何款项(参见图8-6)。

如果工程师不同意或不能证实该最终报表草案中的某一部分,承包人应根据工程师的合理要求提交进一步的资料,并就双方所达成的一致意见对草案进行修改。随后承包人应编制并向工程师提交双方同意的最终报表。在本条件中,该双方同意的报表被称为“最终报表”。

但是如果工程师和承包人讨论并对最终报表草案进行了双方同意的修改后,仍明显存在争议,工程师应向业主送交一份最终报表中双方协商一致的期中支付证书,同时将一副本送交承包人。此后,如果存在的争议最终根据第20.4款或第20.5款得到解决,承包人随后应根据争议解决的结果编制一份最终报表提交给业主(同时将一副本送交工程师)。

12. 结清单(Discharge)(14.12款)

在提交最终报表时,承包人应提交一份书面结清单,确认最终报表的总额为根据或参照合同应支付给他的所有款项的全部和最终的结算额。该结清单可注明,只有在全部未支付的余额得到支付且履约担保退还给承包人当日起,该结清单才能生效(参见图8-6)。

13. 最终支付证书的颁发(Issue of Final Payment Certificate)(14.13款)

根据第14.11款【最终支付证书的申请】和第14.12款【结清单】,在收到最终报表及书面结清单后28天内,工程师应向业主发出一份最终支付证书,说明:

(a)最终应支付的款额,以及

(b)在对业主以前支付过的款额与业主有权得到的全部金额加以核算后,业主还应支付给承包人,或承包人还应支付给业主(视情况而定)的余额(如有时)。

如果承包人未根据第14.11款【最终支付证书的申请】和第14.12款【结清单】,申请最终支付证书,工程师应要求承包人提出申请。如果承包人未能在28天期限内提交此类申请,工程师应对其公正决定的应支付的此类款额颁发最终支付证书(参见图8-6)。

14. 业主责任的终止(Cessation of Employer's Liability)(14.14款)

对于由合同或工程实施引起的(或与之相关的)任何问题和事件,业主不对承包人负有责任,除非承包人在下述文件中明确地包括了有关金额:

(a)最终报表,以及

(b)(工程的接收证书颁发后发生的问题或事件除外)第14.10款【竣工报表】提及的竣工报表。

但是,本款将不限定由于业主的损害赔偿义务引起的责任,或者业主的欺诈、故意违约或管理不善而造成的业主的责任。

15. 支付的货币(Currencies of Payment)(14.15 款)

合同价格应以投标函附录中指定的一种或几种货币支付。除非在专用条件中另有规定,如果指定的货币不限于一种,则应按下述规定进行支付:

(a)如果接受的合同款额仅以当地货币表示:

(i)则支付当地货币与外币的比例或数额,以及计算该款额所用的固定汇率应按投标函附录中的规定执行,双方另有协议的情况除外;

(ii)根据第13.5款和第13.7款,应付款项和减扣款项应以适用的货币种类和比例进行支付和减扣;以及

(iii)根据第14.3款【期中支付证书的申请】(a)段至(d)段的要求,其他应付款项和减扣款项,应以上述(a)段(i)中规定的货币种类和比例进行支付和减扣;

(b)投标函附录规定的损害赔偿费应按投标函附录规定的货币种类和比例进行支付;

(c)承包人应该支付给业主的其他款项应以业主支付时使用的货币种类支付,或以双方协议使用的货币支付;

(d)如果承包人以某种特殊货币向业主支付时的金额,超过了业主以同种货币向承包人支付时的金额,业主可从以其他货币进行支付的金额中弥补上述金额的余额;以及

(e)如果在投标函附录中未注明汇率,所采用的汇率应为工程所在国中央银行规定的在基准日期通行的汇率。

🌐 十五、业主提出终止(Termination by Employer)

参见第七章相关内容。

🌐 十六、承包人提出暂停和终止(Suspend on and Termination by Contractor)

(略)

🌐 十七、风险和责任(Risk and Responsibility)

1. 保障(Indemnities)(17.1 款)

承包人应保障和保护业主,业主的人员,以及他们各自的代理人免遭与下述有关的一切索赔、损害、损失和开支(包括法律费用和开支):

(a)由于承包人的设计(如有时)、施工、竣工以及任何缺陷的修补导致的任何人员的身体伤害、生病、疫疾或死亡,由于业主、业主的人员或他们各自的代理人的任何渎职、恶意行为或违反合同而造成的除外;以及

(b)物资财产,即不动产或私人财产(工程除外)的损伤或毁坏,当此类损伤或毁坏是:

(i)由于承包人的设计(如有时)、施工、竣工以及任何缺陷的修补导致的;以及

(ii)由于承包人、承包人的人员、他们各自的代理人,或由他们直接或间接雇用的任何人的任何渎职、恶意行为或违反合同而造成的。

业主应保障和保护承包人,承包人的人员,以及他们各自的代理人免遭与下述有关的一切索赔、损害、损失和开支(包括法律费用和开支):(1)由于业主、业主的人员或他们各自的代理人的任何渎职、恶意行为或违反合同而造成的身体伤害、生病、病疫或死亡,(2)没有承保的责任,如第18.3款第(d)段(i),(ii)及(iii)中所述的。

2. 承包人对工程的照管(Contractor's Care of the Works)(17.2款)

从工程开工日期起直到颁发(或认为根据第10.1款【对工程和区段的接收】已颁发)接收证书的日期为止,承包人应对工程的照管负全部责任。此后,照管工程的责任移交给业主。如果就工程的某区段或部分颁发了接收证书(或认为已颁发),则该区段或部分工程的照管责任即移交给业主。

在责任相应地移交给业主后,承包人仍有责任照管任何在接收证书上注明的日期内应完成而尚未完成的工作,直至此类扫尾工作已经完成。

在承包人负责照管期间,如果工程、货物或承包人的文件发生的任何损失或损害不是由于第17.3款【业主的风险】所列的业主的风险所致,则承包人应自担风险和费用,弥补此类损失或修补损害,以使工程、货物或承包人的文件符合合同的要求。

承包人还应为在接收证书颁发后由于他的任何行为导致的任何损失或损害负责。同时,对于接收证书颁发后出现,并且是由于在此之前承包人的责任而导致的任何损失或损害,承包人也应负有责任。

3. 业主的风险(Employer's Risks)(17.3款)

与下述第17.4款有关的风险如下:

(a)战争、敌对行动(不论宣战与否)、入侵、外敌行动;

(b)工程所在国内的叛乱、恐怖活动、革命、暴动、军事政变或篡夺政权,或内战;

(c)暴乱、骚乱或混乱,完全局限于承包人的人员以及承包人和分包商的其他雇用人员中间的事件除外;

(d)工程所在国的军火、爆炸性物质、离子辐射或放射性污染,由于承包人使用此类军火、爆炸性物质、辐射或放射性活动的情况除外;

(e)以音速或超音速飞行的飞机或其他飞行装置产生的压力波;

(f)业主使用或占用永久工程的任何部分,合同中另有规定的除外;

(g)因工程任何部分设计不当而造成的,而此类设计是由业主的人员提供的,或由业主所负责的其他人员提供的;以及

(h)一个有经验的承包人不可预见且无法合理防范的自然力的作用。

4. 业主的风险造成的后果(Consequences of Employer's Risks)(17.4款)

如果上述第17.3款所列的业主的风险导致了工程、货物或承包人的文件的损失或损害,则承包人应尽快通知工程师,并且应按工程师的要求弥补此类损失或修复此类损害。

如果为了弥补此类损失或修复此类损害使承包人延误工期和(或)承担了费用,则承包人应进一步通知工程师,并且根据第20.1款【承包人的索赔】,有权:

(a)根据第8.4款【竣工时间的延长】的规定,就任何此类延误获得延长的工期,如果竣工

时间已经(或将要)被延误;以及

(b)获得任何此类费用,并将之加在合同价格中。如果第17.3款【业主的风险】(f)段及(g)段的情况发生,上述费用应加上合理的利润。

在收到此类通知后,工程师应根据第3.5款【决定】,对上述事宜表示同意或作出决定。

5. 责任限度(Limitation of Liability)(17.6 款)

任何一方均不向另一方负责赔偿另一方可能遭受的与合同有关的任何工程的使用损失、利润损失、任何其他合同损失,或任何间接或由之引起的损失或损害,根据第16.4款【终止时的支付】和第17.1款【保障】规定的情况除外。

承包人根据合同对业主应负的全部责任(不包括第4.19款,第4.20款,第17.1款以及第17.5款所规定的责任),不应超过专用条件中注明的金额,或者(如果没有注明此类金额)不应超过接受的合同款额。

本款不限制违约方的欺诈行为、故意违约或管理不善所导致的责任。

十八、保险(Insurance)

1. 有关保险的总体要求(General Requirements for Insurances)(18.1 款)

在本条中,"保险方"的含义是指根据相关条款的规定投保各种类型的保险并保持其有效的一方。

当承包人作为保险方时,他应按照业主批准的承保人及条件办理保险。这些条件应与中标函颁发日期前达成的条件保持一致,且此达成一致的条件优先于本条的各项规定。

当业主作为保险方时,他应按照专用条件后所附详细说明的承保人及条件办理保险。

如果某一保险单被要求对联合被投保人进行保障,则该保险应适用于每一单独的被投保人,其效力应和向每一联合被投保人颁发了一张保险单的效力一致。如果某一保险单保障了另外的联合被投保人,即本条款规定的被投保人以外的被投保人,则

(i)承包人应代表此类另外的联合被投保人根据保险单行动(业主代表业主的人员行动的情况除外);

(ii)另外的联合被投保人应无权直接从承保人处获得支付,或者直接与承保人办理任何业务;以及

(iii)保险方应要求所有另外的联合被投保人遵循保险单规定的条件。

为防范损失或损害,对于所办理的每份保险单应规定按照修复损失或损害所需的货币种类进行补偿。从承保人处得到的赔偿金应用于修复和弥补上述损失或损害。

在投标函附录中规定的各个期限内(从开工日期算起),相应的保险方应向另一方提交:

(a)本条所述的保险已生效的证明,以及

(b)第18.2款和第18.3款所述的保险单的副本。

保险方在支付每一笔保险费后,应将支付证明提交给另一方。在提交此类证明或投保单的同时,保险方还应将此类提交事宜通知工程师。

每一方都应遵守每份保险单规定的条件。保险方应将工程实施过程中发生的任何有关的变动通知给承保人,并确保保险条件与本条的规定一致。

没有另一方的事先批准,任一方都不得对保险条款作出实质性的变动。如果承保人作出

(或欲作出)任何实质性的变动,承保人先行通知的一方应立即通知另一方。

如果保险方未能按合同要求办理保险并使之保持有效,或未能按本款要求提供令另一方满意的证明和保险单的副本,则另一方可以(按他自己的决定且不影响任何其他权利或补救的情况下)为此类违约相关的险别办理保险并支付应交的保险费。保险方应向另一方支付此类保险费的款额,同时合同价格应做相应的调整。

本条规定不限制合同的其余条款或其他文件所规定的承包人或业主的义务、职责或责任。任何未保险或未能从承保人处收回的款额,应由承包人和(或)业主根据上述义务、职责或责任相应负担。但是,如果保险方未能按合同要求办理保险并使之保持有效(且该保险是可以办理的),并且另一方没有批准将其作为一项工作的删减,也没有为此类违约相关的险别办理保险,则任何通过此类保险本可收回的款项应由保险方支付给另一方。

一方向另一方进行的支付必须遵循第2.5款或第20.1款(如适用)的规定。

2.工程和承包人的设备的保险(Insurance for Works and Contractor's Equipment)(18.2款)

保险方应为工程、永久设备、材料以及承包人的文件投保,该保险的最低限额应不少于全部复原成本,包括补偿拆除和移走废弃物以及专业服务费和利润。此类保险应自根据第18.1款【有关保险的总体要求】提交证明之日起,至颁发工程的接收证书之日止保持有效。

对于颁发接收证书前发生的由承包人负责的原因以及承包人在进行任何其他作业(包括第11条【缺陷责任】所规定的作业)过程中造成的损失或损坏,保险方应将此类保险的有效期延至履约证书颁发的日期。

保险方应为承包人的设备投保,该保险的最低限额应不少于全部重置价值(包括运至现场)。对于每项承包人的设备,该保险应保证其运往现场的过程中以及设备停留在现场或附近期间,均处于被保险之中,直至不再将其作为承包人的设备使用为止。

除非专用条件中另有规定,否则本款规定的保险:

(a)应由承包人作为保险方办理并使之保持有效;

(b)应以合同双方联合的名义投保,联合的合同双方均有权从承保人处得到支付,仅为修复损失或损害的目的,该支付的款额由合同双方共同占有或在各方间进行分配;

(c)应补偿除第17.3款所列业主的风险之外的任何原因所导致的所有损失和损害;

(d)还应补偿由于业主使用或占用工程的另一部分而对工程的某一部分造成的损失或损害,以及第17.3款【业主的风险】(c)、(g)及(h)段所列业主的风险所导致的损失或损害(对于每种情况,不包括那些根据商业合理条款不能进行保险的风险),每次发生事故的扣减不大于投标函附录中注明的款额[如果没有注明此类款额,(d)段将不适用];以及

(e)将不包括下述情况导致的损失、损害,以及将其恢复原状:

(i)工程的某一部分由于其设计、材料或工艺的缺陷而处于不完善的状态[但是保险应包括直接由此类不完善的状态(下述(ii)段中的情况除外)导致的工程的任何其他部分的损失和损害];

(ii)工程的某一部分所遭受的损失或损害是为了修复工程的任何其他部分所致,而此类其他部分由于其设计、材料或工艺的缺陷而处于不完善的状态;

(iii)工程的某一部分已移交给业主,但承包人负责的损失或损害除外;以及

(iv)根据第14.5款,货物还未运抵工程所在国时。

如果在基准日期后超过一年时间,上述(d)段所述保险由于商业合理条件(Commercially Reasonable Terms)而无法再获得,则承包人(作为保险方)应通知业主,并提交详细证明文件。业主应该随即:

(i)有权根据第2.5款【业主的索赔】,获得款额与此类商业合理条件相等的支付,作为承包人为此类保险本应作出的支付,以及

(ii)被认为(除非他依据商业合理条件办理了保险)已经根据第18.1款【有关保险的总体要求】,批准了此类工作的删减。

3.人员伤亡和财产损害的保险(Insurance against Injury to Persons and Damage under to Property)(18.3款)

保险方应为履行合同引起的,并在履约证书颁发之前发生的任何物资财产(第18.2款的规定被投保的物品除外)的损失或损害,或任何人员(根据第18.4款承包人人员的保险规定的被投保的人员除外)的伤亡引起的每一方的责任办理保险。

该保险每一次事故的最低限额应不少于投标函附录中规定的数额,对于事故的数目并无限制。如果在投标函附录中没有注明此类金额,则本款将不再适用。

除非专用条件中另有规定,本款中规定的保险:

(a)应由承包人作为保险方办理并使之保持有效;

(b)应以合同双方联合的名义投保;

(c)应保证弥补由于承包人履行合同而导致的业主的财产的一切损失和损害(根据第18.2款的规定被投保的物品除外);以及

(d)不承保下述情况引起的责任:

(i)业主有权在任何土地上,越过该土地,在该土地之下、之内或穿过其间实施永久工程,并为永久工程占有该土地;

(ii)承包人履行实施工程并修补缺陷而导致的无法避免的损害;以及

(iii)第17.3款所列业主的风险所导致的情况,根据商业合理条件可以投保的除外。

4.承包人的人员的保险(Insurance for Contractor's Personnel)(18.4款)

承包人应为由于承包人或任何其他承包人的人员雇用的任何人员的伤害、疾病、病疫或死亡所导致的一切索赔、损害、损失和开支(包括法律费用和开支)的责任投保,并使之保持有效。

业主和工程师也应能够依此保险单得到保障,但此类保险不承保由业主或业主的人员的任何行为或疏忽造成的损失和索赔。

此类保险应在这些人员参加工程实施的整个期间保持完全有效。对于分包商的雇员,此类保险可由分包商来办理,但承包人应负责使分包商遵循本条的要求。

十九、不可抗力(Force Majeure)

1.不可抗力的定义(Defination of Force Majeure)(19.1款)

在本条中,"不可抗力"的含义是指如下所述的特殊事件或情况:

(a)一方无法控制的;

(b)在签订合同前该方无法合理防范的;

(c)情况发生时,该方无法合理回避或克服的;以及

(d)主要不是由于另一方造成的。

只要满足上述(a)至(d)段所述的条件,不可抗力可包括(但不限于)下列特殊事件或情况:

(i)战争、敌对行动(不论宣战与否)、入侵、外敌行动;

(ii)叛乱、恐怖活动、革命、暴动、军事政变或篡夺政权,或内战;

(iii)暴乱、骚乱、混乱、罢工或停业,完全局限于承包人的人员以及承包人和分包商的其他雇员中间的事件除外;

(iv)军火,炸药,离子辐射或放射性污染,由于承包人使用此类军火,炸药,辐射或放射性的情况除外;

(v)自然灾害,如地震、飓风、台风或火山爆发。

2.不可抗力的通知(Notice of Force Majeure)(19.2 款)

如果由于不可抗力,一方已经或将要无法依据合同履行他的任何义务,则该方应将构成不可抗力的事件或情况通知另一方,并具体说明已无法或将要无法履行的义务、工作。该方应在注意到(或应该开始注意到)构成不可抗力的相应事件或情况发生后 14 天内发出通知。

在发出通知后,该方应在此类不可抗力持续期间免除此类义务的履行。

不论本条中其他款作何规定,不可抗力的规定不适用于任一方依据合同向另一方进行支付的义务。

3.减少延误的责任(Duty to Minimise Delay)(19.3 款)

只要合理,自始至终,每一方都应尽力履行合同规定的义务,以减少由于不可抗力导致的任何延误。当不可抗力的影响终止时,一方应通知另一方。

4.不可抗力引起的后果(Consequences of Force Majeure)(19.4 款)

如果由于不可抗力,承包人无法依据合同履行他的任何义务,而且已经根据第19.2 款【不可抗力的通知】,发出了相应的通知,并且由于承包人无法履行此类义务而使其遭受工期的延误和(或)费用的增加,则根据第20.1 款【承包人的索赔】,承包人有权:

(a)根据第8.4 款的规定,就任何此类延误获得延长的工期,如果竣工时间已经(或将要)被延误;以及

(b)获得任何此类费用的支付款额,如果发生了如第 19.1 款中(i)至(iv)段所描述的事件或情况,以及如果在工程所在国发生了如(ii)至(iv)段中所述的事件或情况。

在收到此类通知后,工程师应根据第3.5 款【决定】对上述事宜表示同意或作出决定。

5.不可抗力对分包商的影响(Force Majeure Affecting Subcontractor)(19.5 款)

如果根据有关工程的任何合同或协议,分包商有权在附加的或超出本款规定范围之外的不可抗力发生时解除其义务,则在此类附加的或超出的不可抗力事件或情况发生时,承包人应继续工作,且他无权根据本款解除其履约义务。

6.可选择的终止、支付和返回(Optional Termination, Payment and Release)(19.6 款)

如果由于不可抗力,导致整个工程的施工无法进行已经持续了 84 天,且已根据第19.2 款【不可抗力的通知】发出了相应的通知,或如果由于同样原因停工时间的总和已经超过了 140 天,则任一方可向另一方发出终止合同的通知。在这种情况下,合同将在通知发出后 7 天终

止,同时承包人应按照第16.3款【停止工作及承包人的设备的撤离】的规定执行。

一旦发生此类终止,工程师应决定已完成工作的价值,并颁发包括下列内容的支付证书:

(a)已完成的且其价格在合同中有规定的任何工作的应付款额;

(b)为工程订购的,且已交付给承包人或承包人有责任去接受交货的永久设备和材料的费用:当业主为之付款后,此类永久设备和材料应成为业主的财产(业主亦为之承担风险),并且承包人应将此类永久设备和材料交由业主处置;

(c)为完成整个工程,承包人在某些情况合理导致的任何其他费用或负债;

(d)将临时工程和承包人的设备撤离现场并运回承包人本国设备基地的合理费用(或运回其他目的地的费用,但不能超过运回本国基地的费用);以及

(e)在合同终止日期将完全是为工程雇用的承包人的职员和劳工遣返回国的费用。

7. 根据法律解除履约(Release from Performance under the Law)(19.7款)

除非本条另有规定,如果合同双方无法控制的任何事件或情况(包括,但不限于不可抗力)的发生使任一方(或合同双方)履行他(或他们)的合同义务已变为不可能或非法,或者根据本合同适用的法律,合同双方均被解除进一步的履约,那么在任一方向另一方发出此类事件或情况的通知的条件下:

(a)合同双方应被解除进一步的履约,但是不影响由于任何以前的违约任一方享有的权利,以及

(b)如果合同是依据第19.6款的规定终止的,业主支付给承包人的金额应与根据第19.6款终止合同时支付给承包人的金额相同。

二十、索赔、争端和仲裁(Claim, Disputes and Arbitration)

1. 承包人的索赔(Contractor's Claims)(20.1款)

如果承包人根据本合同条件的任何条款或参照合同的其他规定,认为他有权获得任何竣工时间的延长和(或)任何附加款项,他应通知工程师,说明引起索赔的事件或情况。该通知应尽快发出,并应不迟于承包人开始注意到,或应该开始注意到,这种事件或情况之后28天。

如果承包人未能在28天内发出索赔通知,竣工时间将不被延长,承包人将无权得到附加款项,并且业主将被解除有关索赔的一切责任。否则本款以下规定应适用。(注:该约定说明索赔前置程序的重要性,只有在符合上述程序情况下,还要符合以下规定才能索赔)

承包人还应提交一切与此类事件或情况有关的任何其他通知(如果合同要求),以及索赔的详细证明报告。

承包人应在现场或工程师可接受的另一地点保持用以证明任何索赔可能需要的同期记录。工程师在收到根据本款发出的上述通知后,在不必事先承认业主责任的情况下,监督此类记录的进行,并(或)可指示承包人保持进一步的同期记录。承包人应允许工程师审查所有此类记录,并应向工程师提供复印件(如果工程师指示的话)。

在承包商开始注意到,或应该开始注意到,引起索赔的事件或情况之日起42天内,或在承包商可能建议且由工程师批准的此类其他时间内,承包商应向工程师提交一份足够详细的索赔,包括一份完整的证明报告,详细说明索赔的依据以及索赔的工期和(或)索赔的金额。如果引起索赔的事件或情况具有连续影响:

（a）该全面详细的索赔应被认为是临时的；

（b）承包商应该按月提交进一步的临时索赔,说明累计索赔工期和（或）索赔款额,以及工程师可能合理要求的此类进一步的详细报告;以及

（c）在索赔事件所产生的影响结束后的28天内（或在承包商可能建议且由工程师批准的此类其他时间内）,承包商应提交一份最终索赔报告。

在收到索赔报告或该索赔的任何进一步的详细证明报告后42天内（或在工程师可能建议且由承包商批准的此类其他时间内）,工程师应表示批准或不批准,不批准时要给予详细的评价。他可能会要求任何必要的进一步的详细报告,但他应在这段时间内就索赔的原则作出反应。

每一份支付证明应将根据相关合同条款应支付并已被合理证实的此类索赔金额纳入其中。如果承包商提供的详细报告不足以证明全部的索赔,则承包商仅有权得到已被证实的那部分索赔。

工程师应根据第3.5款【决定】,表示同意或作出决定：

（i）根据第8.4款【竣工时间的延长】的规定延长竣工时间（在其终止时间之前或之后）（如果有的话）;以及（或者）

（ii）根据合同承包商有权获得的附加款项（如果有的话）。

除本款的规定外,还有许多其他条款适用于索赔。如果承包商未能遵循本款或其他有关索赔的条款的规定,则在决定竣工时间的延长和（或）额外款项时,要考虑这种未遵循（如果有的话）已妨碍或影响索赔调查的程度,除非根据本款第二段该索赔已被排除。

2. 争议裁决的相关条款

争议裁决的处理和相关规定涉及20.2～20.8款,如图8-7所示,并参见第七章第二节的争议裁决的相关内容。

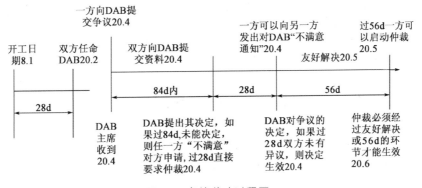

图 8-7　争议裁决过程图

练习题

一、单项选择题（每题1分,只有1个选项最符合题意）

1. FIDIC施工合同通用条款规定,如果某项工作的工程量的变化直接造成该项工作单位成本的变动超过（　　　）,该工作应采用新的费率或价格。

    A. 10%　　　　　　　B. 1%　　　　　　　C. 0.1%　　　　　　　D. 0.01%

2. FIDIC合同条件所规定的工程支付中,属于暂付费用的是（　　　）。

A. 保留金、工程变更费用、业主索赔费用　　B. 迟付款利息、业主索赔费用

C. 动员预付款、材料预付款、保留金　　D. 工程变更费用、成本增减费用

3. 从合同的计价方式看,FIDIC《施工合同条件》1999 年版是(　　)合同。

A. 单价　　　　　　　B. 固定总价　　　　C. 可调总价　　　　D. 成本加酬金

4.《FIDIC 系列合同条件》中,采用固定总价方式计价、只有在出现某些特定风险时方能调整价格的合同是(　　)。

A. 施工合同条件　　　　　　　　　　B. EPC 交钥匙项目合同条件

C. 永久设备和设计—建造合同条件　　D. 简明合同格式

5. 根据 FIDIC《施工合同条件》,对投标书中明显数字计算错误的修正,正确的是(　　)。

A. 当总价和单价计算结果不一致时,以总价为准调整单价

B. 业主应征求投标人意见后才能进行评标

C. 当总价和单价计算结果不一致时,以单价为准调整总价

D. 投标人有一次修改报价的机会

二、多项选择题(每题 2 分,每题的备选项中,有 2 个或 2 个以上符合题意,至少有 1 个错项。错选,本小题不得分;少选,所选的每个选项得 0.5 分)

1. 根据 FIDIC《施工合同条件》,下列关于履约担保的表述中正确的有(　　)。

A. 承包人应在收到中标函 28 天内提交履约担保

B. 银行保函的货币种类必须是本国货币

C. 提供机构必须经发包人同意

D. 在缺陷责任证书发出 14 天内应将履约担保退还承包人

E. 因提供履约担保所发生的费用应由发包人负担

2. FIDIC《施工合同条件》(1999 年版)主要用于(　　)的施工。

A. 由发包人设计的房屋建筑工程　　　　B. 由承包人设计的房屋建筑工程

C. 由发包人设计的土木工程　　　　　　D. 由承包人设计的土木工程

E. 由咨询工程师设计的土木工程

三、思考题

1. 国际工程与国内工程相比,在工程图纸设计方面有什么不同?

2. 国际工程中汇率变动对工程费用有什么影响?

3. 索赔程序中的第一步是什么?如果承包人缺少这一步骤对索赔有什么影响?

参考文献

［1］《标准文件》编制组.中华人民共和国标准施工招标文件(2007年版)［M］.北京:中国计划出版社,2008.

［2］中华人民共和国交通运输部.公路工程标准施工招标文件(2009年版,上下册)［M］.北京:人民交通出版社,2009.

［3］住房和城乡建设部,国家工商行政管理总局.《建设工程施工合同示范文本》(GF-2013-0201)(建市［2013］56号),2013.

［4］中华人民共和国交通部.公路工程国内招标文件范本(2003年版,上下册)［M］.北京:人民交通出版社,2003.

［5］全国一级建造师执业资格考试用书编写委员会.建设工程法规及相关知识［M］.4版.北京:中国建筑工业出版社,2014.

［6］全国一级建造师执业资格考试用书编写委员会.建设工程项目管理［M］.4版.北京:中国建筑工业出版社,2014.

［7］刘燕.工程招投标与合同管理［M］.北京:人民交通出版社,2007.

［8］中国建设监理协会.建设工程监理案例分析［M］.4版.北京:中国建筑工业出版社,2013.

［9］彭余华,原驰.合同管理［M］.3版.北京:人民交通出版社,2013.

［10］江平,等.中华人民共和国合同法精解［M］.北京:中国政法大学出版社,1999.

［11］刘文华.中华人民共和国合同法实用指南［M］.北京:改革出版社,1999.

［12］标准施工招标文件使用指南编写组.中华人民共和国2007年版标准施工招标文件使用指南［M］.北京:中国计划出版社,2008.

［13］刘尔烈.国际工程管理概论［M］.2版.天津:天津大学出版社,2008.

［14］卢谦.建设工程项目投资控制与合同管理［M］.北京:中国水利水电出版社,2013.

［15］雷胜强.国际工程风险管理与保险［M］.3版.北京:中国建筑工业出版社,2012.

［16］黄显贵,魏道升,范智杰.公路工程监理工程师执业资格考试〈合同管理〉应试辅导［M］.5版.北京:人民交通出版社,2012.

［17］韦海民,等.建设工程合同管理［M］.西安:西安交通大学出版社,2010.

［18］《京津塘高速公路工程监理》编辑委员会.京津塘高速公路工程监理［M］.西安:陕西科学技术出版社,1993.

［19］魏道升,孔政,何柏科.公路工程变更造成估量单价合同中单价调整的研究［C］.山区高速公路建设技术论文集(下).北京:人民交通出版社,2011.

［20］吴建军.国际工程项目管理之争议解决［J］.水利水电施工,2010(5):13-15.

［21］杨宇.创建和谐的建设工程施工合同争议解决机制［J］.建筑经济,2007(9):50-53.

［22］张修林.FIDIC国际工程合同DAB争议解决方式研究［D］.四川大学,2005.

［23］何龙江.建设工程合同纠纷解决机制研究［D］.南京林业大学,2006.

［24］全国一级建造师执业资格考试用书编写委员会.公路工程管理与实务［M］.4版.北京:中国建筑工业出版社,2014.

［25］国际咨询工程师联合会/中国工程咨询协会.施工合同条件［M］.北京:机械工业出版社,2003.

［26］中华人民共和国交通运输部.公路工程标准施工招标文件(2018年版)［M］.北京:人民交通出版社股份有限公司,2018.